Amphibien und Reptilien

Dieter Glandt

Amphibien und Reptilien

Herpetologie für Einsteiger

 Springer Spektrum

Dieter Glandt
Ochtrup, Deutschland

ISBN 978-3-662-49726-5   ISBN 978-3-662-49727-2 (eBook)
DOI 10.1007/978-3-662-49727-2

Die Deutsche Nationalbibliothek verzeichnet diese Publikation in der Deutschen Nationalbibliografie; detaillierte bibliografische Daten sind im Internet über http://dnb.d-nb.de abrufbar.

Springer Spektrum
© Springer-Verlag Berlin Heidelberg 2016

Planung: Merlet Behncke-Braunbeck
Grafiken: Dr. Martin Lay, Breisach
Einbandabbildung: © Fotolia

Gedruckt auf säurefreiem und chlorfrei gebleichtem Papier

Springer Spektrum ist Teil von Springer Nature
Die eingetragene Gesellschaft ist Springer Berlin Heidelberg

Inhaltsverzeichnis

Einleitung – Was will dieses Buch?

Dieter Glandt

D. Glandt, *Amphibien und Reptilien*,
DOI 10.1007/978-3-662-49727-2_1, © Springer-Verlag Berlin Heidelberg 2016

Die Zahl der Liebhaber von Amphibien und Reptilien wächst beständig. Viele Naturschützer widmen sich mit Engagement dem Schutz dieser Tiere, z. B. durch Krötenschutzaktionen an viel befahrenen Straßen, bei der Neuanlage und Pflege kleiner Gewässer, bei der Pflege stillgelegter, verbuschter Abgrabungsflächen oder durch Gestaltung naturnaher Gärten. Besonders groß ist die Gruppe der Terrarianer geworden. Die liebevolle Pflege und Haltung vor allem exotischer Schlangen, Echsen, Frösche, Kröten hat gerade in Deutschland eine lange Tradition. Auch das allgemeine Interesse, z. B. von Naturfotografen, Schülern, Lehrern, Umweltpädagogen und Journalisten an diesen eigenartigen Tieren ist beträchtlich gewachsen.

Das Interesse führt zur Nachfrage nach geeigneten Büchern, die verständlich, aktuell und zuverlässig, aber nicht zu detailliert in die beiden Wirbeltiergruppen einführen. Wer danach sucht, ist überrascht, dass es gerade im deutschsprachigen Raum kein aktuelles Werk gibt. Zwar gibt es mittlerweile eine Reihe Bücher über spezielle Arten und engere Gruppen, auch einige aktuelle Bestimmungsbücher sind in den letzten Jahren erschienen. Aber es fehlt an einer allgemeineren Darstellung, einer „Herpetologie für Jedermann". Die Vogelkundler haben diese Lücke längst erkannt und lesenswerte Einführungen verfasst, z. B. Michael Wink (*Ornithologie für Einsteiger*, Springer Spektrum, Heidelberg, 2014) und Graham Scott (*Essential Ornithology*, Oxford University Press, 2010). In der Herpetologie vermisse ich etwas Vergleichbares, und zwar nicht nur in Deutschland, sondern auch international. Zwar gibt es anspruchsvolle, gute Lehrbücher der Herpetologie, aber sie sind durchweg von amerikanischen Autoren verfasst, in Englisch geschrieben, recht umfangreich und setzen viel an zoologischem Grundwissen voraus.

Das hier vorgelegte Buch will die Lücke eines herpetologischen Einsteigerbuches schließen. Es soll helfen, das eigene Hobby in einen allgemeineren Rahmen zu stellen. Dabei waren einige Hürden zu überwinden. Da ich unter „Einsteiger" jemanden verstehe, der nur geringe Vorkenntnisse über die Materie hat, musste ich mich in eine Situation rückversetzen, die bei mir nach gut 50 Jahren Beschäftigung mit Lurchen und Kriechtieren lange zurückliegt. Vieles für den Kenner Selbstverständli-

che musste zunächst einmal aufbereitet werden, ehe das Buch allmählich anspruchsvoller werden durfte. Aber auch dann war es mir wichtig, nicht zu tief in die Materie einzudringen, damit der Einsteiger nicht zum Aussteiger wird. Besonders schwierig war dies bei komplexen Themen zur Morphologie, Physiologie und modernen Systematik. Es war irgendwann eine Grenze erreicht, an der ich haltgemacht habe und den Interessierten auf anspruchsvollere Bücher zur Vertiefung verweisen musste. Aber auch dies ist eine Aufgabe des vorliegenden Buches: den Einstieg in anspruchsvollere Bücher zum Thema zu erleichtern.

Ich hoffe, es ist mir gelungen, dem selbst gesetzten Anspruch gerecht zu werden. Die Nutzer müssen dies entscheiden. Das Buch war für mich der erste Anlauf, denn es gab keine herpetologischen Vorbilder. Ich habe mich deshalb an den oben zitierten ornithologischen Büchern orientiert.

■ **Danksagung**

Zuvorderst danke ich dem Verlag und hier besonders Frau Merlet Behncke-Braunbeck dafür, dass dieses Buch überhaupt möglich wurde, sowie Frau Anja Groth für die engagierte Betreuung des Projektes. Sodann danke ich für verschiedene Anregungen zum Manuskript den Herren Prof. Dr. Uwe Fritz, PD Dr. Wolf-Rüdiger Große, Prof. Dr. Dr. Gerhard Roth, Prof. Dr. Michael Schmitt und Dr. Rainer Schoch.

Ganz besonders danke ich den Bildautoren, die mit ihren Fotos wesentlich zu diesem Buchprojekt beigetragen haben: Birgit Bender, Henrik Bringsøe, Dr. J. Maximilian Dehling, Dr. Kurt Grossenbacher, Andreas S. Hennig, Prof. Dr. Walter Hödl, Dr. Lukas Indermaur, Dr. Karl-Heinz Jungfer, Dr. Andreas Kronshage, Dr. Alexander Kupfer, Dr. Axel Kwet, Stefan Meyer, Prof. Dr. Dr. Gerhard Roth, Ineke Schaars, Dr. Henk Strijbosch und Benny Trapp. Für einige Grafiken danke ich Barbara Glandt, Dr. Lukas Indermaur und Stefan Meyer.

Meine Frau Barbara war auch bei diesem Buch ein hilfreicher Ansprechpartner, immer zu Diskussionen bereit und gab mir manche Anregung. Ihr gilt ein besonderer Dank.

Dieter Glandt
Ochtrup, im Oktober 2015

Was ist Herpetologie?

Dieter Glandt

Literatur – 5

D. Glandt, *Amphibien und Reptilien*,
DOI 10.1007/978-3-662-49727-2_2, © Springer-Verlag Berlin Heidelberg 2016

Viele Menschen wissen, was man unter „Ornithologie" versteht, nämlich die Wissenschaft von den Vögeln. Was aber ist Herpetologie? Bei Wikipedia ist zu lesen (abgerufen am 8.10.2014):

» „Herpetologie (von griechisch ἑρπετόν *herpeton* = kriechendes Tier) ist ein Teilgebiet der Zoologie. Es ist die Lehre und Kunde von den Tierklassen der Amphibien (Lurche) und Reptilien (Kriechtiere).

» Die Herpetologie umfasst die Erforschung ihres Körperbaues (Morphologie und Anatomie), ihrer Lebensvorgänge und Verhaltensweisen (Physiologie und Ethologie), ihres Entwicklungs- und Vererbungsmodus (Embryologie und Genetik), ihrer Stammesgeschichte, Verwandtschaftsbeziehungen und Klassifizierung (Paläontologie, Phylogenie und Taxonomie) und ihrer Verbreitung, Ausbreitungsgeschichte und Umweltbeziehungen (Faunistik, Zoogeographie und Ökologie).

» Eine Person, die sich mit der Herpetofauna wissenschaftlich befasst, ist ein Herpetologe."

Damit ist alles Wesentliche gesagt und zugleich die Aufgabe des vorliegenden Buches skizziert. Allerdings: Während die Ornithologie eine Disziplin ist, die sich mit einer Wirbeltiergruppe, den Vögeln, beschäftigt, hat es die Herpetologie mit zwei sehr verschiedenen Gruppen zu tun, die zudem nur wenig miteinander verwandt sind. Amphibien und Reptilien unterscheiden sich nämlich in einer Reihe sehr wichtiger Merkmale: Das beginnt schon bei der Körperbedeckung und setzt sich über die ganz unterschiedliche Entwicklung fort. Aber es hat lange gedauert, bis dies selbst den Zoologen klar und ein regelrechtes „Durcheinander" überwunden war. Verursacher dieses Durcheinanders war der Begründer der biologischen Systematik, Carl von Linné (lateinisiert: Carolus Linnaeus, 1707–1778), der im 18. Jahrhundert sein grundlegendes und bis heute wichtiges Werk *Systema naturae* veröffentlichte. Darin unterschied er nicht zwischen den beiden Wirbeltiergruppen, hatte im Übrigen nur wenig Interesse an ihnen und bedachte sie mit wenig schmeichelhaften Worten, indem er

sie als „sehr üble und hässliche Tiere" bezeichnete. Glücklicherweise haben viele Menschen diese Vorurteile überwunden und sind längst zu begeisterten Liebhabern dieser Tiere geworden. Dies zeigt schon die Tatsache, dass es mittlerweile zahlreiche herpetologische und terraristische Vereinigungen gibt, mit weltweit vielen Tausend Mitgliedern. Die größte von ihnen, die „Deutsche Gesellschaft für Herpetologie und Terrarienkunde (DGHT)", zählt rund 7000 Mitglieder!

Die „Linné'sche Sünde", Amphibien und Reptilien in einen Topf zu werfen, war erst nach über 100–150 Jahren nach seinem grundlegenden Buch überwunden. Hans Gadow (1855–1928), aus Deutschland stammender Wirbeltiermorphologe an der Universität Cambridge, England, schrieb in seinem lesenswerten Buch *Amphibia and Reptiles* (Gadow 1901), dass die Trennung der beiden Wirbeltiergruppen ein „arbeitsreiches, oft schmerzhaftes Bemühen um Erhellung" war. Er selbst hatte bereits recht moderne Vorstellungen über die Definition der beiden Gruppen. In ▸ Kap. 4 findet sich eine aktuelle Charakterisierung, und in ▸ Kap. 17 werden Systematik und Stammesgeschichte aus heutiger Sicht dargestellt.

Warum hält die Fachwelt eigentlich daran fest, beide Wirbeltiergruppen innerhalb einer wissenschaftlichen Disziplin zu behandeln? Wäre es nicht geboten, zwei Disziplinen – eine eigenständige Amphibien- und eine Reptilienkunde – zu begründen? In einem modernen amerikanischen Lehrbuch der Herpetologie nehmen Vitt und Caldwell (2009) dazu Stellung. Sie schreiben: „Viele Aspekte des Lebens und der Biologie von Amphiben und Reptilien ergänzen sich und erlauben den Zoologen, sie gemeinsam zu studieren bei Anwendung derselben oder ähnlicher Techniken. Biologische Ähnlichkeiten zwischen Amphibien und Reptilien und die Leichtigkeit von Gelände- und Labormanipulationen bei vielen Arten haben sie zu Modelltieren der Ökologie gemacht." Demnach ist es ein rein praktischer Gesichtspunkt, die Herpetologie als eine Disziplin beizubehalten. Diesem Gesichtspunkt, aber auch der langgehegten Tradition folgend werden beide Gruppen im vorliegenden Buch ebenfalls gemeinsam behandelt.

Lange Zeit führte die Herpetologie ein Schattendasein, gemessen an der schon früh aufblühenden

Ornithologie. Es gab nur wenige, aber sehr intensiv arbeitende Herpetologen, wie noch Hans Gadow betont. Dies hat sich allerdings im Verlaufe des 20. Jahrhunderts deutlich gewandelt. Die Zahl der Herpetologen wuchs weltweit stark an, besonders in den USA. In der Folge explodierte die Literatur geradezu, sodass sie heute von einem Einzelnen nicht mehr überblickt werden kann. Ein eindrucksvolles Beispiel bietet die Entwicklung der Literatur, die sich auf die Amphibien und Reptilien der ehemaligen Sowjetunion bezieht (nach Kuzmin 2013). Waren es im Zeitraum von 1760 bis 1779 noch ganze 20 Veröffentlichungen, so wurden daraus im Zeitintervall von 2000 bis 2009 beachtliche 1490 Publikationen.

Die immer besseren Reisemöglichkeiten erlaubten zudem eine Durchdringung aller Kontinente, mit der Folge, dass die Zahl neu beschriebener Arten rasch anwuchs. Mitte vorigen Jahrhunderts erschienen zwei kompakte Darstellungen von Konrad Herter (1955, 1960). Es waren damals die einzigen deutschsprachigen lehrbuchartigen Einführungen in die Herpetologie. Herter hatte es weltweit mit ca. 2800 rezenten (heute lebenden) Amphibien- und ca. 5500 Reptilienarten, somit mit rund 8300 „Herpeto-Arten", zu tun. Aktuell (August 2015) liegen diese Zahlen bei mehr als 7400 Amphibien- und mehr als 10.200 Reptilienarten, das sind über 17.600 Herpeto-Arten. Jährlich kommen über 300 neue dazu, und ein Ende ist nicht abzusehen. Die Artenzahlen in Europa nehmen sich allerdings bescheiden aus. Derzeit werden rund 280 Herpeto-Arten für unseren Kontinent anerkannt (D. Glandt 2015). Davon kommen nur 33 Arten in Deutschland vor. Die artenreichsten Regionen sind die Tropen. An einem einzigen kleinen Gewässer im Regenwald von Peru konnten nicht weniger als 30 Frosch- und Krötenarten nachgewiesen werden!

Leider gibt es aber auch einen gegenläufigen Trend. Die weltweite Umweltverschmutzung und -zerstörung geht auch an diesen beiden Tiergruppen nicht spurlos vorbei, sie hat sogar besonders negativen Einfluss. Der aktuelle, alle zwei Jahre neu vorgelegte *Living Planet Report* (2014)des WWF (World Wide Fund for Nature) zeigt, dass unter den fünf großen Wirbeltiergruppen (Fische, Amphibien, Reptilien, Vögel, Säugetiere) die ersten drei besonders negativ betroffen sind. Dies drückt sich in einer aufs Ganze gesehen Abnahme zahlreicher, welt-

weit über längere Zeiträume beobachteten Bestände aus. Dem muss sich eine zeitgemäße Herpetologie stellen. Ursachenforschung von Bestandsschwankungen und vor allem -rückgängen und die Entwicklung von Schutzkonzepten mit klaren Handlungsempfehlungen sind deshalb wichtige Aufgaben für die Herpetologen.

Literatur

Gadow H (1901) Amphibia and Reptiles. Cambridge Natural History, London

Glandt D (2015) Die Amphibien und Reptilien Europas. Alle Arten im Porträt. Quelle & Meyer, Wiebelsheim

Herter K (1955) Lurche. Das Tierreich. Sammlung Göschen, Bd. 847. Walter de Gruyter, Berlin

Herter K (1960) Kriechtiere. Das Tierreich. Sammlung Göschen, Bd. 447/447a. Walter de Gruyter, Berlin

Kuzmin SL (2013) The Amphibians of the Former Soviet Union, 2. Aufl. Pensoft, Sofia-Moskau

Vitt LJ, Caldwell JP (2009) Herpetology. An Introductory Biology of Amphibians and Reptiles, 3. Aufl. Elsevier, Academic Press, San Diego

Erste Hürden nehmen

Dieter Glandt

D. Glandt, *Amphibien und Reptilien*,
DOI 10.1007/978-3-662-49727-2_3, © Springer-Verlag Berlin Heidelberg 2016

Das Schwierigste ist immer, sich in eine neue Materie hineinzufinden. Die ersten Schritte schaffen, manchmal unüberwindbar erscheinende Hürden zu nehmen, ist mühsam. Danach geht vieles einfacher von der Hand. Als ich Mitte der 1960er-Jahre anfing, mich mit Herpetologie zu beschäftigen, war das schwierig. Ich wohnte in der „Provinz", weitab jeder größeren Stadt mit z. B. einer Universität oder einem Naturkundemuseum. Es gab nur wenige Ansprechpartner in erreichbarer Nähe. Die Korrespondenz mit Fachleuten war mühsam, es blieb oft nur der klassische Postweg. Es gab kein Internet, keine E-Mail. Junge Menschen von heute können sich das gar nicht vorstellen. Kommunikation, z. B. in den internationalen Raum hinein, war ein Abenteuer. Eine Woche nach Amerika oder viele Wochen nach Osteuropa waren für Briefsendungen keine Seltenheit. Heute schreibt man eine E-Mail, die in Sekunden rund um den Globus verschickt wird. Hochauflösende Farbfotos zu versenden, ist kein Problem mehr, sich austauschen, miteinander fachsimplen ebenfalls.

Dazu kommen heute vielerorts gute Hilfestellungen durch Ansprechpartner, deren Dichte seitdem auch in der Herpetologie stark zugenommen hat. Es gibt Organisationen des Naturschutzes, die weiterhelfen können, aber auch Anlaufstellen wie Biologische Stationen, Naturschutzzentren, Umweltbildungseinrichtungen unterschiedlichster Art, von denen Kurse, Exkursionen und Vorträge – auch zum Thema Amphibien/Reptilien – angeboten werden. Zudem bietet das Internet viele Möglichkeiten sich zu informieren. Hätte ich damals solche Möglichkeiten gehabt, wären mir Jahre harter Arbeit in der Anfangsphase erspart geblieben. Der Vorteil, den die „Ochsentour" allerdings hatte: Vieles sitzt sehr nachhaltig im Gedächtnis fest, manchmal bis heute. Von daher gilt im Grunde immer noch: Wer in ein neues Sachgebiet einsteigen will, muss sich zunächst intensiv hineinknien. Eigene Erfahrungen vor Ort zu sammeln ist immer noch ein guter Weg.

Das vorliegende Kapitel soll dabei helfen, die allerersten Schritte bei der Ansprache von Amphibien und Reptilien sowie der wichtigsten Untergruppen zu gehen und dabei häufige Anfangsfehler zu vermeiden. Der etwas Fortgeschrittene kann das Kapitel überschlagen, der Einsteiger sollte dies auf keinen Fall tun.

Die gewählten Beispiele stammen aus dem heimischen mitteleuropäischen Umfeld. Im weiteren Verlauf des Buches erfolgt eine Ausweitung des Themas auf Europa und andere Kontinente.

■ Frosch oder Kröte?

Die ersten Erfahrungen mit Lurchen im Jahresablauf machen die meisten Menschen in Mitteleuropa im zeitigen Frühjahr (Februar/März). Wenn der Winter vorbei ist und die Gewässer ihre Eisdecke verlieren, verlassen die Lurche ihre frostgeschützten Winterquartiere. Bei allmählich steigenden Temperaturen und besonders in feuchter Luft (bei oder nach Regen, vor allem nachts) geraten die erwachsenen, geschlechtsreifen Tiere in Wanderstimmung und suchen ein geeignetes Gewässer auf, um sich darin fortzupflanzen. Das können der eigene Gartenteich oder auch der nahegelegene Stadtparkteich sein, vor allem aber die verschiedensten stehenden oder langsam fließenden Gewässer in Wäldern, auf Wiesen oder Weiden. Am häufigsten begegnen einem dabei Vertreter zweier Gruppen: die Frösche und Kröten.

Echte Kröten, meist handelt es sich um die im zeitigen Frühjahr überall vorkommende Erdkröte, haben eine raue, buckelige, warzige Haut (◨ Abb. 3.1). Vor allem auf dem Rücken, aber auch auf den Beinoberseiten und an den Körperflanken, finden sich isolierte, besonders hervorstehende Hautwarzen, die oft mit einer stumpfen Spitze enden. Hinter den Augen befinden sich zwei große nierenförmige, erhabene Drüsenwülste, die sog. „Ohrdrüsen" oder Parotiden. Ein Trommelfell ist nur schwer erkennbar.

Die Färbung ist oberseits häufig dunkelbraun, dabei oft verwaschen. Es gibt aber auch hellbraune Individuen mit dunkelbraunen Farbtupfern.

Erdkröten streben häufig in großer Zahl und sehr plötzlich ihren Laichgewässern zu, oft finden geradezu Massenwanderungen statt. Dabei laufen oder hoppeln die etwas plump wirkenden Tiere.

Echte Frösche, meist handelt es sich um den im zeitigen Frühjahr überall vorkommenden Grasfrosch (◨ Abb. 3.2), haben eine relativ glatte, fein gekörnelte Haut. Es fehlen die für Kröten typischen, großen Ohrdrüsenpakete hinter den Augen. Stattdessen verläuft an den Rändern des Rückens zu den Flanken, beginnend hinter den Augenwüls-

Abb. 3.1 Die Erdkröte (*Bufo bufo*) ist das Sinnbild für eine Kröte schlechthin. Charakteristisch ist neben der erdbraunen Färbung die runzelige, warzenreiche Haut. Außerdem findet sich hinter dem Auge beidseits ein erhabenes längliches Drüsenpaket, die Parotide. Das Trommelfell hinter dem Auge ist nur schwer erkennbar. Die Hinterbeine sind relativ kurz, sodass Erdkröten keine weiten Sprünge vollziehen können, sondern laufend oder hoppelnd unterwegs sind. (Foto: S. Meyer)

ten, beidseits eine schmale Drüsenleiste, die an der Ansatzstelle des Oberschenkels endet. Schräg hinter dem Auge findet sich beidseits ein dunkler Fleck („Schläfenfleck"), darin ist das kreisrunde Trommelfell meist gut erkennbar.

Färbung und Zeichnung der Grasfrösche können sehr unterschiedlich sein. Häufig finden sich oberseits auf verwaschenem, hellbraunem, gelblichem, rötlichem oder olivfarbenem Untergrund dunkelbraune oder schwarze Flecken.

Grasfrösche streben oft ebenfalls in großer Zahl innerhalb kurzer Zeit ihren Laichgewässern zu. Sie sind flinker als Kröten, weil sie dank längerer schlanker Hinterbeine springen können. Auch wandern sie meist solo an und verpaaren sich erst im Gewässer.

Am Ufer der Gewässer stehend zeigt sich sehr bald das Ergebnis der Fortpflanzung, in welchem sich die Kröten sehr gut von den Fröschen unterscheiden lassen. Kröten legen ihre Eier in langen, etwa bleistiftdünnen Laichschnüren ab (■ Abb. 3.3).

Bei Erdkröten werden diese mehrere Meter langen Schnüre um Pflanzenstängel oder Äste gewickelt. Grasfrösche setzen dagegen etwa faustgroße Laichklumpen oder -ballen ab (■ Abb. 3.4), häufig in größeren Ansammlungen im ufernahen Flachwasser.

Nicht selten laichen Erdkröte und Grasfrosch im selben Gewässer. Schnüre und Ballen sind dann unmittelbar nebeneinander zu finden.

Aus den Eiern der Kröten und Frösche entwickeln sich zum Frühsommer hin charakteristische Larven, die Kaulquappen. Diese haben anfangs äußere Kiemen. Bei den älteren Quappen liegen die Kiemen beidseits in einer Kiemenhöhle verborgen, sodass sie äußerlich nicht mehr sichtbar sind. Ältere Erdkrötenquappen, d. h. solche mit kleinen Hinterbeinansätzen, sind sehr dunkel, kräftig pigmentiert, fast schwarz (■ Abb. 3.5) und dabei nur mit wenigen, ganz feinen hellen Flecken versehen. Der helle, nur wenige dunkle Flecken zeigende Schwanzsaum endet hinten gerundet und weist auf Höhe der Hinterbeinansätze eine tiefe Einbuchtung auf. Der

■ **Abb. 3.2** Der Grasfrosch (*Rana temporaria*) ist einer der ersten Frösche, der im zeitigen Frühjahr sein Laichgewässer aufsucht. Charakteristisch ist eine relativ glatte Haut mit nur kleinen Wärzchen. Hinter dem Auge befindet sich beidseits ein dunkelbrauner Schläfenfleck, darin findet sich das gut sichtbare kreisrunde Trommelfell. Von dort aus zieht an der Grenze des Rückens zu den Flanken eine schmale, erhabene Drüsenleiste nach hinten bis in die Nähe der Kloake. Die Hinterbeine sind relativ lang. Grasfrösche können deshalb mit guten Sprüngen vorwärtskommen. (Foto: S. Meyer)

Schwanz ist höchstens doppelt so lang wie der eiförmige Kopf-Rumpf.

Ältere Grasfroschquappen weisen auf einer gräulichen Grundfarbe grobe, helle, oft goldgelbe Flecken auf (■ Abb. 3.6). Sie haben einen langgestreckten Körper, der Schwanz ist mindestens doppelt so lang wie der Kopf-Rumpf. Im Bereich der Hinterbeinansätze verläuft der untere Schwanzsaum ohne oder nur mit einer leichten Einbuchtung.

Nach einer mehrwöchigen Entwicklung verwandeln sich die Larven sowohl der Frösche als auch der Kröten. Sie durchlaufen eine komplizierte Umwandlung oder Metamorphose, an deren Ende kleine, gerademal 8–12 mm lange Jungtiere das Gewässer verlassen. Auffällig ist dabei, dass der Schwanz der Larven verschwunden ist, nicht etwa weil er abgeworfen, sondern weil er von innen her

„verdaut" wurde. Schon die kleinen „Metamorphlinge", wie sie heute gerne genannt werden, unterscheiden sich bei den Fröschen und Kröten: die einen durch ihre glatte Haut, die anderen durch die gröbere, warzige. Manchmal sind beim Landgang noch Reste des Larvenschwanzes vorhanden, doch werden diese bald zurückgebildet.

■ **Molch oder Salamander?**

Salamander sollten eigentlich die meisten Menschen kennen, zumindest den Feuersalamander, der als „Lurchi" das Wappentier einer bekannten Schuhmarke darstellt. Dennoch erlebe ich immer wieder, dass Salamander mit Molchen in Landtracht verwechselt werden.

Beide Gruppen gehören zu den Schwanzlurchen, das sind Amphibien mit vier etwa gleichlangen Beinen und einem Schwanz auch nach ihrer

▣ Abb. 3.3 Erdkröten legen ihre Eier in langen Schnüren ab, in denen sie normalerweise in zwei Reihen angeordnet sind. (Foto: B. Trapp)

▣ Abb. 3.4 Grasfrösche setzen faust- oder kohlkopfgroße Laichballen ab. Die dicken Gallerthüllen stellen einen gewissen, aber keinen vollständigen Schutz vor Feinden dar. (Foto: S. Meyer)

Umwandlung (Metamorphose). Dieser ist bei den Salamandern im Querschnitt drehrund oder leicht quer-oval (▣ Abb. 3.7). Hinter den Augen an den Kopfseiten finden sich gut entwickelte Drüsenpakete (Ohrdrüsen). Während der Alpensalamander oberseits meist pechschwarz gefärbt ist, finden sich beim Feuersalamander oberseits auf schwarzem Untergrund meist zitronengelbe Flecken oder Streifen (▣ Abb. 3.8). Die Haut der Salamander glänzt auffällig, wie eingefettet. Es ist deshalb schwer, sie ohne Lichtreflexe zu fotografieren.

Salamander leben an Land und paaren sich auch dort. Sie legen keine Eier, sondern setzen entweder weit entwickelte Larven in kleine Bäche oder Tümpel ab (Feuersalamander) oder aber sind gänzlich unabhängig von einem Gewässer, indem sie fertig entwickelte metamorphosierte Junge gebären (Alpensalamander).

Molche leben nur zeitweilig an Land, vor allem im Sommer, Herbst und Winter. Zumindest in den Frühjahrsmonaten suchen die Erwachsenen dagegen ein Gewässer auf, meist Tümpel, Teiche etc., um sich dort fortzupflanzen. In dieser Zeit sind die Männchen besonders prächtig gefärbt und haben einen Hautsaum auf dem Rücken sowie auf der Ober- und Unterkante des Schwanzes. Beim Rückensaum handelt es sich um eine niedrige Leiste (z. B. Bergmolch) oder um einen hohen, gewellten oder gezackten Hautkamm (Beispiel Kammmolch, ▣ Abb. 3.9). Molchmännchen haben im Wasser gewissermaßen ein „Hochzeitskleid" an.

Der Schwanz der Molche ist nicht rund wie bei den Salamandern, sondern seitlich zusammenge-

▣ Abb. 3.5 Ältere Larven (Kaulquappen) der Erdkröte sind sehr dunkel mit nur wenigen feinen weißlichen Pünktchen. Der unverletzte Schwanzsaum endet gerundet. Der Schwanz ist höchstens doppelt so lang wie der Kopf-Rumpf. (Foto: S. Meyer)

drückt. Hierdurch bildet er eine obere und untere Schneide (▣ Abb. 3.7).

Während eines komplizierten Balzverhaltens setzen Molchmännchen einen glasig-gallertigen Samenträger (Spermatophore) ab, von dem die Weibchen mit ihrer Kloake eine weißliche Samenmasse aufnehmen. Nach einer inneren Befruchtung werden mit den Hinterbeinen bis zu mehrere Hundert Eier einzeln in Blättchen von Wasserpflanzen gewickelt. Daraus entwickeln sich langgestreckte vierbeinige Larven, die denen des Feuersalamanders recht ähnlich sehen. Nach der Metamorphose gehen zum Sommer hin die kleinen, fertig entwi-

◘ **Abb. 3.6** Ältere Larven des Grasfrosches haben eine gräuliche Grundfarbe. Auf dem Kopf-Rumpf finden sich grobe, helle, oft goldgelbe Flecken. Sie haben einen langgestreckten Körper. Der Schwanz läuft hinten leicht zugespitzt aus. Er ist mindestens doppelt so lang wie der Kopf-Rumpf. (Foto: S. Meyer)

a

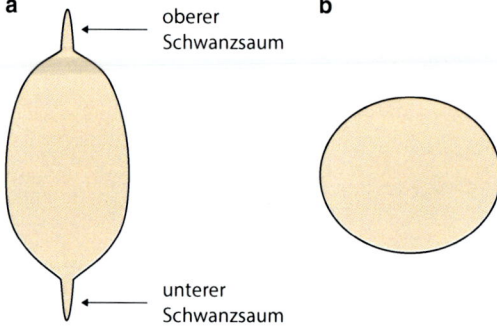

oberer Schwanzsaum

b

unterer Schwanzsaum

◘ **Abb. 3.7** Schwanzquerschnitt eines Molches in Wassertracht **a** und eines Salamanders **b**. (Original: D. Glandt)

ckelten Molche an Land. Zum Gewässer kehren sie allerdings erst mit Erreichen der Geschlechtsreife zurück.

Nach dem Fortpflanzungsgeschäft verlassen die Erwachsenen ihre Gewässer und gehen meist im Sommer an Land. Dann bildet sich das Hochzeitskleid der Männchen zurück. Die Oberseite verdunkelt sich häufig. Dadurch werden sie salamanderähnlich, deshalb die Verwechslungsgefahr. Aber: Ihre Haut fühlt sich trocken an, sie ist stumpf und leicht gekörnelt. Sie glänzt nicht wie bei Salamandern, weshalb sie einfacher ohne Lichtreflexe zu fotografieren ist (◘ Abb. 3.10). Außerdem fehlen den Molchen die Ohrdrüsenpakete. Kein mitteleuropäischer Molch hat oberseits derart auffällige zitronengelbe Flecken oder Streifen auf pechschwarzem Untergrund wie der Feuersalamander! Allenfalls findet sich ein schmaler gelber Mittelrückenstreifen bei den Weibchen und Jungen des Alpenkammmolches, wie er so nicht beim Feuersalamander vorkommt.

Auch bei einem Blick auf die Unterseite der Tiere werden Unterschiede deutlich. Salamander sind unterseits schwärzlich (Alpensalamander) oder überwiegend schwarz mit einzelnen gelben Flecken oder Streifen (Feuersalamander). Molche sind unterseits meist überwiegend hell gefärbt, z. B. einfarbig orangerot (Bergmolch) oder beigefarben (z. B. Fadenmolch). Oder sie haben eine orangefarbene Mittelzone mit rundlichen oder ovalen dunklen Flecken (Teichmolch). Kammmolche weisen in Mitteleuropa unterseits auf gelbem Untergrund unregelmäßige schwarze Flecken auf. Alles dies kommt bei keinem der heimischen Salamander vor!

▪ Salamander oder Eidechse?

Selbst unter gebildeten Zeitgenossen begegnen mir immer wieder solche, die Salamander und Eidechsen nicht unterscheiden können. Ursache hierfür ist die ähnliche Gestalt: lang gestreckt, vier etwa gleichlange Beine und ein mehr oder weniger langer Schwanz. Diese Ähnlichkeit im äußeren Eindruck war sicher auch der Grund dafür, dass Carl von Linné im 18. Jahrhundert die beiden Gruppen ebenfalls nicht unterschieden hat. So hießen bei ihm die Zauneidechse *Lacerta agilis* und der Feuersalamander *Lacerta salamandra*. Beide Arten hat er also in eine Gattung gestellt, d. h. zu einer sehr engen Verwandtschaft gehörend betrachtet. Schon bald nach Linné wurde jedoch klar, dass dies nicht zutrifft. Salamander sind Amphibien, Eidechsen gehören hingegen zu den Reptilien.

Eine nähere Betrachtung der Hautbeschaffenheit lässt uns den Unterschied sofort erkennen. Salamander haben eine feuchte, schleimige, nackte Haut und keine Schuppen. Der Körper der Eidech-

🔲 **Abb. 3.8** Feuersalamander sind leicht an den knallgelben Flecken und Streifen auf schwarzem Untergrund zu erkennen. Ihre Haut glänzt wie eingefettet und reflektiert das Licht. Salamander leben an Land und haben keine Hautsäume auf dem Rücken. (Foto: D. Glandt)

🔲 **Abb. 3.9** Die Männchen der Molche haben im Frühjahr (Wassertracht) Hautsäume oder hohe Kämme auf dem Rücken. Das Bild zeigt ein Männchen des Kammmolches im Hochzeitskleid. (Foto: B. Trapp)

■ **Abb. 3.10** In Landtracht haben Molche eine trockene, etwas raue Haut. Diese glänzt nicht wie die der Salamander. Es gibt keine Lichtreflexe. Im Gegensatz zu den Eidechsen finden sich keine Schuppen! Abgebildet ist ein Weibchen des Teichmolches (*Lissotriton vulgaris*). (Foto: S. Meyer)

■ **Abb. 3.11** Eidechsen haben eine mit vielen kleinen Schuppen und im Kopfbereich größeren Schildern bedeckte Haut. Abgebildet ist der Kopfbereich einer Ruineneidechse (*Podarcis siculus*). (Foto: S. Meyer)

sen dagegen ist von zahlreichen kleinen Schuppen und vor allem im Kopfbereich von größeren Schildern bedeckt (■ Abb. 3.11). Die Tiere fühlen sich trocken an. Salamander sind relativ langsame Tiere und wirken manchmal etwas träge. Eidechsen sind zumindest bei warmem, sonnigem Wetter flink und können bei einer Störung rasch fliehen.

■ **Echse oder Schlange?**

Den meisten Menschen bereitet die Unterscheidung dieser beiden Gruppen zunächst keine Schwierig-

keiten. Echsen sind moderat gestreckte Reptilien mit vier etwa gleichlangen Beinen (■ Abb. 3.12). Schlangen sind langgestreckte Tiere und haben keine Beine. Häufig begegnen wir ihnen in einem „aufgerollten" Zustand (■ Abb. 3.13).

Durchkreuzt wird diese Vorstellung durch die Blindschleiche, die häufig für eine Schlange gehalten wird, weil sie ebenfalls langgestreckt ist und keine Beine hat. Sie ist jedoch eine Echse. Am besten ist das zu erkennen, wenn man ihr in die Augen schaut. Die Art hat wohl entwickelte Augenlider (■ Abb. 3.14), mit denen sie ihre Augen schließen und öffnen kann. Das können auch die anderen mitteleuropäischen Echsen, wie Zaun- oder Smaragdeidechsen. Bei den Schlangen dagegen sind die glasklaren Augenlider miteinander verwachsen, sodass sich eine durchsichtige geschlossene Kapsel über dem Auge befindet. Freie Augenlider fehlen, die Augen können deshalb nicht geschlossen werden. Es entsteht hierdurch der vielen Menschen unangenehme „starre Schlangenblick" (■ Abb. 3.15).

Weitere Unterschiede werden im nächsten Kapitel behandelt. Dort erfolgt auch die Kennzeichnung aller weltweit vorkommenden Hauptgruppen der Amphibien und Reptilien.

🔹 **Abb. 3.12** Eidechsen sind mäßig gestreckte Tiere, die im typischen Falle vier wohlentwickelte Beine haben. Abgebildet ist ein Weibchen der Kanareneidechse (*Gallotia galloti*). (Foto: D. Glandt)

🔹 **Abb. 3.13** Schlangen sind sehr langgestreckte Tiere, die keine Beine aufweisen. Oft sonnen sie sich in einem aufgerollten Zustand. Abgebildet ist eine Ringelnatter (*Natrix natrix*). (Foto: B. Trapp)

🔹 **Abb. 3.14** Obwohl sie keine Beine haben, sind Blindschleichen (Gattung *Anguis*) Echsen. Dies ist an den Augenlidern zu erkennen, mit denen die Augen geschlossen werden können. (Foto: H. Bringsøe)

🔹 **Abb. 3.15** Die Augen der Schlangen haben keine Lider und können deshalb nicht geschlossen werden. Bezeichnend ist der starre Schlangenblick. Abgebildet ist der Kopf einer Ringelnatter. (Foto: S. Meyer)

Amphibien und Reptilien – Charakterisierung und Hauptgruppen

Dieter Glandt

D. Glandt, *Amphibien und Reptilien*,
DOI 10.1007/978-3-662-49727-2_4, © Springer-Verlag Berlin Heidelberg 2016

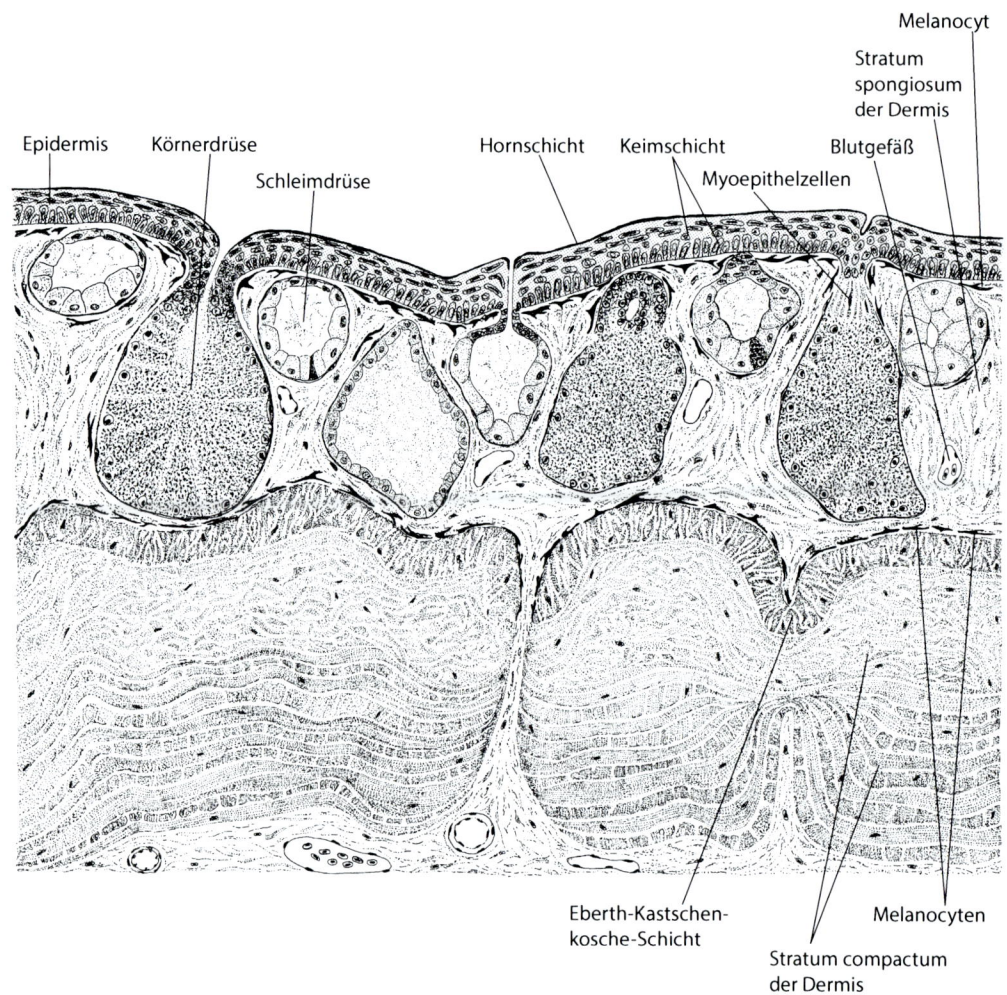

Abb. 4.1 Schnitt durch die Rückenhaut eines Teichfrosches (*Pelophylax „esculentus"*). Die oberste Zelllage ist abgestorben und verhornt und dient u. a. dem Schutz vor Austrocknung. Auch die sog. „Eberth-Kastschenkosche-Schicht" dient diesem Zweck. *Epidermis* = Oberhaut; *Dermis* = Unterhaut; *Melanocyten* = Zellen mit schwarzem Pigment. Das Stratum spongiosum ist eine lockere, bindegewebige Schicht der Dermis, das Stratum compactum eine feste, aus Kollagenfasern bestehende Schicht. (Aus Storch und Welsch 2002)

4.1   Was sind Amphibien?

Der Begriff „Amphibien" ist abgeleitet aus dem Altgriechischen. Das Adjektiv *amphíbios* bedeutet „doppellebig", gebildet aus ἀμφί (*amphí*), „auf beiden Seiten", sowie βίος (*bíos*), „Leben". Die erwachsenen Tiere bewohnen im Jahresverlauf häufig sowohl Gewässer als auch Landlebensräume. Gewässer werden dabei vor allem zur Fortpflanzung aufgesucht. Im typischen Falle werden Eier, entweder einzeln oder als Verbände (Schnüre, Ballen, manchmal Fladen), abgelegt, aus denen sich Larven entwickeln. Die der Frösche und Kröten werden oft als „Kaulquappen" bezeichnet. Nach einem mehrwöchigen bis mehrmonatigen Wasseraufenthalt vollziehen sie eine Umwandlung (Metamorphose) zu einem landlebenden Lurch, der nach einer Wachstumsphase und mit Erreichen der Geschlechtsreife den Entwicklungszyklus von vorn beginnt. In ► Kap. 6 wird diese Entwicklung näher behandelt.

Besonders charakteristisch ist eine nackte, wenig verhornte, drüsenreiche Haut, ohne Schuppen, Federn oder Haare (◘ Abb. 4.1). Schleimdrüsen sorgen mit ihrem Sekret für eine ständige Anfeuchtung der Hautoberfläche. Körnerdrüsen sondern Stoffe ab, die oft giftig wirken, zumindest unangenehme Reizungen auf den Schleimhäuten anderer Wirbeltiere hervorrufen. An manchen Körperstellen können Körnerdrüsen gehäuft auftreten, z. B. bei Kröten, wo sie hinter den Augen gelegen als Ohrdrüsenpakete (Parotiden) auffallen (◘ Abb. 3.1).

> ❶ Alle Lurcharten sondern, vor allem wenn sie in die Hand genommen werden, schleimige Sekrete ab, die einen gewissen Schutz vor Feinden bieten sollen. Diese Absonderungen sind unterschiedlich giftig, bei einigen tropischen Arten sogar extrem. Generell gilt: Keine Lurche in den Mund nehmen, besonders bei Kindern ist darauf zu achten! Werden Lurche angefasst, dann erst die Hände gründlich abwaschen, bevor man mit den Fingern über die Schleimhäute (Augen, Mund, Nase) reibt. Im Gelände sollte dies ohne Seife geschehen, an einem Tümpel oder einem Bach.

Die Außenschicht der Haut wird Oberhaut oder Epidermis genannt. Die Zellen der obersten Lage, der Hornschicht (Stratum corneum), sind abgestorben und verhornt, wodurch die Wasserdurchlässigkeit eingeschränkt ist und ein gewisser Verdunstungsschutz resultiert. Diese tote Schicht wächst nicht mit und muss bei den meist zeitlebens wachsenden Lurchen von Zeit zu Zeit abgestreift werden. In der Regel wird diese dünne durchsichtige Lage von den Tieren während der Häutung aufgefressen. Bei der Aquarienhaltung von Molchen findet sich manchmal die komplette Hautschicht an Wasserpflanzen aufgehängt (◘ Abb. 4.2).

Da ihre nackte Haut relativ gut wasserdurchlässig ist und nur einen begrenzten Verdunstungsschutz bietet, suchen Amphibien meist feuchte Örtlichkeiten auf. Deshalb sind sie vor allem bei hoher Luftfeuchtigkeit aktiv, z. B. bei oder nach Regen oder nachts. Tagsüber und bei Trockenheit verbergen sie sich gern in dichter Vegetation, unter Totholz, Brettern, Steinen, Plastikmüll und dergleichen. In trocken-heißen Regionen, z. B. während der Sommermonate im Mittelmeerraum, ziehen sie sich tief in feuchte Verstecke zurück und legen eine Ruhephase ein.

◘ **Abb. 4.2** Bei der Aquarienhaltung von Molchen wird die abgestreifte oberste, abgestorbene Schicht der Oberhaut manchmal nicht aufgefressen, sondern an Wasserpflanzen aufgehängt zurückgelassen. Hieran sind viele Details gut zu erkennen, z. B. die Finger und Zehen. (Foto: S. Meyer)

Charakteristisch für Amphibien ist auch ihre Atmung (Sauerstoffaufnahme, Abgabe von Kohlendioxid). Die metamorphosierten Lurche atmen sowohl durch ihre durchlässige Haut als auch durch einfach gebaute Lungen, die Larven durch die Haut, die hier nicht verhornt ist, und mittels Kiemen.

Weitere Merkmale betreffen vor allem den Bau (Morphologie, Anatomie) und hiermit verbunden viele Funktionen (Verhalten, Physiologie). ◘ Tab. 4.1 fasst im Vergleich zu den Reptilien die wichtigsten Merkmale schlagwortartig zusammen. Auf einige wird in den kommenden Kapiteln näher eingegangen.

◘ Tab. 4.1 Vergleich der wichtigsten Merkmale heute lebender (rezenter) Amphibien und Reptilien

Merkmal	Amphibien	Reptilien
Erscheinungsbild (Habitus)	Kleine bis mittelgroße Wirbeltiere (in Europa selten über 30 cm Gesamtlänge, asiatische Riesensalamander und eine in Kolumbien lebende Blindwühlenart bis 1,5 m); entweder langgestreckt mit vier Beinen (Kopf, Rumpf, Schwanz deutlich abgegrenzt) oder schwanzlos mit gedrungenem Körper (Kopf, Rumpf stärker ineinander übergehend); Tropen: langgestreckte Blindwühlen ohne Beine, Körperabschnitte fließend ineinander übergehend	Kleine bis recht lange Wirbeltiere (einige Schlangen in Europa bis 2 m und länger; Südamerika: Grüne Anakonda bis 9,5 m, Indien bis Australien: Leistenkrokodil bis 9 m, Indien: Netzpython bis 10 m), entweder langgestreckt mit vier Beinen (Kopf, Rumpf, Schwanz deutlich abgegrenzt) oder beinlos (Kopf, Rumpf, Schwanz weniger stark voneinander abgesetzt). Schildkröten: Rumpf mit festem Panzer, aus dem Kopf, Schwanz und vier Beine herausragen
Haut	Nackt, drüsenreich, wenig verhornt, gut durchlässig für Wasser und darin gelöste Stoffe	Stark verhornt, drüsenarm, mit Schildern oder Schuppen, schlecht wasserdurchlässig
Lebensräume	Süßwasser, Landlebensräume	Süßwasser, Landlebensräume, Meere (Meeresschildkröten, Seeschlangen)
Atmung	Durch Haut und mit Lungen, bei Larven über Haut und Kiemen	Mittels Lungen, ausnahmsweise auch Hautatmung (Lederschildkröte, Weichschildkröten)
Befruchtung	Innere Befruchtung (Schwanzlurche, Blindwühlen) oder äußere (Froschlurche, nur bei wenigen Arten innere)	Innere Befruchtung; Kopulation mit unpaarem Penis (Schildkröten, Krokodile) oder jeweils einem von zwei Hemipenes (Echsen, Schlangen); Brückenechse ohne Penis
Eier	Ohne feste Schale, umgeben von wasserhaltiger, elastischer Gallerte	Mit fester, z. T. kalkhaltiger Schale
Entwicklung	Meist über ein Larvenstadium, das durch eine Metamorphose beendet wird	Direkte Entwicklung ohne Metamorphose; viele Arten lebendgebärend
Beweglichkeit des Kopfes	Schädel und Wirbelsäule über zwei seitliche Gelenkhöcker am Hinterhaupt verbunden, dadurch seitliche Kopfbewegung eingeschränkt	Schädel und Wirbelsäule über einen zentralen Gelenkhöcker am Hinterhaupt verbunden, gute seitliche Kopfbewegung möglich (vor allem Echsen, Schlangen)
Fortbewegung	Gymnophionen und Urodelen eher langsam, Anuren z. T. recht flink, manche Kröten können schnell laufen und manche Frösche weite Sprünge vollziehen (z. B. Springfrosch bis 2 m)	Meist schnell, vor allem Echsen und Schlangen oft außerordentlich schnell, manche Schlangen pfeilschnell; Landschildkröten langsam, Wasserschildkröten z. T. recht schnell schwimmend
Wasseraufnahme	Über die Haut und die Nahrung	Über die Nahrung und durch Trinken von Wasser oder Auflecken von Tautropfen
Wärmeaufnahme	Durch Kontakt zu aufgewärmten Substraten oder in warmem Wasser, seltener durch direktes Sich-Sonnen	Durch direktes Sich-Sonnen und durch Kontakt zu aufgewärmten Substraten, z. B. Sand, Steine, Totholz
Herzbau	Zwei Vorkammern und eine Hauptkammer, die keine Trennwand (Septum) aufweist	Zwei Vorkammern und eine Hauptkammer, die eine unvollständige Trennwand aufweist (bei Krokodilen fast vollständige Trennung!)

Abb. 4.3 Schleichenlurche oder Blindwühlen sehen wie dicke Regenwürmer aus, sind aber Amphibien. Diese meist im Boden lebenden Tiere sind schwer auffindbar und noch schwieriger zu bestimmen. Abgebildet ist eine Art aus der Gattung *Grandisonia* von den Seychellen. (Foto: H. Bringsøe)

4.2 Hauptgruppen der Amphibien

Drei Hauptgruppen werden bei den Lurchen unterschieden, die Blindwühlen oder Schleichenlurche (Gymnophiona), die Schwanzlurche (Urodela) und die Froschlurche (Anura).

Schleichenlurche oder Blindwühlen sind langgestreckte beinlose Amphibien, die mit etwas über 200 Arten in den Tropen vorkommen. Mit ihrem geringelten Körper sehen sie wie dicke Regenwürmer aus (◘ Abb. 4.3). Ihre Augen sind nicht so weit entwickelt wie die der anderen Amphibien, vor allem der Anuren, aber sie sind keineswegs blind. Da sie überwiegend im Boden leben (manche Arten allerdings auch im Wasser), benötigen sie keine besonders hoch entwickelten Augen. Charakteristisch sind dagegen sog. Tentakel (◘ Abb. 4.4). Dies sind kleine paarige Ausstülpungen in der Wangenregion beiderseits zwischen Auge und Nasenöffnung. Vermutlich handelt es sich um Tastsinnesorgane, die bei der unterirdischen Lebensweise auch sehr angebracht sind. Eventuell nehmen die Tiere auch chemische Reize damit war, wodurch die Lokalisierung von Beutetieren gefördert wird.

Die Fortbewegung im Wasser, in lockerem Boden oder Falllaub erfolgt über Schlängeln, im dichten Boden durch grabende und schiebende, wurmartige Bewegungen. Die Befruchtung ist eine innere und wird durch Vereinigung der Geschlech-

Abb. 4.4 Kopfbereich einer Blindwühle aus Ost-Thailand, *Ichthyophis* cf. *kohtaoensis*. Zu sehen sind das Auge, die Mundspalte sowie an deren Vorderrand der kleine, helle kegelförmige Tentakel. (Foto: H. Bringsøe)

ter mittels eines spezifischen Kopulationsorgans sichergestellt. Ein Teil der Arten legt Eier in feuchtem Boden ab. Diese Gelege werden bis zum Schlüpfen aquatisch lebender Larven oder fertig entwickelter Jungtiere, die ihre Metamorphose in der Eihülle durchlaufen, vom Weibchen betreut (Brutpflegeverhalten).

Schwanzlurche (Salamander und Molche) sind mäßig gestreckte Amphibien mit vier Beinen und meist gut entwickelten Augen (◘ Abb. 3.9). Ihre Beine sind etwa gleichlang, oder die Hinterbeine sind geringfügig länger als die Vorderbeine. Sie kommen mit über 690 Arten vorwiegend in den

Abb. 4.5 Der Axolotl (*Ambystoma mexicanum*) ist ein Schwanzlurch, der unter Beibehaltung bestimmter Larven-Merkmale geschlechtsreif wird. Dazu gehören vor allem die drei großen Kiemenbüschel am Hinterrand der beiden Kopfseiten. (Foto: Benny Trapp)

gemäßigten Breiten der Nordhalbkugel vor, doch findet sich auch eine Reihe Vertreter in tropischen Regionen (Mittelamerika, nördliches Südamerika, tropisches Asien), dort aber bevorzugt in höheren Gebirgslagen. Den vorwiegend neuweltlichen Lungenlosen Salamandern (Familie Plethodontidae) fehlen jegliche Lungen, ihr Gasstoffwechsel findet ausschließlich über die Haut statt. Bei den meisten Arten kommt es zu einer inneren Befruchtung, aber anders als bei den Gymnophionen wird nicht kopuliert, um die Spermien zu übertragen. Die Männchen setzen vielmehr einen Samenträger ab (Spermatophore), auf dem obenauf eine Samenmasse platziert ist. Diese Masse nehmen die Weibchen mit ihrer Kloakenöffnung auf und speichern die Spermien in speziellen Samentaschen. Die aus der Kloake (= Hohlraum mit den Öffnungen von Harn- und Geschlechtswegen sowie dem Enddarm) gleitenden Eier sind zuvor bereits im Körperinneren befruchtet worden. Die meisten Arten legen Eier ab, meist an pflanzlichen Substraten, aus denen sich Larven entwickeln, die eine Metamorphose durchlaufen. Andere Arten (bei Lungenlosen Salamandern) legen Eier an Land ab, die bewacht werden und aus denen voll entwickelte Salamander schlüpfen. Der Feuersalamander setzt weit entwickelte Larven ab, Alpensalamander gebären voll entwickelte Jungtiere. Die Larven sind langgestreckt. Am hinteren Kopfende sind büschelartige Außenkiemen ausgebildet. Ältere Larven haben vier wohlentwickelte Beine. In verschiedenen Familien gibt es Arten mit zeitweilig oder dauerhaft erhaltenen Larven-Merkmalen,

besonders Kiemen, im Erwachsenenstadium (sog. Pädomorphosen). Im Extrem können die Tiere in diesem Zustand geschlechtsreif werden, was als „Neotenie" bezeichnet wird. Bekannte Beispiele sind der Axolotl (*Ambystoma mexicanum*, ▢ Abb. 4.5) in Mexiko und der Grottenolm (*Proteus anguinus*) im Karst des Balkans (Südosteuropa).

Froschlurche (Frösche, Kröten, Unken u. a.) sind nach der Metamorphose schwanzlose Amphibien, deren Hinterbeine meist deutlich länger als die Vorderbeine ausgebildet sind. Sie sind, häufig in Verbindung mit einem umgebauten Becken und einer stark verkürzten Wirbelsäule, zu einem wirkungsvollen Sprungapparat entwickelt, der ihnen eine rasche, springende (mindestens aber hoppelnde) Fortbewegung ermöglicht (▢ Abb. 3.2). Manche Arten können ziemlich schnell laufen. Mit mehr als 6500 Arten besiedeln Froschlurche alle Kontinente (Ausnahme Antarktis), die meisten leben in den Tropen und Subtropen. Besonders häufig leben sie in tropischen Wäldern und Grasländern (Savannen). Einige Arten besiedeln sogar trockene Wüsten, was bei den beiden vorangegangenen Amphibiengruppen nicht vorkommt. Bei fast allen Arten findet eine äußere Befruchtung statt, nur einige wenige vollziehen eine innere. Bei den sog. Höheren Froschlurchen wird das Weibchen vom Männchen mit den Vorderbeinen geklammert (▢ Abb. 4.6), das während der Laichabgabe seinen Samen über die Eier ergießt. Die Eier werden einzeln oder in Ansammlungen (Ballen, Klumpen, Fladen) in einem Gewässer abgesetzt, aus denen sich charakteristische Larven, die

▣ **Abb. 4.6** Bei den Höheren Froschlurchen, z. B. den Vertretern der Familie Echte Frösche (Ranidae), klammern die Männchen in der Paarungszeit die Weibchen in der Achselgegend. Abgebildet ist ein Pärchen des Moorfrosches (*Rana arvalis*), bei welchem sich das Männchen in der Paarungszeit himmelblau verfärbt. Danach färbt sich es sich wieder um und sieht dann so braun wie das Weibchen aus. (Foto: A. Kronshage)

Kaulquappen, entwickeln, welche nach einer Metamorphose das Land aufsuchen. Kaulquappen haben einen kompakten Körper (Kopf-Rumpf äußerlich nicht voneinander abgesetzt), einen muskulösen Schwanz und von außen erkennbare Hinterbeine. Die älteren Kaulquappen haben keine äußerlich sichtbaren Kiemen, diese liegen in der Kiemenhöhle verborgen ("Innenkiemen"). Hier entwickeln sich auch die Vorderbeine, die erst während der Metamorphose durchbrechen. Von diesem entwicklungsbiologischen Grundschema gibt es viele Abweichungen, auf die in ▶ Kap. 6 näher eingegangen wird.

4.3   Was sind Reptilien?

Der Begriff ist vom Lateinischen *reptilis* = „kriechend" abgeleitet. Der deutsche Name „Kriechtiere" ist insofern passend. Die Reptilien bilden nach heutiger Auffassung keine streng wissenschaftlich-systematisch begründete Gruppe, dann müssten nämlich auch die Vögel zu ihnen gerechnet werden. Dies erscheint schlichtweg unpraktisch, und in diesem Buch werden die Vögel nicht behandelt (Näheres siehe ▶ Kap. 17). Die heute lebenden „Reptilien" bilden ein Bündel von Wirbeltiergruppen, die bestimmte gemeinsame Merkmale aufweisen, von denen die wichtigsten in ▣ Tab. 4.1 übersichtlich zusammengestellt sind. Weitere Merkmale werden in den ▶ Kap. 5, 6 und 7 behandelt.

Ein wesentlicher Unterschied zu den Amphibien ist die Hautbeschaffenheit. Reptilien haben eine

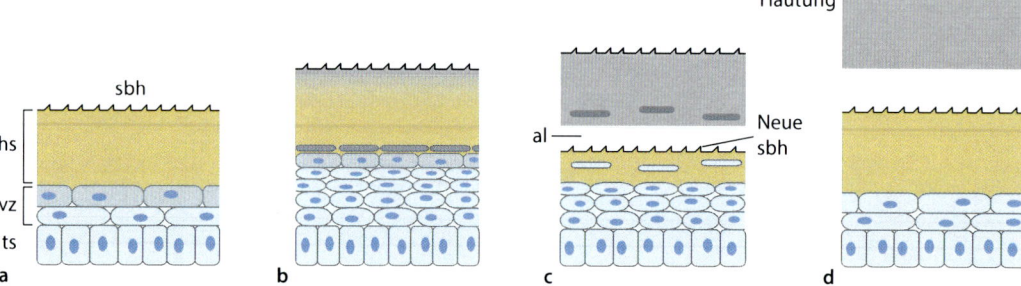

Abb. 4.7 Schnitt durch die Oberhaut eines Schuppenkriechtieres (Squamata). **a** Normalzustand („Ruhezustand"), **b** Wachstumsphase, **c** Ablösung der alten Hornschicht, **d** Normalzustand der Haut. Die alte Hornschicht wird als Hemd oder in Fetzen abgestreift. (Verändert nach Bauchot 1996)

stark verhornte, drüsenarme, kaum wasserdurchlässige Haut (■ Abb. 4.7). Deren äußerste Lage besteht aus Schuppen, größeren Schildern oder regelrechten Platten. Die extreme Vorhornung stellt einen wirksamen Verdunstungsschutz dar, sodass Reptilien in der Evolution die ersten echten Landwirbeltiere waren. Sie können viel Wärme von außen aufnehmen, vor allem durch unmittelbares Sich-Sonnen, ohne allzu große Wasserverluste in Kauf nehmen zu müssen. Hierdurch kann ihr Stoffwechsel stark hochgefahren werden, weshalb sie häufig recht flink sind, vor allem die Echsen und Schlangen. Diese hohe Leistungsfähigkeit ist auch das Resultat eines weitentwickelten Herz-Kreislauf-Systems. Die bessere Trennung des sauerstoffreichen und des mit Kohlendioxid angereicherten Blutes durch die Entwicklung einer – wenn auch meist unvollständigen – Trennwand (Septum) in der Hauptkammer des Herzens ermöglicht in Verbindung mit einem höheren Blutdruck größere Stoffwechselraten.

Die starke Verhornung der obersten Schicht der Oberhaut (Epidermis), die abstirbt und nicht mitwächst, erfordert eine regelmäßige Häutung. Bekannt sind vielen Lesern sicher die abgestreiften „Hemden" der Schlangen (■ Abb. 4.8). Echsen streifen diese Schicht dagegen in der Regel in Fetzen oder Teilen ab (■ Abb. 4.9). Die meisten Arten fressen diese Fetzen unmittelbar nach der Häutung auf.

Weitere wesentliche Unterschiede zu den Amphibien betreffen die Fortpflanzung und Entwicklung. Alle Reptilien haben eine innere Befruchtung. Dieser geht eine Kopulation, d. h. eine Vereinigung von Geschlechtsorganen, voraus (Ausnahme: Brückenechse). Während die Männchen der Schildkrö-

ten und Krokodile einen unpaaren medianen Penis haben, kopulieren Schuppenkriechtiere mit einem ihrer beiden seitlich ausstülpbaren Penes, die als Hemipenes bezeichnet werden. Die Brückenechse hat keinen Penis, die beiden Geschlechtspartner pressen zwecks Samenübertragung ihre Kloakenöffnungen fest aneinander.

Reptilien legen entweder Eier, die außen eine feste, z. T. kalkhaltige Schale aufweisen, oder sie sind lebendgebärend. Der Embryo entwickelt sich in einer mit Flüssigkeit gefüllten Höhle im Inneren des Eies, gewissermaßen in einem „Mikroteich", der an den aquatischen Lebensraum der Larven der amphibischen Vorfahren erinnert. Diese Reproduktionsstrategie hat den Reptilien neben ihrem Verdunstungsschutz durch eine stark verhornte Haut ein echtes Landleben ermöglicht. Neben feuchten konnten sie auch ausgesprochen trockene Lebensräume (Halbwüsten, Wüsten) besiedeln, wo sie artenreich vertreten sind (vor allem südwestliche USA und Australien). Vor zeitweilig zu großer Trockenheit (z. B. während der Sommermonate im Mittelmeergebiet) schützen sie sich durch Rückzug in Böden, Höhlungen, Gesteinsritzen u. ä. Auch durch Nachtaktivität, wie bei vielen Geckoarten, können sie zu großer Trockenheit ausweichen und zugleich neue ökologische Nischen besetzen.

Schließlich unterscheiden sich Reptilien von Amphibien dadurch, dass sie mit Lungen atmen. Diese sind deutlich stärker gekammert als die einfach gebauten Amphibien-Lungen.

Im Gegensatz zu den Amphibien konnten die Reptilien auch die Meere besiedeln. Vielen Lesern sind sicher die großen Meeresschildkröten, wie

◘ Abb. 4.8 Schlangen streifen von Zeit zu Zeit die abgestorbene, stark verhornte oberste Lage der Oberhaut als komplette Hülle („Schlangenhemd") ab. Dabei wird die Lage gewissermaßen auf links gedreht. Das Bild zeigt das „Hemd" einer Kreuzotter (*Vipera berus*). (Foto: S. Meyer)

Lederschildkröte, Suppenschildkröte und Unechte Karettschildkröte, bekannt. Doch haben auch die Schlangen marine Vertreter hervorgebracht, insbesondere die Seeschlangen, die selbst in ihrer Fortpflanzung vom Land unabhängig sind.

4.4 Hauptgruppen der Reptilien

Nachfolgend wird eine kurze Charakterisierung vorgenommen. Für eine systematische Einordnung und Behandlung der stammesgeschichtlichen (phylogenetischen) Zusammenhänge sei auf ▶ Kap. 17 verwiesen. Folgende rezente Hauptgruppen werden unterschieden: Schuppenkriechtiere (mit Echsen und Schlangen), Brückenechsen, Schildkröten und Krokodile.

Die Schuppenkriechtiere (Squamata) bilden die mit Abstand artenreichste Gruppe rezenter Reptilien. Über 9900 Arten sind mittlerweile beschrieben. Traditionell wurden lange Zeit zwei bis drei Gruppen unterschieden (Echsen, Schlangen, von manchen Autoren noch Doppelschleichen), doch ist diese Unterteilung überholt (siehe ▶ Kap. 17). Aus praktischen Gründen werden nachfolgend allerdings Echsen und Schlangen separat behandelt.

Echsen (Sauria) sind mäßig gestreckte, meist kleine bis mittelgroße Reptilien mit Kopf, Rumpf und Schwanz sowie vier Beinen (◘ Abb. 3.13). Die Hinterbeine sind meist etwas länger und kräftiger als die Vorderbeine. In verschiedenen evolutiven

◘ Abb. 4.9 Echsen häuten sich in Fetzen wie der Neukaledonische Kronengecko (*Rhacodactylus ciliatus*). (Foto: B. Trapp)

Linien wurden jedoch die Gliedmaßen zurückgebildet, sodass es Arten mit kurzen Beinchen oder auch solche ohne jegliche Beine gibt. Die kleinste Echse ist das Madagaskar-Chamäleon mit 3 cm Gesamtlänge, die größte der Komodo-Waran mit 3,10 m. Mit über 6300 Arten (inklusive Doppelschleichen) besiedeln die Echsen fast alle Kontinente (außer der Antarktis). Die auch in Mitteleuropa vorkommende Waldeidechse (*Zootoca vivipara*) überschreitet sogar den 70. nördlichen Breitengrad. Auch in Hochgebirgsregionen kommen Echsen vor, manche Arten bis über 3000 m üNN.

Die meisten Arten haben gut entwickelte Augen, die sie mit beweglichen Augenlidern schließen können. Vorwiegend im Boden lebende Arten (z. B. Doppelschleichen) haben jedoch häufig reduzierte Augen. Bewegliche Augenlider können fehlen, z. B. den Geckos und Chamäleons.

Echsen besiedeln die unterschiedlichsten Lebensräume. Manche halten sich zumindest zeitweise im Boden auf, viele leben auf dem Boden, andere sind baumlebend. Der freie Luftraum, den die Vögel in so eindrucksvoller Weise erobert haben, blieb ihnen allerdings weitgehend verwehrt. Doch gibt es einzelne Gleitflieger, die Flugdrachen (Gattung *Draco*), die von erhöhten Sitzwarten aus mittels Flughäuten, die über extrem verlängerte Rippen gespannt sind, segeln können, im Extrem bis zu 60 m von Baum zu Baum. Offene Gewässer sind nur eingeschränkt von Echsen besiedelt. Manche Arten allerdings fliehen in Gewässer und verbergen sich vorübergehend an deren Grund. Die bereits genannte einheimische Waldeidechse ist hierfür ein Beispiel. Nahrungsaufnahme im Wasser ist sehr selten. Die auf den Galapagosinseln vorkommende Meerechse (*Amblyrhynchus cristatus*) lebt von Meeresalgen (Tangen), die sie an untergetauchter Lava abweidet.

Eine Besonderheit ist bei vielen Echsen die Fähigkeit, ihren Schwanz abzuwerfen, um hierdurch Fressfeinden, z. B. Vögeln, besser zu entkommen. Das Schwanzstück kann wieder neu gebildet (regeneriert) werden. Viele Eidechsen, Geckos etc. findet man im Freiland mit unterschiedlich weit entwickelten regenerierten Schwanzpartien, die sich in Beschuppung und Färbung vom ursprünglichen, unverletzten Schwanzteil abheben.

Die Schlangen (Serpentes) sind streng systematisch gesehen keine den Echsen gleichwertige Gruppe. Es sind vielmehr besonders langgestreckte, hoch spezialisierte Echsen, die während der Evolution ihre Beine verloren haben. Mit ihrem langgestreckten Körper, der aus zahlreichen Wirbeln (im Extrem über 400!) und mit diesen gelenkig verbundenen Rippen besteht, bewegen sie sich vor allem schlängelnd vorwärts. Viele Arten können einmal

aufgescheucht pfeilschnell davongleiten, was ihre Beobachtung und das Fotografieren im Gelände nicht leicht machen. Die längsten Schlangen können 9,5 bis 10 m lang werden (Grüne Anakonda, Netzpython). Mit über 3500 Arten besiedeln sie alle Kontinente (ausgenommen Antarktis), vorrangig im Süßwasser und in Landlebensräumen. Vor allem in Südost-Asien leben auch reine Meeresarten (Seeschlangen).

Von den Echsen (im herkömmlichen Sinne) unterscheiden sich die Schlangen vor allem dadurch, dass sie nahezu immer beinlos sind und generell keine beweglichen Augenlider besitzen. Diese sind miteinander verwachsen und bilden eine starre durchsichtige Kapsel, woraus der starre Schlangenblick resultiert. Ganz besonders unterscheiden sich die Schlangen aber durch einen markanten Unterschied ihres Kieferapparates. Sie können zwecks Verschlingens großer Beutetiere das Maul besonders weit öffnen. Eindrucksvolle Leistungen vollbringen dabei die Pythons und Boas, die früher als „Riesenschlangen" in einer Familie (heute unterschiedliche Familien) zusammengefasst wurden. Felsenpythons können ganze Impala-Antilopen verschlingen und Grüne Anakondas große Wasserschweine, ausnahmsweise sogar erwachsene Kaimane. Aber auch manche europäische Nattern vollbringen respektable Leistungen. So verschlingen einige Natternarten langgestreckte andere Reptilien, z. B. die Schlingnatter ganze Blindschleichen oder die Katzennatter komplette Scheltopusiks, auf dem Balkan vorkommende Verwandte der Blindschleichen.

In bestimmten Schlangenfamilien ist es zur Ausbildung von Giftzähnen gekommen, vor allem bei Giftnattern (Elapidae) und Vipern (Viperidae). Durch Biss und Giftinjektion werden die Beutetiere getötet und anschließend verschlungen. Die auch in Mitteleuropa vorkommende Kreuzotter (*Vipera berus*) ist ein typisches Beispiel dafür (◘ Abb. 7.14).

Die Kreuzotter setzt den Biss mit den Giftzähnen wie andere Giftschlangen auch zum Beuteerwerb ein. Bei Kleinsäugern (Mäusen etc.) lässt sich diese Wirkung schön beobachten, z. B. in Reptilienzoos. Menschen oder Jagdhunde werden nur dann gebissen, wenn sich die Otter bedroht fühlt. Besonders gefährdet ist man beim Beeren- und Pilzesammeln. Hierbei sollte stets festes Schuhwerk getragen werden (keine Sandalen oder nackte Füße!), das gilt beson-

ders für Kinder. Sich vorher vergewissern, dass keine Kreuzottern in der Nähe sind. Lange Hosen tragen. Nicht in nachweislichen Kreuzottergebieten lagern. Symptome eines Kreuzotterbisses sind in leichteren Fällen: Übelkeit, Herzklopfen, leichte Schwellungen, in schweren Fällen: stärkere Schwellungen, Bauchkrämpfe, Durchfall, Bewusstseinstrübung und dunkle Hautverfärbungen. Im Falle eines Bisses ist Ruhe zu bewahren. Auf keinen Fall die Bissstelle aussaugen oder die Wunde mittels Messer oder Rasierklinge erweitern (Infektionsgefahr!). Anstrengungen vermeiden, den nächsterreichbaren Arzt aufsuchen, bei stärkeren Symptomen eine Klinik.

❶ **Achtung:** Die Giftwirkung vieler mediterraner, subtropischer und tropischer Arten ist oftmals erheblich stärker als bei der Kreuzotter. Ohne umgehende ärztliche Hilfe, nicht selten mit dem Verabreichen eines geeigneten Antiserums, kann der Tod die Folge sein. In ▶ Kap. 13 sind Verhaltensregeln zusammengestellt und geeignete Internetadressen genannt.

Die Brückenechse oder Tuatara ist die einzige überlebende Art einer eigenen Linie in der Reptilienevolution (Schnabelköpfe oder Rhynchocepha-

lia). Zeitweilig wurden zwei Arten unterschieden, neuerdings wieder nur eine, wie lange Zeit zuvor schon. Sie gehört zur Gruppe der Sphenodontida und ähnelt äußerlich einer Echse (■ Abb. 4.10). Mit Letzteren sind sie auch eng verwandt und gehen mit ihnen auf eine gemeinsame stammesgeschichtliche Wurzel zurück. Auffallend ist ein Kamm aus Stachelschuppen auf Kopf-, Rumpf- und Schwanzoberseite, der den Tieren das Aussehen eines kleinen „Urzeitdrachens" verleiht. Erwachsene Männchen können bis 50 cm, selten 75 cm lang werden und dann 2 Kilogramm oder mehr wiegen. Der deutsche Name rührt von einem anatomischen Merkmal des Schädels her. Dieser weist zwei sog. Schläfenfenster auf, ein oberes und ein unteres. Letzteres wird durch den unteren Schläfenbogen (die sog. „Brücke") begrenzt, welcher hier noch vollständig ausgebildet ist, was als urtümliches Merkmal gewertet wird. Bei den Echsen ist der untere Schläfenbogen weitgehend reduziert oder komplett verschwunden. Bei den Schlangen ist zusätzlich noch der obere Schläfenbogen verschwunden.

Die Schildkröten (Testudines) muten vielen Betrachtern mit ihrem massiven Panzer und bei den landlebenden Arten mit „behäbig-langsamer" Fortbewegung wie eine urtümliche Reptiliengruppe an. Doch ist ihre systematische Einordnung umstritten

(siehe ► Kap. 17). Charakteristisch ist der geschlossene Panzer, der nur für Kopf, Schwanz und vier Beine Öffnungen aufweist. Er besteht aus zahlreichen Knochenplatten, die von deutlich weniger Hornschildern bedeckt sind. Der Rückenpanzer (Carapax) ist häufig stark gewölbt, besonders bei den Landschildkröten (◘ Abb. 4.11), während der Bauchpanzer (Plastron) flach ausgebildet ist, bei den Männchen sogar leicht konkav.

Bei der Lederschildkröte (*Dermochelys coriacea*) ist der Panzer statt mit Hornschildern von glatter Haut bedeckt, die eine Art Schwarte bildet. Bei den Weichschildkröten (Familie Trionychidae) ist der Knochenpanzer stark reduziert und anstelle von Hornplatten ebenfalls mit einer lederartigen Haut überzogen. Diese lederartigen Körperdecken sind Anpassungen an die aquatische Lebensweise, ausnahmsweise für Reptilien findet hierdurch ein gewisser Gasaustausch (Hautatmung) statt.

Die Kiefer der Schildkröten sind zahnlos. Stattdessen weisen sie harte Hornscheiden auf, mit denen sie vorzugsweise pflanzliche Nahrung aufnehmen können. Doch gibt es bei den Süßwasser- und Meeresschildkröten auch Arten, die tierische Kost aufnehmen. So erbeutet die Lederschildkröte vor allem Quallen.

Schildkröten leben mit derzeit rund 340 anerkannten Arten bevorzugt in tropischem und subtropischem Klima. Einige Arten können aber auch weit

nördlich vorkommen. So erstreckt sich das Areal der berüchtigten, für ihre empfindlichen Bisse bekannten Schnappschildkröte (*Chelydra serpentina*) bis ins südliche Kanada.

Alle Schildkröten legen hartschalige Eier ab, auch die Süßwasser- und Meeresarten. Zwecks Eiablage müssen deshalb die Weibchen das Land aufsuchen. Spektakulär sind die Eiablagen der großen Meeresschildkröten. Die Weibchen suchen hierzu Sandstrände auf, in denen sie mit den Hinterbeinen Gruben ausheben, die nach der Eiablage wieder mit Sand verfüllt werden.

Die Krokodile leben mit 25 Arten in den Tropen und Subtropen. Es sind großwüchsige, „urtümlich" anmutende, jedoch hoch evoluierte und mit den Vögeln eng verwandte Reptilien (◘ Abb. 4.12). Sie können beachtliche Ausmaße erreichen. Das auch für den Menschen gefährlich werdende, von Indien bis Australien vorkommende Leistenkrokodil (*Crocodylus porosus*) kann bis 9 m lang werden. Morphologisch sind Krokodile gut an ein amphibisches Leben angepasst. Der seitlich abgeplattete kräftige Ruderschwanz dient einer raschen Fortbewegung im Wasser, während die vier stämmigen Beine eine laufende, manchmal recht schnelle Fortbewegung an Land ermöglichen. Der hohe Evolutionsgrad wird neben anderem beim Herzbau deutlich. Krokodile haben als einzige Reptilien ein nahezu vierteiliges Herz (wie Vögel und Säuger). Zu den beiden

■ **Abb. 4.12** Krokodile oder Panzerechsen sind große, kräftige Reptilien. Abgebildet ist ein Kuba-Krokodil (*Crocodylus rhombifer*), das 2,5 bis 4 m lang wird. Es hat einen stämmigen, muskulösen Körper, eine relativ spitze Schnauze und ein kräftiges Gebiss. (Foto: S. Meyer)

Vorkammern kommt eine Hauptkammer, die durch eine fast vollständige Trennwand (Septum) geteilt ist. Alle Arten sind eierlegend. Entweder werden die hartschaligen Eier in ausgehobenen Erdgruben abgelegt, oder es werden regelrechte Nester aus zusammengescharrtem und abgerissenem Pflanzenmaterial aufgehäuft. Die kegelförmigen Nester können beachtliche Ausmaße erreichen, mit einem Durchmesser bis zu 2 m und mehr sowie einer Höhe von einem Meter.

Berühmt ist die komplexe Brutpflege der Krokodile, welche die Verwandtschaft zu den Vögeln auch verhaltensbiologisch unterstreicht. Die Weibchen bewachen die Nester bzw. ihre Gelege. Schon vor dem Schlupf der Jungen stehen sie im akustischen Kontakt mit ihnen. Daraufhin graben sie ihren Nachwuchs aus und helfen ihm mit ihren Kiefern vorsichtig beim Schlüpfen. Oftmals werden die Jungen im Maul zum Wasser getragen, bei Gefahr flüchten die Kleinen jedoch in das Maul der Mutter zurück.

Literatur

Bauchot R (1996) Schlangen, 2. Aufl. Naturbuch, Weltbild, Augsburg

Storch, Welsch (2002) Kükenthals Leitfaden für das Zoologische Praktikum, 24. Aufl. Spektrum Akademischer Verlag, Heidelberg

Anatomie und Physiologie

Dieter Glandt

D. Glandt, *Amphibien und Reptilien,*
DOI 10.1007/978-3-662-49727-2_5, © Springer-Verlag Berlin Heidelberg 2016

Hinweis: Der Einsteiger sollte dieses Kapitel zunächst überschlagen und mit ▶ Kap. 6 fortfahren. Zu einem späteren Zeitpunkt ist jedoch die Lektüre des vorliegenden Kapitels unbedingt angeraten. Viele in den nachfolgenden Kapiteln behandelten Zusammenhänge werden besser verständlich, wenn man über Grundkenntnisse zum Bau (Anatomie) und zur Funktion (Physiologie) der behandelten Tiergruppen verfügt. Allerdings kann hier nur eine gestraffte, sehr knappe Übersicht über die ungemein umfangreiche Thematik geboten werden. Das gilt besonders für komplexe Themen wie Gehirn, Sinnesorgane, Hormone und Immunsystem. Auch kann keine Einführung in die allgemeine Neurophysiologie, die sich mit Bau und Funktion der Nerven beschäftigt, geboten werden. Wer mehr wissen will, muss sich mit anspruchsvolleren Lehrbüchern befassen (siehe Literatur), wobei möglichst die jeweils neueste Auflage zur Hand genommen werden sollte.

5.1   Amphibien und Reptilien haben ein Innenskelett

Beide Gruppen gehören zu den Wirbeltieren, von manchen Autoren auch „Schädeltiere" genannt. Charakteristisch für diese sind mineralisierte Hartteile, insbesondere ein Innenskelett (Endoskelett). Hinzu kommen Zähne und bei manchen Formen auch noch ein Hautskelett. Das Endoskelett, die eigentliche Stütze dieser Tiere, steht in einer bestimmten Weise funktionell mit den Weichteilen in Verbindung. Nur hierdurch sind eine Reihe lebensnotwendiger Funktionen möglich, z. B. Ortswechsel, Feindabwehr, Flucht, Paarung, innerartliche Auseinandersetzung, Beuteerwerb und Atmung.

Der Körper ist in drei Regionen mit unterschiedlicher Funktion gegliedert: Kopf, Rumpf und Schwanz. Zum Kopf gehören die komplexeren Sinnesorgane zur Wahrnehmung der Umwelt und der Schädel, der das empfindliche Gehirn umgibt und schützt. Letzteres ist die zentrale Schalt- und Speicherinstanz für den gesamten Körper. Am Rumpf setzen bei den meisten Arten Vorder- und Hinterbeine an, die an Schulter- und Beckengürtel verankert sind. Rumpf und Schwanz sind besonders wichtig bei den vielfältigen Bewegungen.

Die Skelettelemente bestehen aus Knorpel und Knochen. Das chemische Baumaterial der ausschließlich bei Wirbeltieren vorkommenden Knochen ist vorwiegend Calciumphosphat (85 %), in geringem Maße (10 %) Calciumcarbonat.

Neben dem Kopfskelett gehören bei den Amphibien und Reptilien eine stark variierende Zahl an Wirbelkörpern des Rumpfes und – sofern nach der Metamorphose der Amphibien noch vorhanden – des Schwanzes. Die Beispiele können nur einen begrenzten exemplarischen Eindruck von dieser großen Vielfalt geben.

In der Gruppe der Schwanzlurche (Urodela) variieren der Bau des Schädels, die Zahl der Rumpfwirbel und Rippenpaare und die Ausbildung der Extremitäten beträchtlich (◘ Abb. 5.1). Dies korrespondiert mit der Fortbewegung und der Lebensweise. Der Feuersalamander (*Salamandra salamandra*) mit einem gedrungenen Körper, einer relativ kurzen Rumpfwirbelsäule, aber vier gut entwickelten Beinen ist ein ausgesprochenes Landlebewesen. Die kräftigen Gliedmaßen können den Körper gut über den Boden erhoben tragen und ermöglichen ein überraschend gutes Laufvermögen. Nach der Metamorphose suchen nur noch die trächtigen Weibchen zum Absetzen der weit entwickelten Larven kurz ein Gewässer auf. Alles andere im Leben der Salamander spielt sich am Lande ab: Partnersuche und Paarung, Beutegänge und Nahrungsaufnahme, Überwinterung.

Ganz anders der Grottenolm (*Proteus anguinus*). Er lebt in unterirdischen Gewässern des Karstes im ehemaligen Jugoslawien, bewegt sich vor allem durch Schlängelschwimmen fort und benötigt die reduzierten Extremitäten nur noch in geringem Maße. Die Aalmolche (Gattung *Amphiuma*), die im Südosten der USA vorkommen, haben nur vier dünne, stark reduzierte Beinchen, aber einen sehr lang gestreckten Rumpf. Zwei der drei Arten können über einen Meter Länge erreichen. Aalmolche leben aquatisch, nur gelegentlich konnte *Amphiuma means* in regnerischen Nächten an Land beobachtet werden.

Die Froschlurche (Anura) haben ein hoch entwickeltes, spezialisiertes Skelett, das ihnen ein ausgeprägtes Sprungvermögen verleiht (◘ Abb. 5.2). Die Wirbelsäule ist stark verkürzt und besteht aus 5–9 Präsakral- und einem Sakralwirbel. Den meis-

◘ **Abb. 5.1** Skelett dreier unterschiedlich gestreckter Schwanzlurcharten. *Links*: Feuersalamander (*Salamandra salamandra*), *Mitte*: Grottenolm (*Proteus anguinus*), *rechts*: Dreizehen-Aalmolch (*Amphiuma tridactylum*). Von links nach rechts wird die Rumpfwirbelsäule durch eine Erhöhung der Wirbelkörperzahl beträchtlich verlängert, die Schwanzwirbelsäule dagegen verkürzt. (Aus Werner 1930)

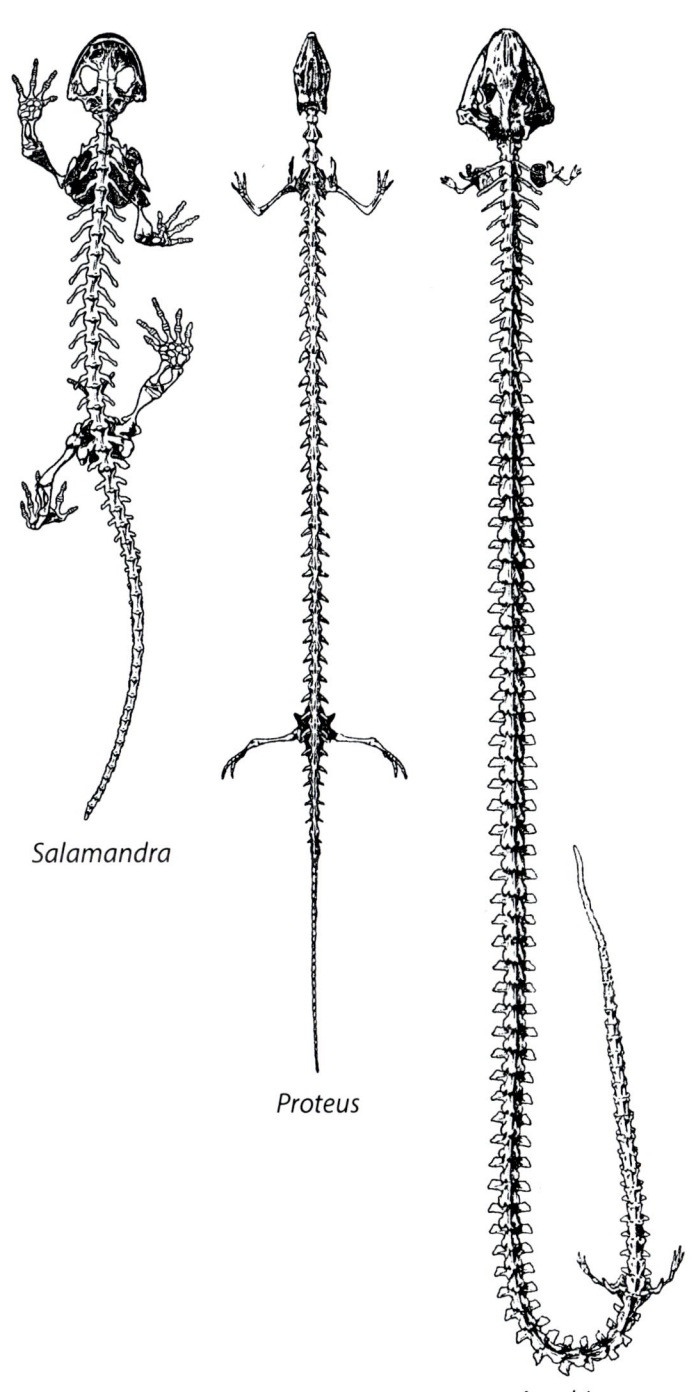

Salamandra

Proteus

Amphiuma

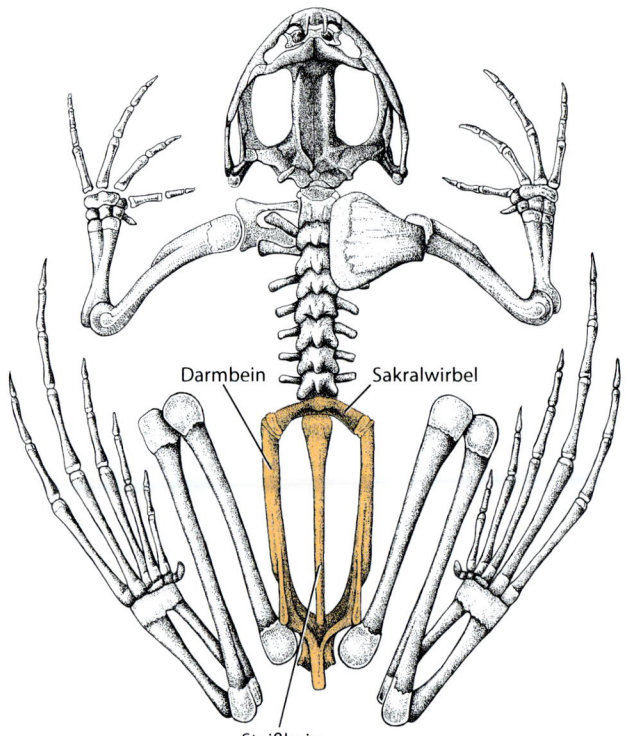

Abb. 5.2 Skelett eines Teichfrosches (*Pelophylax „esculentus"*) in Rückenansicht. Kennzeichnend sind die starke Verkürzung der Wirbelsäule und die Verlängerung der Hinterbeine gegenüber den Vorderbeinen sowie die starre, langgestreckte Beckenkonstruktion. Die gesamte hintere Hälfte des Skeletts ist (zusammen mit einer entsprechend spezialisierten Muskulatur) auf ein großes Sprungvermögen ausgerichtet. (Verändert nach Storch und Welsch 2002)

Darmbein   Sakralwirbel

Steißbein

ten Anurenarten fehlen Rippen, wenn welche vorhanden sind, sind sie nur kurz. Im hinteren Bereich ist ein fester Knochenstab (Steißbein) ausgebildet. Die beiden Darmbeine bilden mit diesem eine feste Konstruktion aus drei parallel verlaufenden, lang gestreckten Knochen, vorne durch Fortsätze des Sakralwirbels quer verbunden. Die Hinterbeine sind meist lang bis sehr lang. In Sitzhaltung der Tiere sind sie in drei Komponenten zusammengeklappt: Ober- und Unterschenkel sowie Fuß. Durch plötzliches Auseinanderfahren und Langstrecken dieser drei Komponenten bei gleichzeitigem Abstoßen vom Untergrund kommt es zum Sprung. Eine Art körpereigenes Widerlager bildet die langgestreckte feste Beckenkonstruktion, die auch den „Aufprall" nach dem Sprung abfangen hilft.

Der den Salamandern vergleichbare Grundtyp des Skeletts bei den Reptilien repräsentieren viele Echsen (Abb. 5.3). Allerdings ist es in der Evolution dieser Gruppe in vielen Linien zur Streckung des Rumpfes und Erhöhung der Wirbelzahl bei gleichzeitiger Rückbildung der Extremitäten gekommen. So beträgt die Zahl der präsakralen Wir-

bel bei den Geckos 23–29, bei beinlosen Schleichen (Anguidae) bereits 51–68 und bei den schlangenähnlichen, äußerlich beinlosen Flossenfüßen (Familie Pygopodidae) 74–110.

Bei den Schlangen schließlich sind Langstreckung und Vermehrung der Wirbel besonders weit gediehen (Abb. 5.4). Ihre Gesamtzahl (Rumpf und Schwanz) schwankt zwischen 180 bei kurzen, dickleibigen Vipern und 435 bei Pythons. Für die Kreuzotter werden rund 200 Wirbel angegeben.

■ **Sonderfall Hautskelett**
In einigen Amphibien- und Reptiliengruppen gesellen sich zum Innenskelett Verstärkungen in der Unterhaut (Dermis). Unter den Amphibien sind die Schleichenlurche oder Blindwühlen (Gymnophiona) zu nennen. Abgesehen von aquatisch lebenden Formen (Schwimmwühlen) verfügen sie über knöcherne Hautschuppen in der Unterhaut entlang des gesamten Rumpfes oder zumindest im hinteren Teil des Körpers. Diese äußerlich nicht sichtbaren Schuppen bilden in Gesamtheit keineswegs eine starre, aber dennoch recht wirksame panzerartige

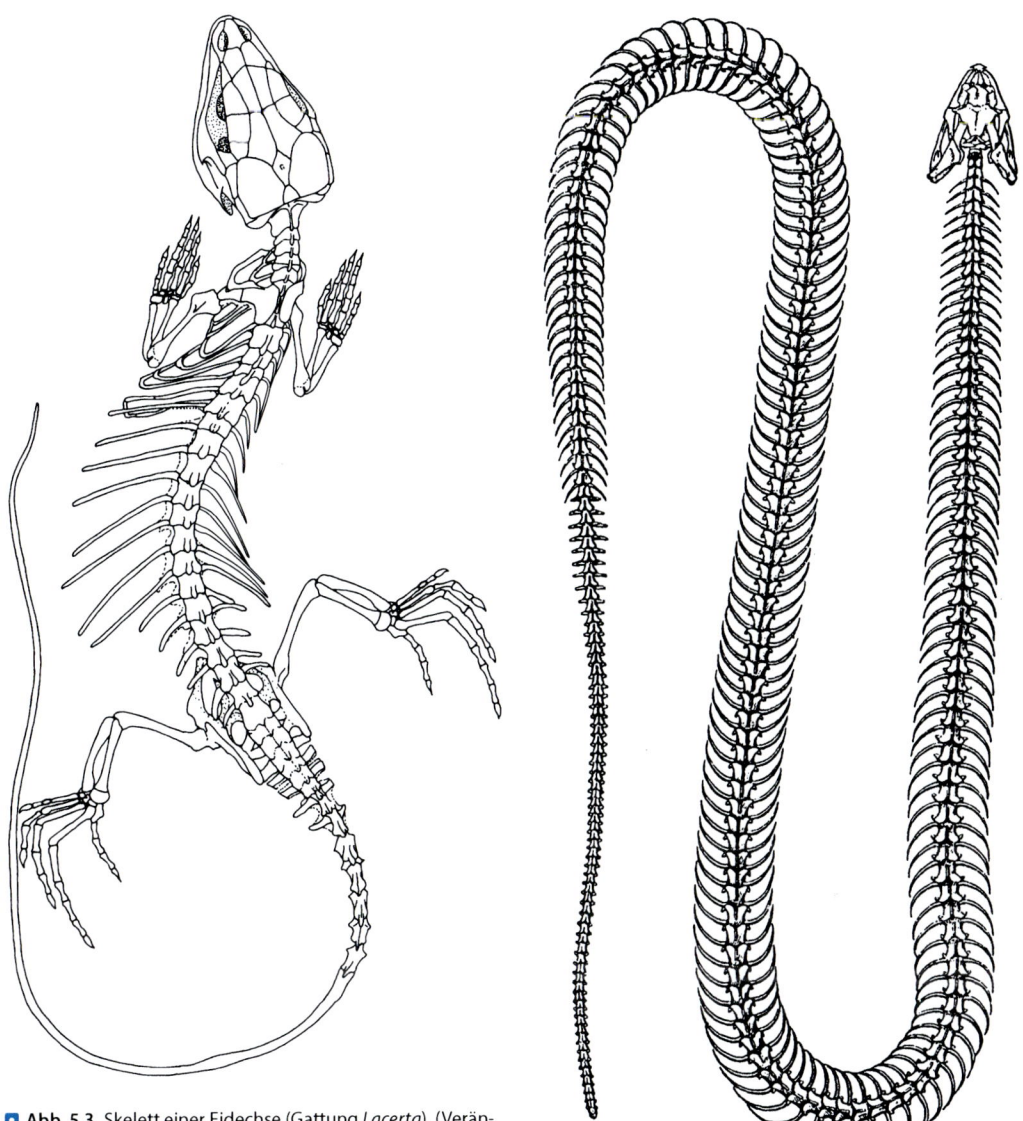

Abb. 5.3 Skelett einer Eidechse (Gattung *Lacerta*). (Verändert nach Bracegirdle und Miles 1978)

Abb. 5.4 Skelett einer Natter. (Leicht verändert nach Bruno und Maugeri 1990)

Verstärkung, womit vermutlich der Hautmuskelschlauch bei der Grabtätigkeit unterstützt wird.

Bei den Reptilien haben die Schleichen (Anguidae) Knochenschuppen (Osteoderme) in der Unterhaut des Rumpfes, die wie bei den Blindwühlen einen panzerartigen Effekt bedingen. Bekanntes Beispiel sind die in Europa vorkommenden Blindschleichen (Gattung *Anguis*), die sich wegen der Osteoderme in weiten Windungen fortbewegen. Schlangen, z. B. Ringelnattern, können dagegen in engen Windungen kriechen.

Auch die Krokodile haben Osteoderme, die besonders ausgeprägt unter den Rückenschildern ausgebildet sind (bei einigen Arten auch auf der Bauchseite), sodass sie über einen kräftigen Hautknochenpanzer verfügen. Diesem werden unterschiedliche Funktionen beigemessen, z. B. als Schutz gegen Feinde und bei innerartlichen Auseinandersetzungen, vielleicht auch als Speicher für Mine-

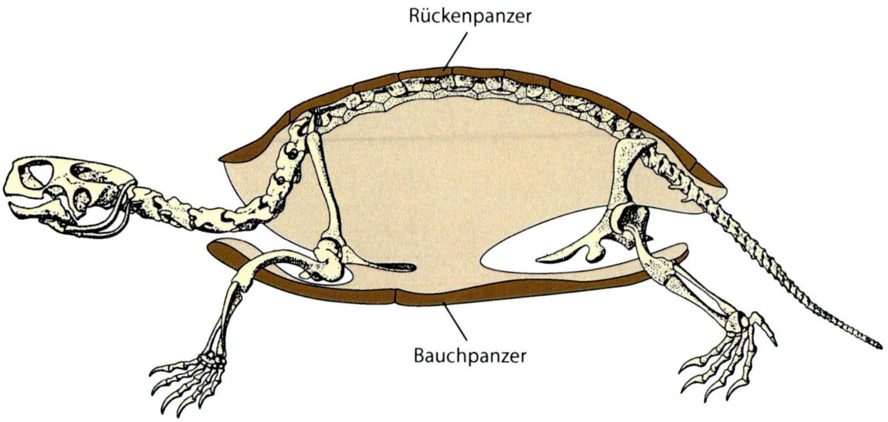

Abb. 5.5 Skelett einer Europäischen Sumpfschildkröte (*Emys orbicularis*). Panzer im Medianschnitt dargestellt. (Verändert nach Romer 1956)

ralstoffe. Als wahrscheinlich wichtigste Funktion wurde jedoch die Aufnahme von Sonnenenergie diskutiert. Die Osteoderme verfügen über Vertiefungen, in denen zahlreiche kleine Blutgefäße verlaufen, über die die absorbierte Wärme ins Körperinnere weitergeleitet werden kann.

■ **Spezialkonstruktion Schildkröten**

Die ohne Zweifel merkwürdigste Konstruktion unter den Reptilien stellen die Schildkröten dar (■ Abb. 5.5). Kennzeichnend ist im typischen Fall ein fester Knochenpanzer, zu dessen Bildung auch Teile der Wirbelsäule, der kaum erkennbaren Rippen und des Schultergürtels beitragen. Rückenpanzer (Carapax) und Bauchpanzer (Plastron) sind seitlich jeweils durch eine feste Verbindung (Brücke) miteinander verbunden. Nur für Kopf und Halswirbelsäule, den Schwanz und die vier Beine sind Öffnungen im kompakten Panzer vorhanden. Der Panzer ist außen von Hornschildern überlagert, die sich in Ausdehnung und Abgrenzung nicht mit den Knochenplatten decken.

Kopf und Halswirbelsäule können im typischen Falle, z. B. bei den Landschildkröten der Gattung *Testudo* (Griechische Landschildkröte u. a.), in den Panzer schützend eingezogen werden. Dabei wird der Kopf geradlinig unter den Rückenpanzer gezogen und die Halswirbelsäule in Seitenansicht S-förmig gekrümmt (■ Abb. 5.6). Dies ist kennzeichnend für die Halsberger (Cryptodira), zu denen auch alle

europäischen Schildkrötenarten gehören. Bei den Halswendern (Pleurodira) wird der Kopf gar nicht (Chelidae) oder nur teilweise (Pelomedusidae) senkrecht eingezogen. Bei den Schlangenhalsschildkröten (Familie Chelidae) wird er gänzlich seitlich umgelegt und dadurch teilweise unter dem vorderen Panzerrand verborgen. Hierzu zählt z. B. die skurril anmutende Fransenschildkröte oder Matamata (*Chelus fimbriatus*).

■ **Vielfalt der Schädel**

Der Kopf der Wirbel- oder Schädeltiere (Craniota) ist eine evolutive Neubildung. Er wird durch ein eigenes Skelett mechanisch geschützt. Eine je nach Gruppe unterschiedliche Zahl von Schädelelementen bildet eine kompakte, mechanisch belastbare Kopfkapsel, den Schädel (Cranium). Darin geschützt findet sich das Gehirn, welches die Schaltzentrale des Nervensystems darstellt. Der Kopf beherbergt zudem die Fernsinnesorgane: Nase, Augen, Hörorgane. Mit Letzteren kombiniert sind die Lagesinnesorgane.

Blindwühlen haben einen kompakten, stark verknöcherten konischen Schädel. Die Einzelelemente sind zu wenigen größeren Knochen verwachsen und die Augenhöhlen klein. Diese Konstruktion ist auf eine grabende Lebensweise der meisten Arten abgestellt. Demgegenüber haben Schwanz- und Froschlurche weniger kompakte, in Seitenansicht nach vorn flach auslaufende Schädel.

a

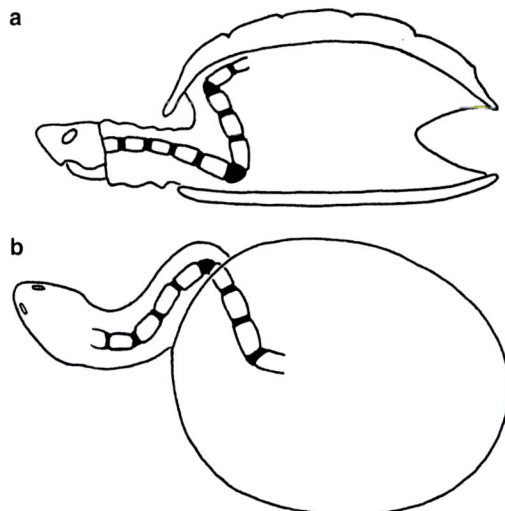

b

☐ **Abb. 5.6** Bei den Schildkröten gibt es zwei unterschiedliche Möglichkeiten, mit denen sie ihren Kopf und Hals verbergen. **a** Weitgehendes senkrechtes Einziehen von Kopf und
Hals in den Panzer (Halsberger oder Cryptodira), dargestellt in
Seitenansicht. **b** Seitliches Umlegen von Kopf und Hals unter
den Panzervorderrand (Halswender oder Pleurodira), dargestellt in Aufsicht. (Aus Westheide und Rieger 2015)

In Aufsicht machen die Schädel einen spangenar-
tigen Eindruck, wobei die großen Aussparungen
für die meist gut entwickelten Augen auffallen
(☐ Abb. 5.2). Bei den Schwanzlurchen endet der
Oberkiefer frei auf Höhe der Augen und hat keine
Verbindung zum Quadratbein, der Ansatzstelle des
Kiefergelenks. Bei den Froschlurchen findet sich
ein geschlossener Knochenbogen vom Oberkiefer
bis zum Quadratbein.

Schildkröten verfügen über einen kompakten
hohen Schädel, der keine sog. Schläfenfenster aufweist (anapsider Schädeltyp, *anapsid* = griechisch
„bogenlos", siehe ▶ Exkurs 5.1). Demgegenüber
haben die Schädel der Schuppenkriechtiere (Echsen, Schlangen) eine weniger kompakte, fast fili-
grane Struktur. Sie werden von einem Typ abgeleitet, der als *diapsid* (= zweibögig) bezeichnet wird
(▶ Exkurs 5.1).

Eine herausragende Beweglichkeit zeichnet den
Schlangenschädel aus. Nur hierdurch ist es Schlangen überhaupt möglich, besonders große Beutetiere
zu verschlingen. Die Vorderpartie des Schädels ist
mit dem hinteren Abschnitt gelenkig verbunden

und kann sich unabhängig von diesem bewegen.
Die Gaumen- und Kieferknochen sind nur an wenigen Punkten mit der Schädelkapsel verbunden. Die
rechten und linken Unterkieferknochen sind vorn
nicht starr miteinander verbunden, sondern durch
ein dehnbares Band. Das langgestreckte Quadratbein hält beidseits Gaumen- und Unterkieferknochen zusammen (☐ Abb. 5.8). Beim Verschlingen
großer Beutetiere kommt den elastischen Bändern,
durch die mehrere Schädelpartien miteinander
verbunden sind, große Bedeutung zu. Nach dem
Schlingakt tragen sie maßgeblich dazu bei, dass alle
Schädelelemente wieder geordnet zusammenge-
führt werden.

Eine besondere Bildung sind die großen paarigen Giftzähne der Giftschlangen, z. B. der Vipern,
die auf dem Oberkiefer (Maxillare) sitzen. In Ruhe
gegen den Gaumen eingeklappt werden sie beim
Hochreißen des Kopfes aufgestellt und in das Beutetier geschlagen (☐ Abb. 5.8). Aus den Giftdrüsen
freigesetzt wird sodann über hohle Zahnkanäle das
Gift injiziert.

5.2   Mit allen Sinnen

Die lebenswichtige Orientierung geschieht durch
Sinnesorgane. Dieses sehr komplexe Feld kann hier
nur gestrafft und exemplarisch behandelt werden.
Wer tiefergehend in die faszinierende Thematik eintauchen will, sei für die Amphibien auf Heatwole
und Dawley (1998) verwiesen.

Für Amphibien sind besonders der Licht-, Ge-
ruchs- und Erschütterungssinn wichtig, bei den
Anuren kommt noch der akustische Sinn (Gehör)
als wesentliche Sinnesmodalität hinzu. Auch für
die Reptilien sind die genannten Modalitäten von
großer Bedeutung. Für die Schlangen jedoch spielt
der Gehörsinn (wenn überhaupt) nur eine sehr un-
tergeordnete Rolle.

▪ Sehen

Mit Ausnahme der Gymnophionen und einiger
höhlenbewohnender Urodelen können die meisten Amphibien gut sehen. Hierzu dienen zwei
wohlentwickelte Augen. Deren Grundaufbau
entspricht weitgehend dem typischen Wirbeltier-

Schädeltypen der Amnioten („Reptilien", Vögel und Säugetiere)

Für die Systematik und stammesgeschichtliche Beurteilung der Entfaltung der Amnioten spielt der Bau des Schädels eine wichtige Rolle, besonders das Fehlen oder Vorhandensein von ein bis zwei sog. Schläfenfenstern im hinteren Bereich (◘ Abb. 5.7). Beim anapsiden Typ fehlen Schläfenfenster, lediglich Öffnungen für Nase und Augen sind vorhanden (◘ Abb. 5.7a). Er gilt als stammesgeschichtlich ursprünglicher Typ, aus dem sich die heutigen Amniotenschädel entwickelt haben. Der synapside Typ findet sich bei

den Säugern. Er weist beidseits eine untere Schläfenöffnung auf (◘ Abb. 5.7b). Der diapside Typ ist gekennzeichnet durch zwei Schläfenfenster, ein oberes und ein unteres (◘ Abb. 5.7c). Noch erhalten ist dieser Typ bei der Brückenechse (*Sphenodon*) und den meisten Krokodilen. Bei den rezenten Schuppenkriechtieren (Squamata) hat er allerdings verschiedene Abwandlungen erfahren. Bei den Echsen ist der untere Schläfenbogen weitgehend reduziert oder komplett verschwunden, bei den Schlangen ist zusätzlich

noch der obere Schläfenbogen zurückgebildet.
So wichtig die dargestellten Typen für die Systematik sind, die funktionelle Bedeutung der Schläfenfenster ist umstritten (vgl. Kardong 2015). Sie wurden z. B. als wichtig für bestimmte Kiefermuskeln betrachtet, die bei der Kontraktion (und hierdurch Verdickung) Platz benötigen. Schildkröten mit ihrem im hinteren Schädelbereich geschlossenen Schädel haben breite hohle Längsrinnen, in denen bestimmte Kiefermuskeln liegen.

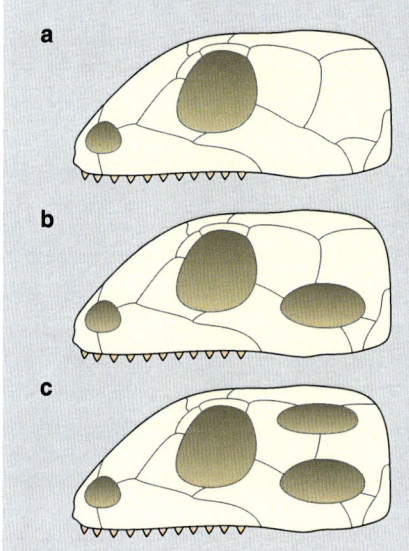

a

b

c

◘ **Abb. 5.7** Schädeltypen der Amniota in linker Seitenansicht. **a** anapsid, **b** synapsid, **c** diapsid. (Nach Wikipedia, 7.2.2015)

schema (◘ Abb. 5.9). Das Auge ist ein kugelförmiges Gebilde (Augapfel). Äußerste Schicht ist die feste Lederhaut (Sklera), die eine dichte faserige Schicht darstellt, welche durch Knorpel verstärkt ist. Ausgenommen ist der Bereich außerhalb des Körperinneren. Nahezu 1/3 der Oberfläche des Augapfels wird von der lichtdurchlässigen Hornhaut (Cornea) gebildet. Sie ist zugleich die äußere Komponente des lichtbrechenden und -bündelnden Apparates (dioptrischer Apparat). Es folgen nach innen die vordere Augenkammer (mit dem

Kammerwasser) und danach die Regenbogenhaut oder Iris. Letztere ist bei vielen Arten auffällig gefärbt. Sie lässt eine Öffnung (Pupille) frei, die auch als Bestimmungsmerkmal eingesetzt werden kann, da sie lichtabhängig unterschiedlich gestaltet ist, z. B. rundlich, herzförmig, senkrechtschlitzförmig oder quer-oval. Die Pupillengröße kann lichtabhängig verändert werden. Dahinter liegt eine große, starre, kugelige Linse, die von wesentlicher Bedeutung für die Lichtbrechung und -bündelung ist und als sog. Sammellinse auf der

a

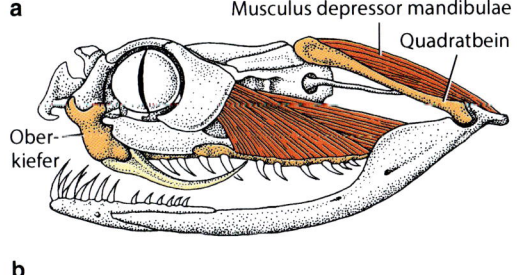

Musculus depressor mandibulae
Quadratbein
Oberkiefer

b

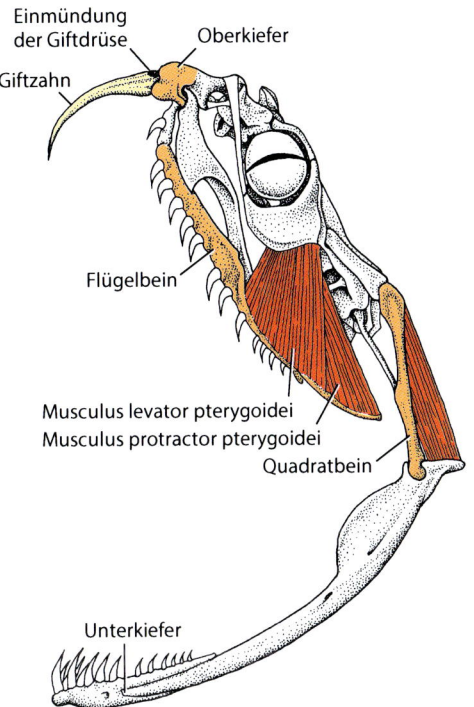

Einmündung der Giftdrüse
Oberkiefer
Giftzahn
Flügelbein
Musculus levator pterygoidei
Musculus protractor pterygoidei
Quadratbein
Unterkiefer

■ **Abb. 5.8** Kopfskelett einer Puffotter (*Bitis arietans*). **a** Ruhestellung. Giftzahn am Oberkiefer bei geschlossenem Maul nach hinten eingeklappt. **b** Weit geöffnetes Maul mit ausgeklapptem und hochgestelltem Giftzahn. (Verändert nach Westheide und Rieger 2010)

a

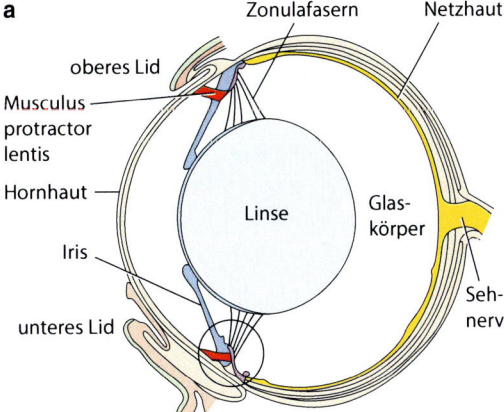

Zonulafasern   Netzhaut
oberes Lid
Musculus protractor lentis
Hornhaut
Linse
Glaskörper
Iris
Sehnerv
unteres Lid

b

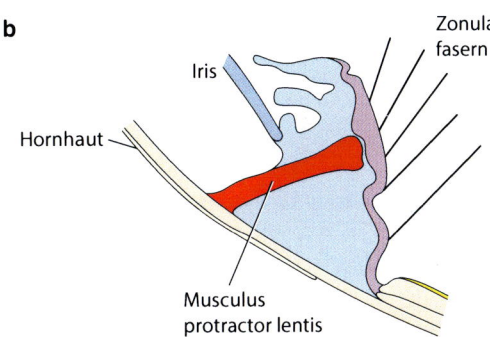

Zonulafasern
Iris
Hornhaut
Musculus protractor lentis

■ **Abb. 5.9 a** Schnitt durch das Auge eines Leopardfrosches (*Lithobates pipiens*). **b** Die Naheinstellung des in Ruhe auf Fernsicht ausgerichteten Auges erfolgt durch Kontraktion des Musculus protractor lentis (unteres Teilbild),wodurch der Abstand Linse–Netzhaut vergrößert wird. (Verändert nach Duellmann und Trueb 1986)

Netzhaut ein umgekehrtes Bild des Gesehenen erzeugt. Das Gros des dahinterliegenden Bereichs ist mit Augenflüssigkeit gefüllt und wird traditionell als „Glaskörper" bezeichnet. Dieser grenzt innen an die Netzhaut (Retina).

Das Auge der Frösche ist in Ruhe auf Fernsicht eingestellt. Die Akkommodation erfolgt durch Kontraktion spezieller Muskeln, wodurch die Linse vorgeschoben wird. Der Abstand Linse–Retina (Brennweite) vergrößert sich, wodurch das Auge auf Nahsicht eingestellt wird. Die Akkommodation der Urodelen ist wenig untersucht und scheint im Einzelnen noch unklar.

Die Netzhaut enthält die Sehzellen, Stäbchen und Zapfen. Anders als beim Menschen, wo die Ersteren das Hell-Dunkel-Sehen und die Letzteren das Farbsehen ermöglichen, dienen bei Amphibien beide Zelltypen dem Farbsehen. Dabei ist nicht immer klar, welche Amphibien wirklich Farben unterscheiden können. Vielfach wird über experimentell ausgelöste Verhaltensreaktionen einerseits und die Chemie der Sehpigmente andererseits daraus geschlossen.

Die Sehzellen enthalten lichtempfindliche Pigmente. Während die Stäbchen am stärksten für blau

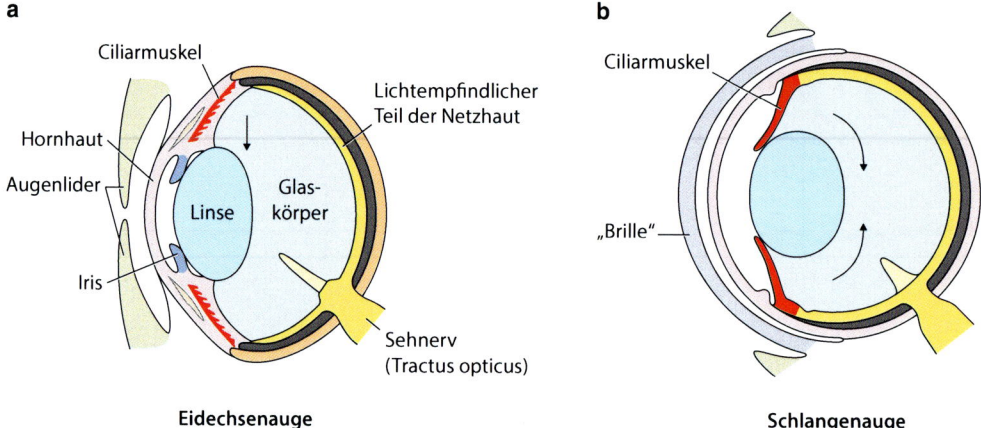

a

Ciliarmuskel

Lichtempfindlicher
Teil der Netzhaut

Hornhaut

Augenlider

Glas-
körper

Linse

Iris

Sehnerv
(Tractus opticus)

Eidechsenauge

b

Ciliarmuskel

„Brille"

Schlangenauge

◘ Abb. 5.10 Schnitt durch das Auge einer Eidechse **a** und einer Schlange **b**. Naheinstellung: Bei den Echsen wird durch Kontraktion des Ciliarmuskels die Linse verformt. Bei den Schlangen wird diese unverformt nach vorne geschoben. (Leicht verändert nach Bauchot 1996)

und grün empfindlich sind, sind es die Zapfen für gelb/rot. Entscheidend für ein tatsächliches Farbsehvermögen ist aber offenbar die spezielle Verarbeitung der Lichtsinneseindrücke im Gehirn.

Vielfältig sind Struktur und Funktion der Reptilienaugen (◘ Abb. 5.10). Bei Eidechsen ist die Lederhaut (Sklera) verknöchert. Die Linse ist im Schnitt oval und elastisch. Die Naheinstellung geschieht durch Verformung der Linse, speziell durch Veränderung des Krümmungsgrades der Vorderseite. Bewerkstelligt wird dies durch Kontraktion des Ciliarmuskels.

Bei den Schlangen sind die Augenlider miteinander verwachsen und bilden eine durchsichtige „Brille". Da die Augen folglich nicht geschlossen oder geöffnet werden können, resultiert der starre Schlangenblick. Die Akkommodation erfolgt nicht durch Linsenverformung (einige Natternarten sind hierzu jedoch in der Lage). Durch Kontraktion des Ciliarmuskels erhöht sich der Kammerwasserdruck im Glaskörper, wodurch die Linse wie bei den Amphibien nach vorn geschoben wird.

Kompliziert ist der Bau der Netzhaut. Gerade bei den Schlangen findet sich – je nach spezieller Gruppe – eine große Vielfalt an Sehzelltypen in unterschiedlicher Kombination, deren physiologische Bedeutung kaum untersucht ist.

Reptilien können im Allgemeinen gut sehen, doch ist auch bei ihnen die Frage des Farbsehvermögens nicht leicht zu beantworten. Zumindest

tagaktive Arten scheinen aber über ein gutes Farbsehvermögen zu verfügen.

Auf eine Besonderheit muss schließlich noch verwiesen werden. Bei vielen Echsen (und bei der Brückenechse, *Sphenodon*) findet sich auf dem Scheitel des Kopfes eine kleine rundliche Aussparung im Schädeldach. Darunter liegt ein medianes, unpaares, augenähnliches Gebilde, das Parietal- oder Scheitelauge. Über seine Funktionstüchtigkeit als Lichtsinnesorgan ist viel spekuliert worden, doch kann es offensichtlich polarisiertes Licht wahrnehmen. Diese Fähigkeit scheint im Rahmen der Fernorientierung von Bedeutung zu sein.

■ **Wahrnehmung von Erschütterungen**
Vor allem für aquatische Amphibien (z. B. *Xenopus*), aber genauso für die aquatische Phase von Arten, die einen Teil des Jahres im Gewässer, einen Teil am Lande verbringen, spielt die Wahrnehmung von Erschütterungen eine große Rolle. Das erleben Feldherpetologen immer wieder. Keschert man z. B. Molche an einem Gewässer, gehen die Fangzahlen am selben Standort nach wenigen Kescherzügen zurück. Wird der Standort gewechselt, z. B. an das gegenüberliegende Ufer, gehen sie hoch, dann aber bald wieder runter. Kehrt man zurück an den Ausgangspunkt und keschert erneut, lassen sich wieder Molche fangen. Dieses Verhalten zeigen die Molche auch in Gewässern mit trübem Wasser, in welchem der optische Sinn

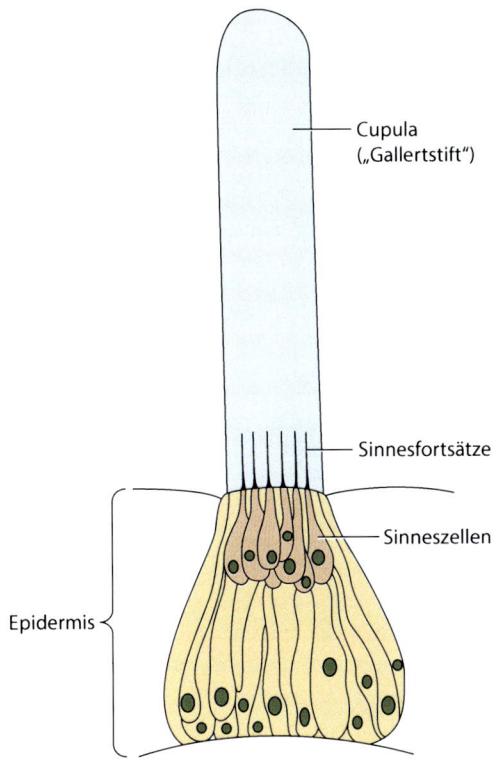

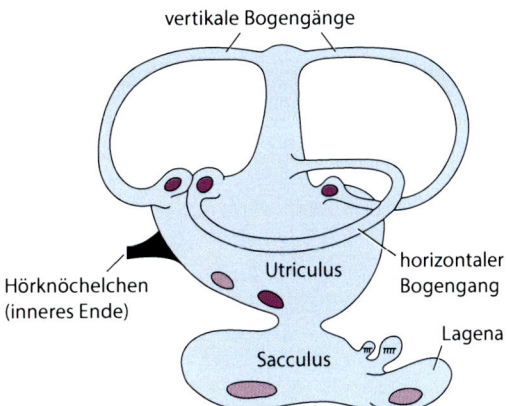

Abb. 5.12 Innenohr eines Frosches. Der *obere Bereich* mit den drei Bogengängen in den drei Richtungen des Raumes dient der Lagewahrnehmung (Gleichgewichtssinn). Der *untere Teil* mit Sacculus und Lagena dient dem Hören. (Verändert nach Porter 1972)

Abb. 5.11 Charakteristische Mechanorezeptoren der Amphibien sind die Neuromasten. Wird die gallertige Haube (Cupula) durch Strömung verbogen, überträgt sich dieser Außenreiz über feine Fortsätze auf die in der Epidermis liegenden Sinneszellen. (Verändert nach Porter 1972)

■ Gleichgewicht und Hören

Das Hörorgan der Wirbeltiere ist das Innenohr. Es dient zugleich dem Gleichgewichtssinn. Der Grundaufbau ist zwar ähnlich, aber selbst innerhalb der beiden hier behandelten Wirbeltiergruppen mit vielen Abwandlungen. Den oberen Teil bilden drei halbkreisförmige, in den drei Ebenen des Raumes liegende flüssigkeitserfüllte Schläuche, die Bogengänge (■ Abb. 5.12). Diese sind verbunden über einen horizontalen Sack, den Utriculus. Die Bogengänge dienen dem Gleichgewichtssinn und damit der eigenen Wahrnehmung von Kopf und Rumpf im Raum. Die Sinneszellen sind Haarzellen, das sind Mechanorezeptoren, die bereits beim Seitenliniensystem behandelt wurden. Durch gerichtete Bewegung der Flüssigkeit in den Bogengängen (Endolymphe) werden die Haarzellen stimuliert.

Der untere Teil des Innenohres umfasst verschiedene, ebenfalls flüssigkeitsgefüllte Räume und Aussackungen, die dem Hören dienen. Besonders sind der Sacculus und eine kleine taschenartige Ausstülpung, die Lagena, zu nennen. Auch hier sind die zu stimulierenden Sinneszellen Haarzellen. Der entscheidende Reiz kommt jedoch von außen. Besonders Froschlurche, aber auch Schildkröten und Krokodile, können über die Luft transportierte Schallwellen wahrnehmen. Sie treffen außen auf ein membranöses Trommelfell, dessen Schwingungen über Gehörknöchelchen im Mittelohr auf das In-

für das Auslösen der Fluchtreaktion keine Rolle spielen dürfte.

Wahrgenommen werden die Erschütterungen mit einem speziellen, sehr empfindlich reagierenden Sinnessystem, dem sog. Seitenliniensystem, welches aus einer großen Anzahl kleiner, in der Oberhaut (Epidermis) liegender Organe, den Neuromasten, besteht (■ Abb. 5.11). Sie gehören zu den Mechanorezeptoren. Gebildet werden sie typischerweise aus Gruppen von Zellen, die Haarzellen, die mit ihren Fortsätzen in einer Gallerthülle (Cupula) liegen, welche in das Medium Wasser ragt. Wird diese durch Wasserströmungen in eine Richtung gebogen, überträgt sich dies auf die Haarzellen. Durch eine Nervenfaser wird die Information zum Gehirn geleitet. Bei manchen Formen, z. B. bei *Xenopus*, ist das Seitenliniensystem für die Ortung der Beutetiere wichtiger als der Gesichtssinn.

■ **Abb. 5.13** Schlangen (und Echsen) riechen auf merkwürdige Weise. Sie verfügen über eine zweizipflig ausgezogene Zunge. Die Zipfel werden beim Zurückziehen in die am Gaumen liegenden Jacobson'schen Organe eingeführt und die daran haftenden Duftstoffe auf entsprechende Sinneszellen übertragen. Das Bild zeigt eine in Afrika beheimatete Grüne Buschviper (*Atheris squamigera*). (Foto: B. Trapp)

nenohr übertragen werden. In dessen unterem Teil werden dann die Haarzellen über fließende Endolymphe verbogen.

Gymnophionen und Urodelen haben kein Trommelfell. Sie können aber Erschütterungen aufnehmen (Urodelen über die Vorderbeine) und auf das Innenohr übertragen. Auch Froschlurche können Vibrationen wahrnehmen, zusätzlich zu den Schallwellen.

Auch die Schlangen haben kein Trommelfell, können aber mit dem Vorderkörper aufgenommene Erschütterungen aufnehmen und über spezielle Mechanismen an das Innenohr weiterleiten.

■ **Riechen und Schmecken**

Die Arten beider Wirbeltiergruppen riechen mit einem dualen System. Geruchsrelevante Substanzen werden zuvorderst über die äußeren Nasenlöcher aufgenommen. Amphibien ziehen entweder Wasser (aquatisch lebend) oder feuchte Luft (am Lande lebend) ein, welche durch zwei sackförmige Nasenkammern strömen. In deren Wandungen bzw. Falten befinden sich die chemosensitiven Riechzellen. Der Wasser- oder Luftstrom verlässt die Riechorgane wieder durch „innere Nasenöffnungen", die Choanen. Bei offenem Maul kann man die Choanen in den hinteren Winkeln erkennen. Zusätzlich gibt es beiderseitig ein sog. Vomeronasalorgan, auch Jacobson'sches Organ genannt. Dies sind kleine Blindsäcke, die nicht mit den Nasenkammern in Verbindung stehen und Geruchsstoffe über die Zunge zugeführt bekommen.

Schlangen züngeln sehr viel mit ihrer in zwei langen Zipfeln ausgezogenen Zunge (■ Abb. 5.13). Nach dem Einziehen werden die Spitzen in die am Gaumendach liegenden Öffnungen der Jacobson'schen Organe eingeführt und daran haftende Geruchsstoffe übertragen. Dieser Riechmodus spielt beim Lokalisieren von Beutetieren sowie im Sozialverhalten der Tiere (Balz, Paarung) eine große Rolle.

Der Vorteil des dualen Riechens ist im Medium Luft erkennbar: Mit dem normalen Geruchsorgan können in diesem Medium nur flüchtige Geruchsstoffe aufgenommen werden, nicht-flüchtige Stoffe werden dagegen über den Zungenkontakt übertragen. Im Medium Wasser, z. B. bei aquatischen Urodelen, dürften auch flüchtige Stoffe, sofern sie wasserlöslich sind, mit dem normalen Geruchsorgan wahrnehmbar sein. Jedenfalls haben aquatische Urodelen wie Armmolche (*Amphiuma*) ein reduziertes Jacobson'sches Organ, während dies bei terrestrischen Arten gut ausgebildet ist.

Neben dem Riechen gibt es als Chemorezeption noch das Schmecken. Während Ersteres auch auf größere Entfernung wirksam ist, ist das Schmecken eine Chemorezeption auf ganz kurze Distanz. Hierzu dienen Geschmacksknospen, die auf der Zunge und auf Teile der Mundhöhlenwandung verstreut liegen. Vor allem die Schmackhaftigkeit der

Beuteobjekte wird mit ihnen geprüft, ungenießbare Beute wird ausgespien.

Urodelen und die Larven der Blindwühlen verfügen über ähnlich aussehende Sinneszellen, die aber keine Cupula und Cilien haben und in Hautgruben versenkt sind, die Ampullen-Organe. Dabei handelt es sich um sehr sensible Elektrorezeptoren, die bei der Lokalisation sich bewegender, lebender Beutetiere eine Rolle spielen könnten.

∎ **Thermorezeption**

Obwohl der Temperaturfaktor einer der wichtigsten für die Existenz von Amphibien und Reptilien ist (Näheres siehe ▶ Kap. 11) ist über deren Sinneswahrnehmung (sensorische Zellen) und die dabei ablaufenden Prozesse offensichtlich nur wenig bekannt. Auffällige und sehr empfindlich arbeitende Thermorezeptoren finden sich bei bestimmten Schlangen. Bei den Viperidae, speziell den Vertretern der Unterfamilie der Grubenottern (Crotalinae), findet sich jederseits zwischen Auge und Nasenloch eine auffällige Grube (◌ Abb. 5.14). In diesen Gruben liegen die Grubenorgane, mit denen die Tiere Infrarotstrahlung wahrnehmen können. Bei Pythons (Pythonidae) sind kleine Gruben auf den Lippenschildern ausgebildet und bei bestimmten Boas (Boidae) auf einigen Kopfschildern zu finden. Alle diese Organe reagieren schon auf kleinste Temperaturänderungen. Die Schlangen können damit warmblütige Beutetiere (Säuger, Vögel) orten, was vor allem bei nächtlichen Beutezügen hilfreich ist.

5.3   Gehirn

Der Grundplan des Gehirns beider Gruppen entspricht dem allgemeinen Bau bei den Wirbeltieren. Wie bei anderen Organsystemen auch gibt es allerdings manche Abwandlungen, die hier nur gestreift werden können.

Schon früh in der Embryonalentwicklung lassen sich zwei Hauptabschnitte unterscheiden, das Vorderhirn (Prosencephalon) und das dahinter liegende Rautenhirn (Rhombencephalon). Traditionell werden diese in fünf Abschnitte unterteilt (◌ Abb. 5.15).

Bei den Amphibien gehen vom Gehirn 10 Hirnnervenpaare ab, bei den Reptilien 12. Einige sind

◌ **Abb. 5.14** Kennzeichnend für die Grubenottern (Unterfamilie Crotalinae) ist eine jederseits zwischen Auge und Nasenloch gelegene Grube, in der sich ein sehr empfindliches Sinnesorgan befindet, mit dem die Tiere feinste Temperaturunterschiede wahrnehmen können. Hierdurch sind sie in der Lage, auch nachts wärmeausstrahlende Kleinsäuger zu orten. Abgebildet ist der vordere Kopfbereich der im Westen Mexikos lebenden Basilisken-Klapperschlange (*Crotalus basiliscus*). (Foto: B. Trapp)

sensorischer Natur, sie erhalten Signale aus den Sinnesorganen. Andere sind motorischer Natur, diese senden Impulse z. B. an die Muskulatur. Schließlich gibt es solche mit gemischter Funktion.

Zum Vorderhirn werden gerechnet:

Endhirn (Telencephalon). Dies setzt sich aus zwei halbkugelförmigen Hemisphären und den beiden davorliegenden Riechkolben (Bulbi olfactorii) zusammen. Die Hemisphären erhalten chemische Informationen über die Riechnerven (Hirnnerv I oder Nervus olfactorius) und vom Jacobson'schen Organ. Bei den Amphibien sind die Hemisphären relativ kleiner als bei den Reptilien, aber die Bulbi olfactorii größer. Bei den Reptilien liegen die Riechkolben direkt den Hemisphären auf (z. B. Schlangen) oder sind durch einen langen, schlanken Tractus olfactorius mit diesem verbunden (Krokodile).

Das Endhirn, das vor allem bei den Säugetieren eine enorme Ausprägung erfahren hat, ist bei den Amphibien und Reptilien relativ einfach strukturiert. Seine Rinde („Neocortex") ist nicht wie bei höheren Säugern aufgefaltet. Zwar sind hierdurch strukturelle Voraussetzungen (neben anderen) für hohe kognitive Leistungen der Säuger ausgebildet, das heißt aber nicht, dass Amphibien und Reptilien „dumm" sind. Vertreter beider Gruppen vollbringen bemerkenswerte, bis heute nicht voll verstandene

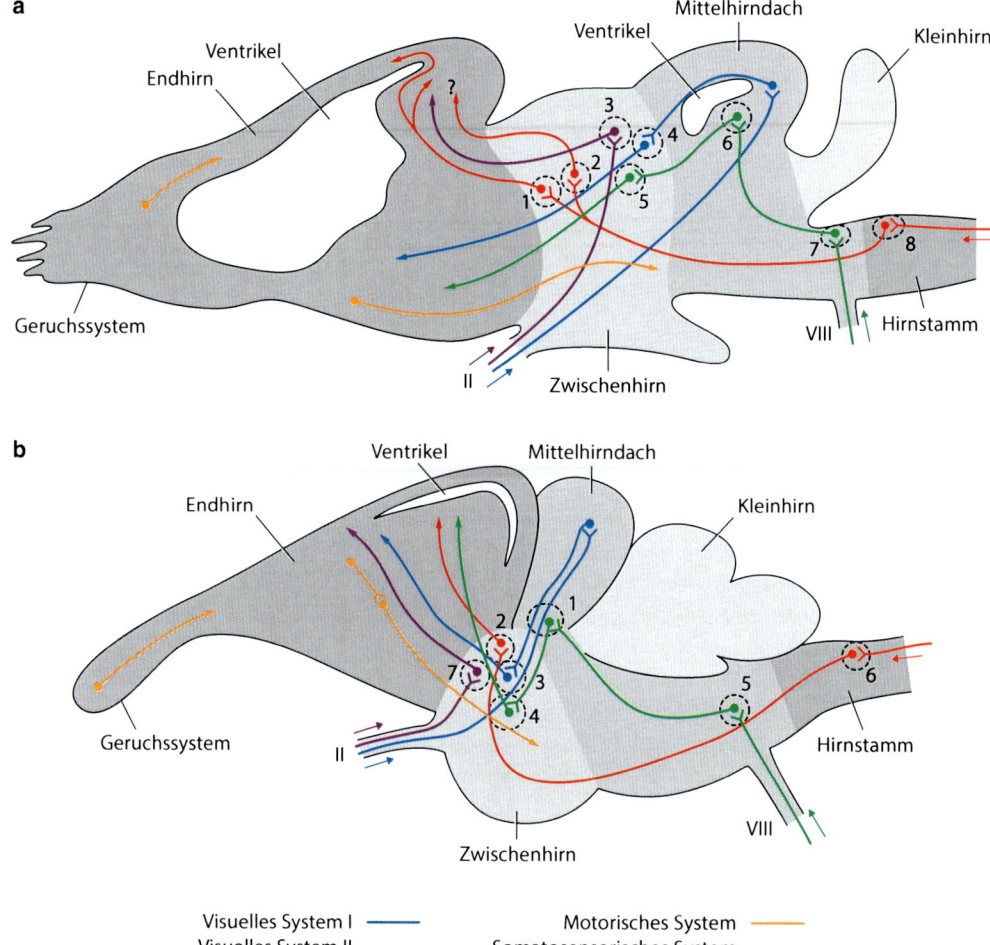

Abb. 5.15 Längsschnitt durch das Gehirn eines Froschlurches (**a**) und eines Kaimans (**b**). In Auswahl sind einige wichtige sensorische und motorische Bahnen eingezeichnet. Zu beachten ist die sehr unterschiedliche Größe der beiden Gehirne. Näheres siehe Text. (Verändert nach Storch und Welsch 1994)

Leistungen im Rahmen der Fernorientierung im Gelände, was beim ausgeprägten Heimfindevermögen nach Verfrachtung über weite Strecken demonstriert werden kann. Meeresschildkröten leisten Unglaubliches bei der über Tausende von Kilometern reichenden Orientierung in den Ozeanen. In einem lesenswerten Übersichtsartikel aus dem Jahre 1977 (von Lehrbuchautoren bislang nicht wahrgenommen) trifft G. M. Burghardt die zusammenfassende Feststellung, dass „die hier zusammengetragenen Daten belegen, dass Reptilien Aufgaben beträchtlicher Komplexität erlernen können"(Burghardt

1977). Das Verhalten der Reptilien ist demnach nicht rein stereotyper Natur.

Zwischenhirn (Diencephalon). Dies ist ein kurzer Hirnabschnitt, der bei den Reptilien durch die Hemisphären des Telencephalons weitgehend verdeckt ist. In diesem Abschnitt erfolgen viele Verschaltungen/Umschaltungen von Nervenbahnen. Er erhält über die Sehnerven (Hirnnerv II oder N. opticus) Informationen von der Netzhaut, die an das Mesencephalon (Tectum opticum) weitergeleitet werden. Das Zwischenhirn weist in Nähe des Schädeldaches das Parietalorgan (Scheitelauge) auf, welches über Nervenfasern mit der darunterliegenden Zirbeldrüse (Epiphyse, Pinealorgan) verbunden ist. Diese Drüse steuert über das Hormon Melatonin die Bildung des schwarzen Pigments. Ventral findet sich die wichtige Hirnanhangsdrüse (Hypophyse). Sie ist eine zentrale Hormondrüse, die viele andere hormonelle Prozesse stimuliert und steuert. Beispielsweise leitet sie durch die Abgabe des Thyreotropen Hormons (TSH) die Metamorphose der Amphibien ein.

Zum Rautenhirn werden drei nachfolgende Hirnabschnitte zusammengefasst, die einen ähnlichen Bau wie das nach hinten anschließende Rückenmark aufweisen. In ihren ventralen (bauchseitigen) Teilen, die als Tegmentum oder Hirnstamm bezeichnet werden, sind sie recht einheitlich. Dorsal (rückenseitig) sind allerdings einige wichtige Differenzierungen ausgebildet. Im Einzelnen werden unterschieden:

Mittelhirn (Mesencephalon). Mit dem dorsal liegenden bereits erwähnten Tectum opticum hat dieser Abschnitt eine wichtige Aufgabe bei der Verarbeitung optischer Sinneseindrücke. Es trägt entscheidend zur visuellen Kontrolle der Körperbewegungen bei und steuert über die Hirnnerven III, (N. oculomotorius) und IV (N. trochlearis) die Bewegungen der Augäpfel.

Metencephalon (mit den Hirnnerven IV und V). Dieser Abschnitt weist dorsal gelegen das Kleinhirn (Cerebellum) auf, welches bei den Amphibien nur schwach, bei den Reptilien etwas besser entwickelt ist, aber nicht derart stark wie bei Vögeln und Säugern. Es hat wichtige Aufgaben bei der motorischen Koordination und dem motorisch bedingten Lernen. Von daher ist seine bessere Ausbildung gegenüber den Amphibien bei den viel beweglicheren Reptilien (Echsen und Schlangen) verständlich.

Myelencephalon (mit Hirnnerven VI bis X), auch Medulla oblongata (= verlängertes Mark) genannt. Hier sind zahlreiche, für verschiedene Reflexe (z. B. Schutzreflexe wie den Lidreflex) zuständige Zentren lokalisiert.

5.4 Vielfalt der Atmung

Metamorphosierte Amphibien vollziehen ihren Gasstoffwechsel über die nur wenig verhornte Haut

□ **Abb. 5.16** Ältere Larve des Nördlichen Kammmolches (*Triturus cristatus*) mit großen Kiemenbüscheln am Hinterrand des Kopfes. (Foto: K. Grossenbacher)

und über Lungen, ihre Larven über Kiemen, junge Larven (auch) über die Haut. Weit entwickelte Larven haben bereits voll funktionsfähige Lungen, die ebenfalls zur Atmung eingesetzt werden. Hierzu müssen die Tiere auftauchen, um an der Wasseroberfläche Sauerstoff aufzunehmen.

Die Kiemen sind sehr zarte, gut durchblutete Strukturen mit einer dünnen äußeren, gut durchlässigen Zelllage (Epithel). Die typischen Larven der Schwanzlurche, z. B. der europäischen Molche (□ Abb. 5.16), haben hinter dem Kopf beidseits drei große, büschelförmige Kiemen. Durch Ortswechsel innerhalb eines Gewässers, aber auch durch Bewegungen der Kiemenbüschel wird immer wieder frisches, sauerstoffreiches Wasser herangeführt. Arten, deren Larven in Fließgewässern leben, z. B. Feuersalamander, werden durch das fließende Wasser mit Sauerstoff versorgt.

Lungen sind innere Atmungsorgane. Ihr Bau ist bei den Amphibien vielfältig und steht oft im Zusammenhang mit der speziellen Lebensweise. Im einfachsten Fall sind es langgestreckte glattwandige Säcke. Dies ist z. B. beim Grottenolm (*Proteus anguinus*) der Fall, der zeitlebens seine Kiemen behält und bei dem die Lunge offenbar hauptsächlich eine hydrostatische Funktion erfüllt (ähnlich der Schwimmblase der Fische). Andere Schwanzlurche, z. B. *Siren*, haben in den Hohlraum der Lungen vorspringende Septen, was zur Oberflächenvergrößerung führt. Viele Froschlurche, z. B. Vertreter der Echten Frösche (*Rana*), weisen eine noch weitergehende innere Untergliederung auf.

Durch Senkung des Mundbodens wird bei geschlossenem Maul Luft über die Nasenlöcher aufgesogen. Nach Schließung der Nasenlöcher wird der Mundboden angehoben und die Luft in die Lungenflügel gedrückt.

Die Anteile von Sauerstoffaufnahme und Kohlendioxidabgabe über die jeweiligen Organe/Oberflächen variieren beträchtlich. Beim lungenlosen Salamander *Desmognatus quadromaculatus* werden rund 90 % der Sauerstoffaufnahme über die Schleimhaut des Mundraumes und des Rachens vollzogen, aber nur 11 % der Kohlendioxidabgabe. Letztere erfolgt überwiegend über die Körperhaut. Beim Glatten Krallenfrosch (*Xenopus laevis*) werden nahezu 60 % des Sauerstoffs über die Körperhaut aufgenommen und ca. 40 % über die Lungen. Dies könnte mit der aquatischen Lebensweise der Art zusammenhängen. Bei einer Reihe anderer untersuchter Froschlurche wird jedoch der überwiegende Teil des Sauerstoffs über die Lungen aufgenommen. Kohlendioxid wird generell größtenteils über die Haut und nur im geringeren Maße über die Lunge ausgeschieden.

Eine besondere Situation ergibt sich bei aquatischer Überwinterung. Verschiedene Froscharten, z. B. der Seefrosch, beim Grasfrosch zumindest ein Teil der Individuen, überwintern im Gewässer, manchmal unter einer zeitweise geschlossenen Eisdecke. Die Lungenatmung kann dann keine Rolle spielen, sodass während dieser Zeit der Hautatmung überlebenswichtige Bedeutung zukommt. Da der Stoffwechsel im Winter stark heruntergefahren wird, ist der Sauerstoffbedarf allerdings geringer als in der warmen Jahreszeit.

Für die Reptilien ist die Lungenatmung von Ausnahmen abgesehen die weitaus wichtigste.

Bei den meisten Echsen sind die Lungen einfach gebaute, paarige sackartige Gebilde ohne Kammerung. Warane haben allerdings sehr leistungsfähige gekammerte Lungen. Aber auch Chamäleons, Leguane und Agamen haben unterkammerte Lungen. Bei den meisten Schlangen ist nur die rechte Lunge ausgebildet, die sehr lang ist und bis in den hinteren Rumpfabschnitt reicht. Nur der vordere Teil dient der Atmung, der hintere Teil als Reservebehälter für Atemluft. Diese Reserve ist z. B. beim aufwendi-

gen Schlingakt von Bedeutung. Die komplexesten Lungen haben die Krokodile, die besonders stark unterkammert sind.

Durch Erweiterung des Brustraumes mittels bestimmter Muskeln wird der Luftdruck in der Lunge erniedrigt, wodurch passiv neue Luft von außen (über Nase, Mundraum und Luftröhre) nachströmt. Bestimmte Rumpfmuskeln verengen anschließend den Brustkorb, wodurch der Luftdruck in der Lunge ansteigt und die verbrauchte Luft nach außen abgeführt wird. Zwischen Ein- und Ausatmung wird eine Pause eingelegt. Bei den Krokodilen ist der Ventilationsmechanismus modifiziert.

Wie kann man mit einem starren Panzer und bei fehlendem Brustkorb ventilieren? Dieses Problem mussten die Schildkröten lösen. Die Lunge liegt bei ihnen im oberen Körperbereich und grenzt mit der Oberseite von innen an den Rückenpanzer (Carapax), mit der Bauchseite an die übrigen Organe der Leibeshöhle. Durch Kontraktion bestimmter Muskeln werden diese Organe von unten gegen die Lunge gedrückt, wodurch die Luft herausgepresst wird (Ausatmung). Andere Muskeln wiederum machen diesen Vorgang rückgängig und erweitern den Lungenraum, wodurch neue Atemluft in die Lungen gelangt (Einatmung).

5.5 Verdauungssystem und Verdauung

Das Verdauungssystem eines erwachsenen Wirbeltieres umfasst den Verdauungtrakt und die Verdauungsdrüsen. Der Verdauungtrakt ist ein hohles, röhrenförmiges Gebilde, das sich durch den ganzen Körper zieht und dabei aus verschiedenen, strukturell und funktionell unterscheidbaren Abschnitten zusammensetzt.

Er beginnt mit dem Mund und der Mundhöhle, in die Speicheldrüsen münden, die eine schleimige Gleitflüssigkeit absondern. Es folgt die mehr oder weniger langgestreckte Speiseröhre (Ösophagus), die bei manchen Arten/Gruppen sehr dehnungsfähig ist, besonders bei den Schlangen. Sodann folgt der sackartig erweiterte Magen. In diesem wird Salzsäure sezerniert, welche Bakterien und noch lebende Beutetiere abtötet und bei Wirbeltiernahrung die Entkalkung der Knochen einleitet.

Daran schließt sich der Darm an. Erster Abschnitt ist der Zwölffingerdarm (Duodenum), in welchen die Ausführungsgänge von Leber bzw. Gallenblase, Bauchspeicheldrüse und Milz münden. Der Gallensaft ermöglicht die Fettsäure-Verdauung. Im Duodenum wird zudem der pH-Wert wieder angehoben, um den Enzymen im nächsten Darmabschnitt optimale Bedingungen zu bieten. Dies ist der Dünndarm, in welchem die Hauptverdauungsarbeit geleistet wird. Eine Reihe Verdauungsenzyme bauen z. B. die Eiweiße und deren Bausteine (Aminosäuren) ab. Bei den gedrungen gebauten Froschlurchen liegt der lange Dünndarm in vielen Schlingen in der Bauchhöhle (❑ Abb. 5.17 und 5.18, ▶ Exkurs 5.2). Bei den Schwanzlurchen ist er weniger stark gewunden, und bei den Blindwühlen verläuft er nahezu gerade. Vor allem Letztere sind selbst sehr langgestreckt und haben dadurch mehr Platz als der gedrungene Frosch oder die Kröte.

Die im Dünndarm resorbierten Stoffe werden über die Pfortader (Vena portae hepatis) der Leber zugeführt. In diesem sehr auffälligen großen Organ wird eine Reihe körpereigener Substanzen synthetisiert, z. B. Glykogen, Eiweiße, Heparin und Fette. Auch finden hier Abbau- und Entgiftungsprozesse statt, z. B. die Entgiftung von Ammonium, das aus dem Aminosäureabbau stammt, sowie die Synthese von Harnstoff (vor allem metamorphosierte Amphibien) oder Harnsäure (vor allem Reptilien).

Als letzter Darmabschnitt folgt ein kurzer, im Lumen stark erweiterter Enddarm (Rectum). Dieser verjüngt sich gegen Ende und mündet in die Kloake. Im Enddarm werden Wasser und Salze resorbiert.

Die Larven der Amphibien ernähren sich sehr unterschiedlich, und ihre relative Darmlänge ist dem angepasst. Urodelenlarven, z. B. Molchlarven, sind carnivor und erbeuten durch Saugschnappen Kleinkrebse, kleine Würmer und Insektenlarven. Sie haben einen relativ kurzen, gestreckten Darm. Die Anurenlarven (Kaulquappen) dagegen sind vorrangig Pflanzenfresser (herbivor). Bei ihnen ist der Dünndarm sehr lang und liegt spiralig aufgewunden in der Leibeshöhle.

Der geschilderte Grundaufbau des Verdauungstraktes gilt auch für die Reptilien, beispielsweise für die Echsen (❑ Abb. 5.19, ▶ Exkurs 5.3). Die Speiseröhre ist jedoch länger als bei den Amphibien und stärker vom Magen abgesetzt. Besonders gilt dies für die Schlangen, bei denen ohne Beutetiere ein Teil der Speiseröhre in Falten gelegt ist. Beim Schlingakt (große, lange Beutetiere) werden diese gestreckt, wodurch die Speiseröhre eine Verlängerung und im Durchmesser erhebliche Erweiterung erfährt. Bei eierfressenden Schlangen ermöglichen ventrale, nach vorn gebogene Fortsätze bestimmter Wirbelkörper ("Ösophagus-Zähne") das Aufknacken der Schalen.

Bei den Krokodilen ist der Magen recht muskulös und mit Sehnenplatten verstärkt. In Verlauf und Struktur ähnelt er dem Kaumagen der Vögel. In ihm finden sich oft Steine, Muschelschalen, aber auch Keramikstücke, Metallteile etc., die anscheinend allesamt zur Nahrungszerkleinerung beitragen.

Der Dünndarm der Echsen ist gewunden (Beispiel *Agama agama*). Bei den Schlangen ist die Situation nicht einheitlich. So verläuft er bei der Schlingnatter (*Coronella austriaca*) nahezu geradlinig durch die Leibeshöhle. Bei der Ringelnatter (*Natrix natrix*) verläuft er zunächst geradlinig, vor der Einmündung in den Enddarm ist jedoch eine Reihe von Darmschlingen ausgebildet.

An der Grenze von Dünn- und Dickdarm ist (erstmals in der Wirbeltierreihe) ein Blinddarm ausgebildet. Der bei Echsen zweiteilige Dickdarm mündet schließlich in die Kloake, einem Hohlraum, in den auch die Ausscheidungsprodukte der Nieren sowie die Geschlechtsprodukte (Spermien, Oocyten) abgegeben werden.

5.6 Geschlechtsorgane und Nieren

Beim männlichen Frosch (z. B. *Rana*, *Pelophylax*) liegen die ovalen Hoden, in denen die Spermienbildung stattfindet, dorsal und dabei neben den länglichen, im Leben rötlich-braun gefärbten Nieren. Im vorderen Abschnitt der Nieren sind sie über ableitende Kanälchen (Vasa efferentia) mit diesen verbunden. Innerhalb der Nieren verbinden sich die Vasa efferentia mit den Harnkanälchen, die ihrerseits an der Außenseite der Nieren in den Harnsamenleiter (Wolff'scher Gang) einmünden. Bei *Rana* und verschiedenen anderen Anuren mündet eine unterschiedlich große Samenblase in den Wolff'schen Gang. In ihr lassen

Lage der Eingeweide (Situs) bei Fröschen (Abb. 5.17 und 5.18)

Der Verdauungstrakt gehört zu den ersten Eindrücken von Biologiestudenten, die in den Anfangssemestern einen Frosch präparieren müssen. Das war über 100 Jahre lang der Teichfrosch (*Rana esculenta*, heute *Pelophylax „esculentus"*). Heute werden „aus Artenschutzgründen"

der in Nordamerika vorkommende Nördliche Leopardfrosch (*Lithobates pipiens*, früher *Rana pipiens*) oder der im Labor leicht züchtbare Glatte Krallenfrosch (*Xenopus laevis*) genommen. Letzteres wäre generell unter Artenschutzgründen geboten!

Grundsätzlich wird von der Bauchseite aus (ventral) aufpräpariert. Die Bezeichnungen links und rechts beziehen sich jedoch immer auf die Ansicht von dorsal. Die beiden Bilder zeigen einen männlichen Teich- und einen weiblichen Krallenfrosch.

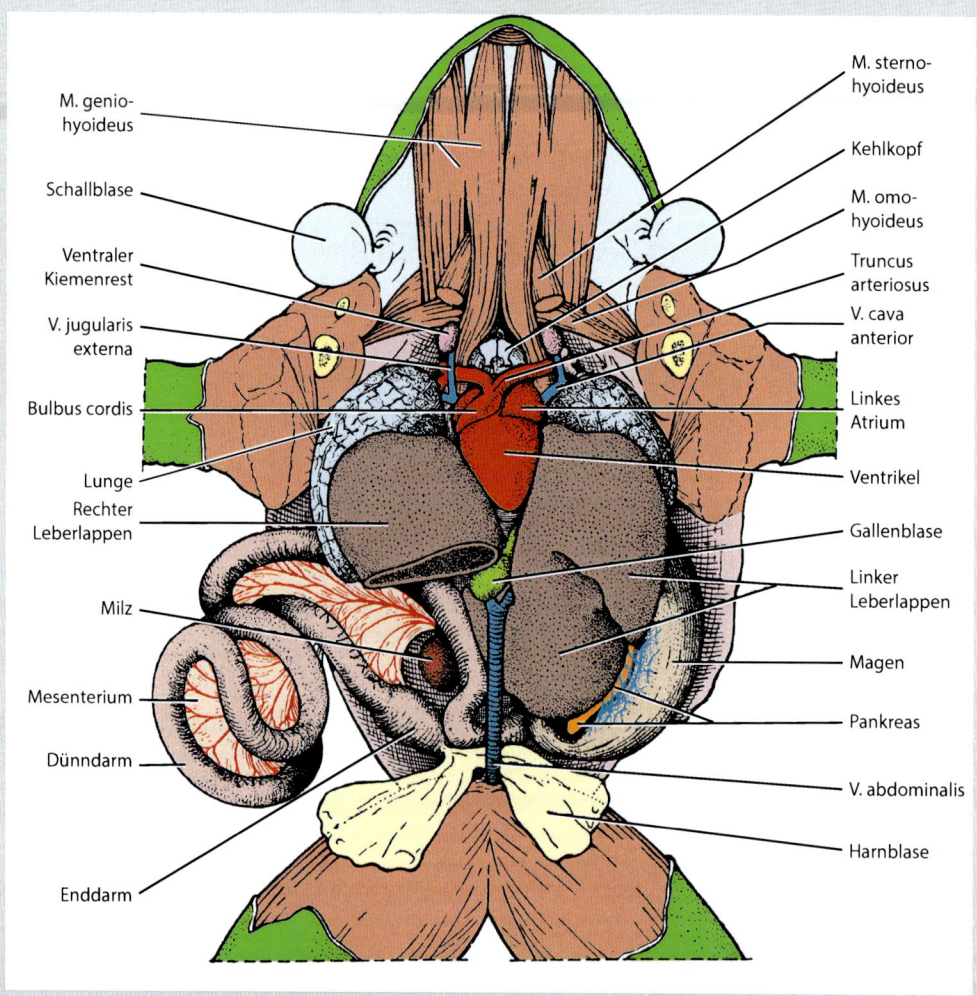

M. genio-hyoideus

Schallblase

Ventraler Kiemenrest

V. jugularis externa

Bulbus cordis

Lunge
Rechter Leberlappen

Milz

Mesenterium

Dünndarm

Enddarm

M. sternohyoideus

Kehlkopf

M. omohyoideus

Truncus arteriosus

V. cava anterior

Linkes Atrium

Ventrikel

Gallenblase

Linker Leberlappen

Magen

Pankreas

V. abdominalis

Harnblase

◻ **Abb. 5.17** Lage der Eingeweide (Situs) eines männlichen Teichfrosches (*Pelophylax „esculentus"*). Bauchdecke, Schultergürtel und Herzbeutel entfernt, Nerven nicht dargestellt. *M.* = Musculus, *V.* = Vena. (Verändert nach Storch und Welsch 2002)

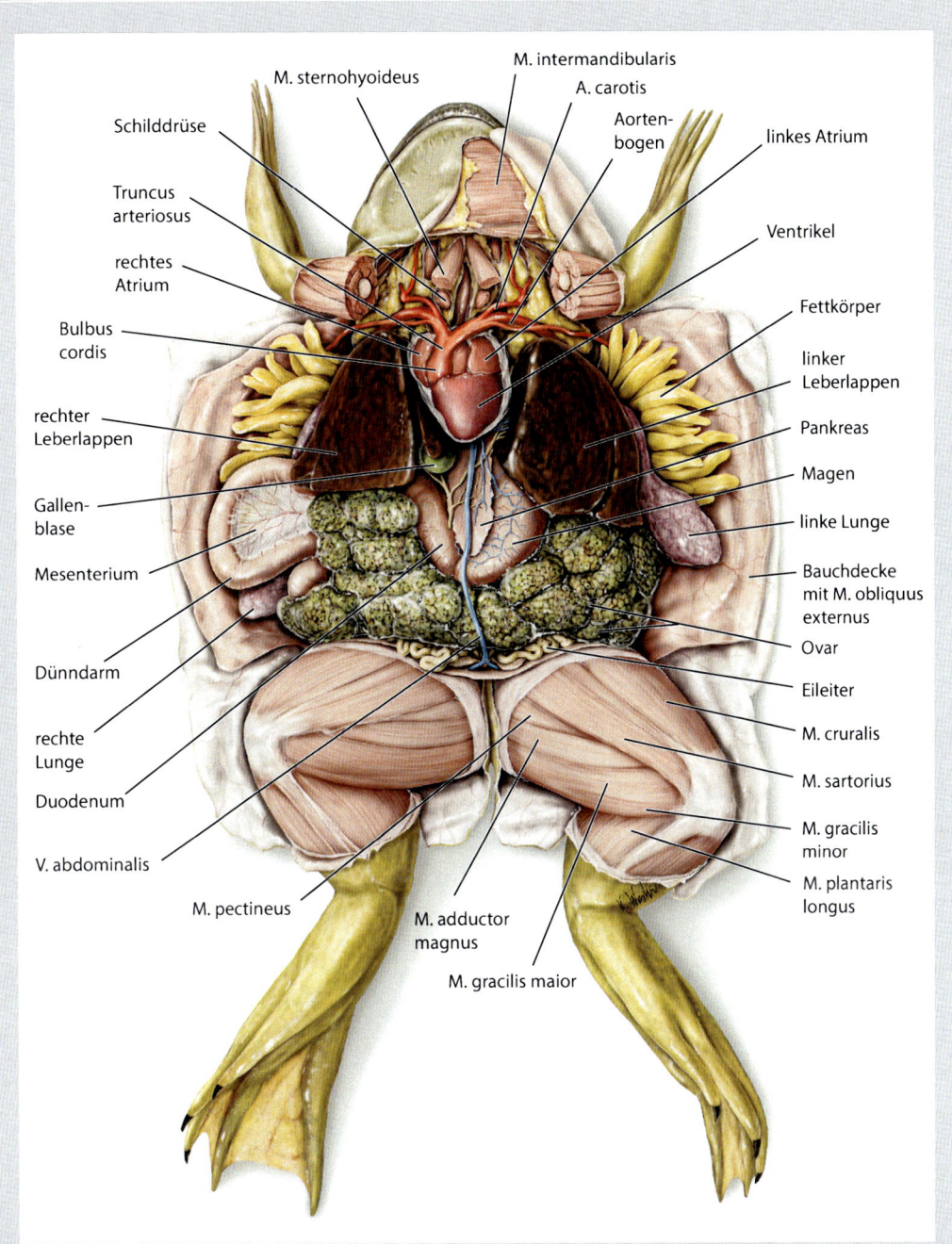

Abb. 5.18 Lage der Eingeweide (Situs) eines weiblichen Krallenfrosches (*Xenopus laevis*). Bauchdecke, Schultergürtel und Herzbeutel entfernt, Nerven nicht dargestellt. *M.* = Musculus, *V.* = Vena. (Aus Storch und Welsch 2014)

Exkurs 5.3

Lage der Eingeweide (Situs) einer Echse

Früher wurde die einheimische, jetzt unter strengem Schutz stehende Zauneidechse (*Lacerta agilis*) präpariert. Heute, wenn überhaupt noch, erfolgt die Präparation an einer importierten Art, z. B. einer Agame. Die im mittleren Afrika weit verbreitete und häufig in Siedlungen (Name!) vorkommende Siedleragame (*Agama agama*-Komplex) lässt vieles für diese Reptiliengruppe anatomisch Typische erkennen (◨ Abb. 5.19).

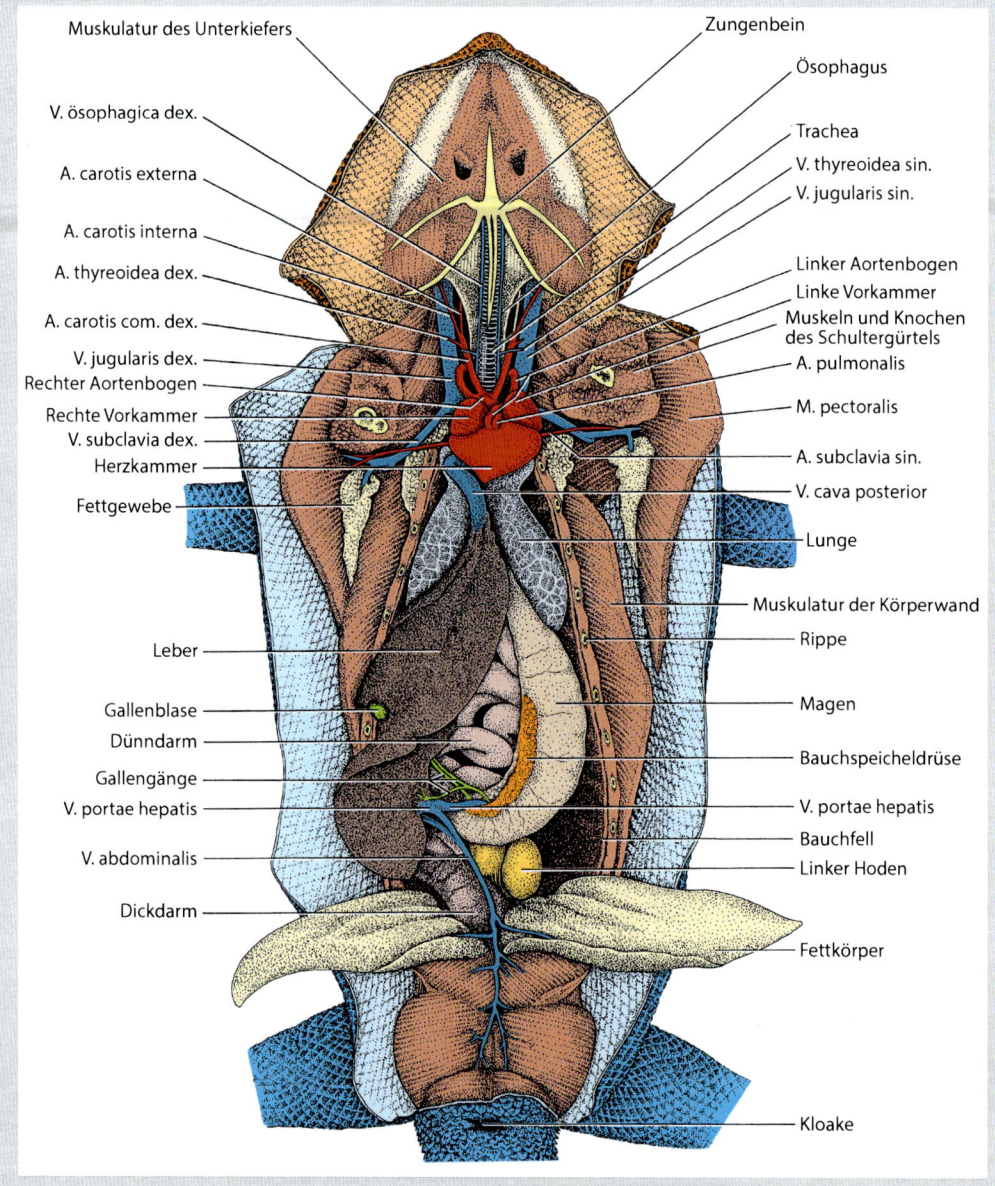

Muskulatur des Unterkiefers
V. ösophagica dex.
A. carotis externa
A. carotis interna
A. thyreoidea dex.
A. carotis com. dex.
V. jugularis dex.
Rechter Aortenbogen
Rechte Vorkammer
V. subclavia dex.
Herzkammer
Fettgewebe

Zungenbein
Ösophagus
Trachea
V. thyreoidea sin.
V. jugularis sin.
Linker Aortenbogen
Linke Vorkammer
Muskeln und Knochen des Schultergürtels
A. pulmonalis
M. pectoralis
A. subclavia sin.
V. cava posterior
Lunge
Muskulatur der Körperwand
Rippe

Leber
Gallenblase
Dünndarm
Gallengänge
V. portae hepatis
V. abdominalis
Dickdarm

Magen
Bauchspeicheldrüse
V. portae hepatis
Bauchfell
Linker Hoden
Fettkörper

Kloake

◨ **Abb. 5.19** Lage der Eingeweide (Situs) einer männlichen Siedleragame (*Agama agama*-Komplex). Bauchdecke, Schultergürtel und Herzbeutel entfernt, Leber seitlich herausgelegt, Schilddrüse von der Luftröhre (Trachea) abpräpariert, Nerven nicht dargestellt. (Verändert nach Storch und Welsch 2002)

sich zur Paarungszeit vorübergehend große Mengen Spermien speichern, die bei der Besamung des Laichs kurzfristig benötigt werden.

Beim weiblichen Frosch (z. B. *Xenopus*) entstehen die Geschlechtsprodukte in den Eierstöcken (Ovarien). Dies sind in der Paarungszeit sehr umfangreiche, dünnwandige Säcke. Die reifen Eizellen (Oocyten) gelangen nach Platzen der dünnen Ovarienwand über eine trichterförmige Öffnung in den Eileiter (Müller'scher Gang) und dort an den Nieren vorbei in die Kloake. Vor der Einmündung in die Kloake ist der Müller'sche Gang deutlich zu einem als „Uterus" bezeichneten Abschnitt erweitert. Er dient der vorübergehenden Stapelung der zahlreichen reifen Eizellen, die durch Muskelkontraktion seiner Wandung im Moment der Eiablage herausgetrieben werden.

Bei den Reptilien ist es in der Evolution zur kompletten Trennung (auch im männlichen Geschlecht) von Ausscheidungs- und Fortpflanzungswegen gekommen, was bei den übrigen Amnioten (Vögel, Säuger) beibehalten wurde. Die interne Befruchtung, die der Schalenbildung der Eier vorausgeht, erforderte Spezialisierungen des Eileiters. Während im vorderen Teil der Eileiter die Befruchtung stattfindet, finden sich im hinteren, kloakenwärts gerichteten Teil drüsige Abschnitte, die das Material für die Schalenbildung produzieren.

Die männlichen Schildkröten und Krokodile haben ein median gelegenes Begattungsorgan, die männlichen Echsen und Schlangen dagegen zwei seitlich liegende Penes, die als „Hemipenes" bezeichnet werden. Diese Hemipenes haben, wenn sie ausgestülpt sind, ausgeprägte, manchmal richtig schöne Stachelbildungen, mit denen sich die Männchen während der Kopulation in der weiblichen Kloake verankern und die nur in der Paarungszeit ausgebildet sind. Gut entwickelte Stachelbildungen finden sich vor allem bei beinlosen Reptilien, insbesondere bei den Schlangen. Ihre Variabilität ist außerordentlich groß, häufig gruppen- oder artspezifisch und deshalb für die Systematik nutzbar.

🔲 Abb. 5.20 zeigt nur ein Beispiel aus dieser Mannigfaltigkeit.

Die Nieren sind längliche, gut durchblutete und im Leben dunkelrotbraun gefärbte Organe. Wer Frösche oder Echsen präpariert (was vom Bauch her erfolgt) findet sie erst spät, da sie im oberen

🔲 **Abb. 5.20** Männliche Echsen und Schlangen haben ein paariges Begattungsorgan. Jedes davon (Hemipenis) wird separat ausgestülpt. Bei mikroskopischer Betrachtung sind sehr feine, stachelige Strukturen (Stachelepithel) zu erkennen, die dem Verankern in der weiblichen Kloake dienen. Dabei kann es zu leichten Verletzungen und Blutungen kommen. Abgebildet ist ein Hemipenis der Kaspischen Pfeilnatter (*Dolichophis caspius*). Die rote Farbe rührt vom Blut des Weibchens her. (Foto: B. Trapp)

(dorsalen) Bereich der hinteren Leibeshöhle positioniert sind. Sie haben vielfältige Funktionen. Besonders wichtig ist die Stickstoffausscheidung. Durch selektive Ionenaufnahme und -abgabe wird zudem die Wasserbilanz des Körpers reguliert. Für die Art der Stickstoffverbindungen, die ausgeschieden wird, ist der Lebensraum wichtig. Amphibienlarven geben vor allem Ammonium ab, allerdings über Haut und Kiemen. Ammonium ist recht toxisch und muss mit viel Wasser verdünnt aus dem Körper entfernt werden. Nach der Metamorphose scheiden die meisten Amphibien vorwiegend den weniger toxischen Harnstoff über die Nieren aus. Echsen und Schlangen scheiden, ebenfalls über die Nieren, die am wenigsten giftige Form aus, die Harnsäure, und zwar in ausgefällter, wasserarmer Form als weißliche Kristalle, die im Kot gut zu sehen sind. Diese Form der Stickstoffabscheidung ist eine gute Anpassung an trockene, wasserarme Lebensräume. Landschildkröten, z. B. die südeuropäischen *Testudo*-Arten, scheiden bis zu 90 % ihrer Stickstoffabfälle als Harnsäure aus. Marine Schildkröten und stark wassergebundene Süßwasser-Schildkröten sowie Krokodile geben dagegen viel Ammonium ab.

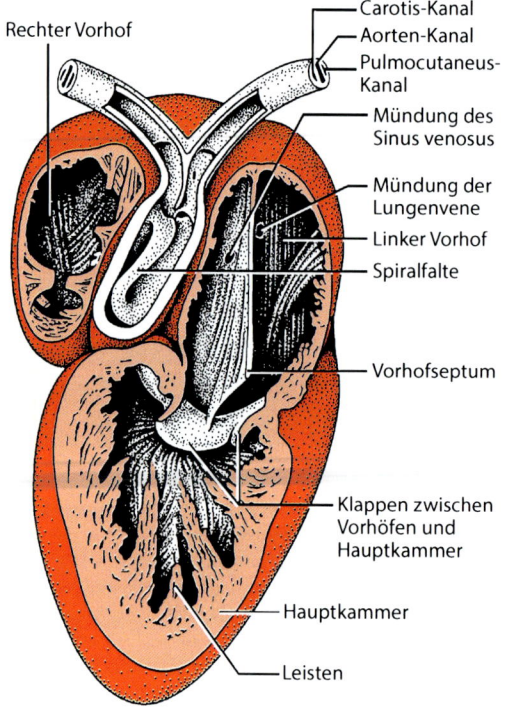

Rechter Vorhof

Carotis-Kanal
Aorten-Kanal
Pulmocutaneus-Kanal
Mündung des Sinus venosus
Mündung der Lungenvene
Linker Vorhof
Spiralfalte
Vorhofseptum
Klappen zwischen Vorhöfen und Hauptkammer
Hauptkammer
Leisten

▢ Abb. 5.21 Eröffnetes Herz eines Frosches. Näheres siehe Text. (Verändert nach Westheide und Rieger 2010)

5.7   Herz, Kreislauf und Blut

Das Kreislaufsystem fungiert als „Rohrleitungssystem". In ihm wird das Blut durch den Körper transportiert. Es ist ein weit verzweigtes, recht kompliziertes System. Angetrieben wird der Blutstrom durch körpereigene Bewegungen (Muskelkontraktionen) und eine muskulöse Pumpe, das Herz. Verschiedene Klappen fungieren als „Rückschlagventile" und garantieren, dass der Blutstrom nur in eine Richtung verläuft.

Das Froschherz besteht aus einer einheitlichen kegelförmigen Hauptkammer (Ventrikel), die eine kräftige Muskulatur aufweist (▢ Abb. 5.21). Zwar gibt es keine Scheidewand (Septum), aber in den Hohlraum ragen leistenartige Vorsprünge, die Trabekel. Nach vorn schließen sich zwei dünnwandige Vorkammern (Atrien) an, die durch eine dünne Scheidewand getrennt sind. Die linke Vorkammer ist kleiner als die rechte. In Erstere mündet die Lungenvene, die – obwohl eine Vene – arterielles, d. h. sauerstoffangereichertes, Blut aus der Lunge dem Herzen zuführt. In

die rechte Vorkammer mündet der Sinus venosus, ein muskulöser Vorraum, in welchem sich hauptsächlich venöses, d. h. sauerstoffarmes, Blut aus den Körpervenen sammelt. Das Entscheidende für ein sinnvolles Funktionieren des Herz-Kreislauf-Systems besteht darin, dass das sauerstoffreiche Blut in den Kopf- und Rumpfbereich gepumpt wird, das sauerstoffarme dagegen in die Lunge. Überraschenderweise funktioniert dies. Dabei kommt den Trabekeln des Ventrikels eine entscheidende Funktion zu. Nach einer aktuellen Lehrbuchmeinung (Kardong 2015) wird zunächst nur eine spezielle Marge Blut in den Ventrikel gepumpt, welche kurze Zeit in den Einbuchtungen, die die Trabekel bilden, verharrt. Sodann wird die zweite Marge Blut in den Ventrikel gepumpt, welches im darüberliegenden zentralen Hohlraum verharrt. Dadurch wird in gewissem Umfang eine Vermischung von sauerstoffarmem mit -reichem Blut verhindert. (Hinweis: Nach einer anderen, älteren Vorstellung werden die beiden Blutsorten im linken und rechten Teil des Ventrikels mithilfe der Trabekel getrennt.) Anschließend verlässt das Blut den Ventrikel über den muskulösen Bulbus cordis, der in den Truncus arteriosus übergeht. Jetzt kommt das nächste Problem. Mal verlässt sauerstoffarmes, mal -reiches Blut den Truncus arteriosus. Entscheidend ist, dass sauerstoffarmes Blut in den kleinen Lungenkreislauf (über die Lungenarterie) gerät, sauerstoffreiches hingegen in den Kopfkreislauf und in den Kreislauf des übrigen Körpers. Durch zeitlich gestaffeltes Auspumpen der beiden Blutmargen scheint dieses Problem im Wesentlichen gelöst, wobei einer kompliziert gebauten Spiralfalte, die den Bulbus arteriosus in zwei Längshälften unterteilt, eine unterstützende Funktion bei der „Blutsortierung" zukommen dürfte.

Bei den Reptilien ist das Herz deutlich weiterentwickelt, indem der Ventrikel eine, wenn auch noch unvollständige Unterteilung durch ein Septum erfährt. Hierdurch ist die Trennung der beiden großen Blutströme (sauerstoffarmes und -reiches Blut) deutlich besser als bei den Amphibien ausgebildet. Der gesamte Stoffwechsel kann deshalb auf höherem Niveau gefahren werden. Reptilien, vor allem Echsen und Schlangen, sind folglich meist sehr viel agiler als Amphibien. Eine gewisse Sonderrolle findet sich bei den Krokodilen. Dort ist die Scheidewand (Septum) bis auf ein kleines Loch (Foramen panizzae) komplett ausgebildet. Dieses dient bei längerem Tauch-

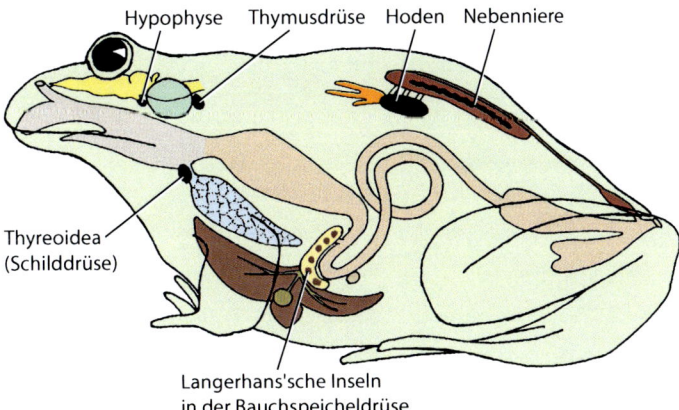

Abb. 5.22 Lage der wichtigsten Hormondrüsen eines männlichen Frosches. (Verändert nach Herter 1941)

Hypophyse · Thymusdrüse · Hoden · Nebenniere

Thyreoidea (Schilddrüse)

Langerhans'sche Inseln in der Bauchspeicheldrüse

vorgang als Bypass, um vorrübergehend einen Blutstau in einer Ventrikelhälfte zu vermeiden.

Das Blut der Amphibien und Reptilien ist eine meist klare, wässrige Lösung mit verschiedenen Blutkörperchen (Erythrocyten, Leukocyten und Thrombocyten), die normalerweise einen Zellkern enthalten. Die elliptischen roten Blutkörperchen (Erythrocyten) variieren in ihrer Größe beträchtlich. Manche Amphibien haben die größten Erythrocyten, die je gefunden wurden (z. B. Aalmolche, *Amphiuma*). Am roten Blutfarbstoff (Hämoglobin) angedockt wird Sauerstoff durch das Blutgefäßsystem transportiert und in den verschiedenen Geweben verteilt. Auf ihrem „Rückweg" nehmen die Erythrocyten Kohlendioxid mit. Die verschiedenen Leukocytenarten (weiße Blutkörperchen) eliminieren Zellabfälle und Bakterien oder produzieren Antikörper. Sie sind dadurch in das komplexe Immunsystem eingebunden. Die Thrombocyten dienen der Blutgerinnung, wodurch stärkere Blutverluste bei Verletzungen vermieden werden.

5.8 Ein komplexes Thema: Hormone

Eng mit dem Blutkreislauf verbunden sind die Hormondrüsen. Diese haben keine eigenen Ausführgänge, sondern geben ihre „inneren Sekrete" (früher auch als „Inkrete" bezeichnet) an die Blutbahn oder Lymphgefäße ab, über die sie verteilt werden. Hormone sind chemische Botenstoffe, die zur Aufrechterhaltung und Koordination vieler physiologischer Funktionen des Organismus dienen. Sie stellen in ihrer Gesamtheit neben dem Nervensystem ein

zweites, ganz anders arbeitendes System der Informationsübertragung im Körper dar. Während das Nervensystem über elektrische Impulse sehr rasch arbeitet, wirken die Hormone meist langsamer, dafür aber anhaltender. Dabei können sie schon in sehr geringen Konzentrationen Wirkungen erzielen.

Wie bei allen Wirbeltieren finden sich auch bei Amphibien und Reptilien als wichtigste Hormondrüsen Schilddrüse, Thymus, Hypophyse (Hirnanhangsdrüse), Nebennieren, Langerhans'sche Inseln der Bauchspeicheldrüse und Keimdrüsen (Hoden, Ovarien). Die Lage dieser Drüsen am Beispiel eines männlichen Frosches zeigt ◼ Abb. 5.22. Hinzu kommt noch die Epiphyse oder Zirbeldrüse als dorsale Ausstülpung des Zwischenhirns (vgl. ▶ Abschn. 5.3).

Die Wirkungen der Hormone sind sehr vielfältig. ◼ Tab. 5.1 nennt einige, vor allem auf Amphibien bezogene Beispiele.

5.9 Lebenswichtig: Immunsystem

Wie andere Tiere müssen sich auch Amphibien und Reptilien gegen unerwünschte Eindringlinge von außen wehren. Dies geschieht auf sehr vielfältige Weise, z. B. durch:

- Schleimabsonderungen mit Abgabe antimikrobiell wirkender Substanzen über die Haut (Amphibien) oder den Speichel (Reptilien),
- starke Verhornung der Haut (Reptilien),
- starke Säurebildung im Magen (beide Gruppen).

Daneben gibt es bei beiden Gruppen ausgedehnte Lymphsysteme, in denen spezielle Abwehrzellen

◘ **Tab. 5.1** Beispiele für Hormone und deren Wirkungen bei Wirbeltieren, vor allem Amphibien (nach verschiedenen Autoren)

Hormone/Bildungsorte	Wirkungen/Zielorgane
Adrenalin (Nebenniere)	Erhöhung der Herzschlagfrequenz sowie des Blutdurchflusses von Leber, Gehirn und Skelettmuskulatur
Oxytocin (Neurohypophyse)	Erhöhung der Permeabilität für Wasser und Salze (Haut, Nieren, Harnblase)
Melatonin (Epiphyse)	Pigmentbildung (Haut)
Insulin (Bauchspeicheldrüse)	Regulation des Blutzuckers
Thyroxin (Schilddrüse)	Einleitung der Metamorphose mit vielen nachgeordneten Prozessen (vgl. ◘ Tab. 6.2)
Thymosin (Thymus)	Lymphocytenbildung (zu: Immunsystem)
Prolactin (Adenohypophyse)	Produktion der Eigallerte, Wachstum von Schwanz- und Kiemengewebe; Auslösung der Fortpflanzungswanderung bei Molchen
Testosteron (Hoden)	Spermiogenese (Hoden), sekundäre Geschlechtsmerkmale (Haut)
Östrogene (Ovarien)	Follikelbildung (Keimepithel)

(Leukocyten) unterwegs sind. Die hierzu gehörenden Granulocyten gehen u. a. gegen Endoparasiten (z. B. Protozoen, parasitische „Würmer") vor, die Immunocyten (Lymphocyten) vorwiegend gegen Mikroorganismen. Letztere werden in weitere Zelltypen und Untertypen unterteilt, die sehr spezifische Aufgaben wahrnehmen. Die zellulären und molekularen Mechanismen der Immunreaktion sind besonders gut bei verschiedenen Froschlurchen (*Lithobates*, *Rana*, *Xenopus*) untersucht. Spezieller Interessierte sollten sich in weiterführenden Lehrbüchern orientieren (z. B. im Buch von Munk (2011)).

Literatur

Verwendete Literatur

Bauchot R (1996) Schlangen, 2. Aufl. Naturbuch, Augsburg
Bracegirdle B, Miles PH (1978) An Atlas of Chordate Structure. Heinemann Educational Books, London
Bruno S, Maugeri S (1990) Serpenti d'Italia e d'Europa. Editoriale Giorgio Mondadori, Mailand
Burghardt GM (1977) Learning Processes in Reptiles. In: Gans C, Tinkle DW (Hrsg) Ecology and Behaviour A. Biology of the Reptilia, Bd. 7. Academic Press, London, S 555–681
Duellmann WE, Trueb L (1986) Biology of Amphibians. McGraw-Hill, New York
Heatwole H, Dawley EM (Hrsg) (1998) Sensory Perception. Amphibian Biology, Bd. 3. Surrey Beatty, Chipping Norton, Australia

Herter K (1941) Die Physiologie der Amphibien. In: Kükenthal W (Hrsg) Handbuch der Zoologie, Bd. 6. W. de Gruyter, Berlin (2. Hälfte, Anhang)
Kardong KV (2015) Vertebrates. Comparative Anatomy, Function, Evolution, 7. Aufl. McGraw Hill Education, New York (International Student edition)
Munk K (Hrsg) (2011) Zoologie. Taschenlehrbuch Biologie. Thieme, Stuttgart
Porter KR (1972) Herpetology. W. B. Saunders, Philadelphia
Romer AS (1956) Osteology of the Reptiles. The University of Chicago Press, Chicago
Storch V, Welsch U (1994) Kurzes Lehrbuch der Zoologie, 7. Aufl. Gustav Fischer, Stuttgart, Jena
Storch V, Welsch U (2002) Kükenthals Leitfaden für das Zoologische Praktikum, 24. Aufl. Spektrum Akademischer Verlag, Heidelberg und Berlin
Storch V, Welsch U (2014) Kükenthals Leitfaden für das Zoologische Praktikum, 27. Aufl. Springer Spektrum, Heidelberg und Berlin
Werner F (1930) Amphibia = Lurche. In: Kükenthal W (Hrsg) Handbuch der Zoologie, Bd. 6. (2. Hälfte)
Westheide W, Rieger R (Hrsg.) (2010) Spezielle Zoologie, Teil 2, 2. Aufl. Springer Spektrum, Heidelberg
Westheide W, Rieger G (Hrsg) (2015) Spezielle Zoologie, Teil 2: Wirbel- oder Schädeltiere, 3. Aufl. Springer Spektrum, Heidelberg

Weiterführende Literatur

Savada D, Hillis DM, Heller HC, Berenbaum MR (2011) Purves Biologie, 9. Aufl. Springer Spektrum, Heidelberg
Vitt LJ, Caldwell JP (2013) Herpetology. An Introductory Biology of Amphibians and Reptiles, 4. Aufl. Elsevier, Academic Press, San Diego

Fortpflanzung und Entwicklung der Amphibien

Dieter Glandt

D. Glandt, *Amphibien und Reptilien*,
DOI 10.1007/978-3-662-49727-2_6, © Springer-Verlag Berlin Heidelberg 2016

◘ Tab. 6.1 Ortswechsel und dabei zurückgelegte Wanderstrecken ausgewählter europäischer Amphibienarten. (Verändert nach Glandt 2008)

Art	Grund der Wanderung	Mittelwerte bzw. häufige Distanzen	Maximale Wanderleistung
Feuersalamander	Streifzüge im Sommerlebensraum, Aufsuchen des Winterquartiers?	Mittel: ca. 130 m	980 m
Teichmolch	Wechsel zwischen verschiedenen Gewässern	300–800 m	ca. 1200 m
Kammmolch	verschiedene Gründe	300–900 m	ca. 1300 m
Alpen-Kammmolch	Abwanderung vom Laichgewässer	ca. 50–200 m	ca. 300 m
Laubfrosch	verschiedene Gründe	weniger als 1000 m	4000–12.600 m
Grasfrosch	verschiedene Gründe	200–300 m	ca. 1800 m
Moorfrosch	Wanderungen zwischen Laichgewässer und Sommerlebensraum	meist zwischen wenigen und 600 m Entfernung vom Laichgewässer	ca. 1200 m
Erdkröte	Laichplatz-Wanderungen	500–1500 m	> 3000 m
Gelbbauchunke	verschiedene Gründe	wenige bis 140 m	ca. 2500 m
Kreuzkröte	Ortswechsel während und nach der Laichzeit		900–4400 m

6.1   Das Wandern ist der Amphibien Lust

Ein biologisches Charakteristikum der Amphibien stellen Ortswechsel in der Landschaft dar, die aus unterschiedlichen Gründen stattfinden (◘ Tab. 6.1). In den gemäßigten Breiten folgen am Ende des Winters die geschlechtsreifen Tiere einem inneren Wandertrieb. Häufig legen sie dann beachtliche Strecken (bis zu mehreren Kilometern) zurück, um zu einem ganz bestimmten Ort zu gelangen, dem angestammten Laichgewässer ihrer Population. Gerade die früh laichenden Arten, wie Gras- und Moorfrosch oder Erdkröte, legen die Strecken innerhalb weniger Stunden oder Tage zurück und sind dabei besonders auffällig. Es gibt aber auch andere Gründe, weshalb Amphibien einen Ortswechsel vornehmen:

▬ Nach der Laichzeit wandern sie vom Laichgewässer ab und suchen ihre Sommerlebensräume auf.

▬ Dort streifen sie umher, um nach Nahrung zu suchen.

▬ Im Herbst suchen sie frostfreie Winterquartiere auf. Diese liegen häufig in oder nahe den Sommerlebensräumen, manchmal aber auch in beträchtlicher Entfernung hiervon.

Aufs ganze Jahr bezogen pendeln Amphibien zwischen verschiedenen Teillebensräumen. Der gesamte Lebensraum wird auch als „Jahreslebensraum" bezeichnet (◘ Abb. 6.1).

Sehr wichtig für das langfristige Überleben einer Art in einem bestimmten Landschaftsraum ist, dass immer ein gewisser Anteil der Individuen einer Amphibienpopulation (die „Vagabunden") auf Wanderschaft geht, d.h. den engeren angestammten Lebensraum verlässt. Entweder stoßen diese Individuen auf Tiere anderer Populationen derselben Art, oder sie besiedeln erstmals völlig neue Lebensräume. Der erste Prozess kann zum Austausch von Erbsubstanz (Genen) führen, was eine Durchmischung des sog. Genpools (= Gesamtheit aller Gene einer Population oder Fortpflanzungsgemeinschaft) zur Folge hat und Inzuchteffekte unterdrücken soll.

Abb. 6.1 Schematische Darstellung der Jahresbiologie einer typischen Amphibienart (Erdkröte, *Bufo bufo*). Das Gewässer ist der Fortpflanzungsort, das der Laich- und Larvenentwicklung dient. Den größten Teil des Jahres verbringen die Kröten jedoch an Land, wo sie sich ernähren und überwintern. (Original: L. Indermaur)

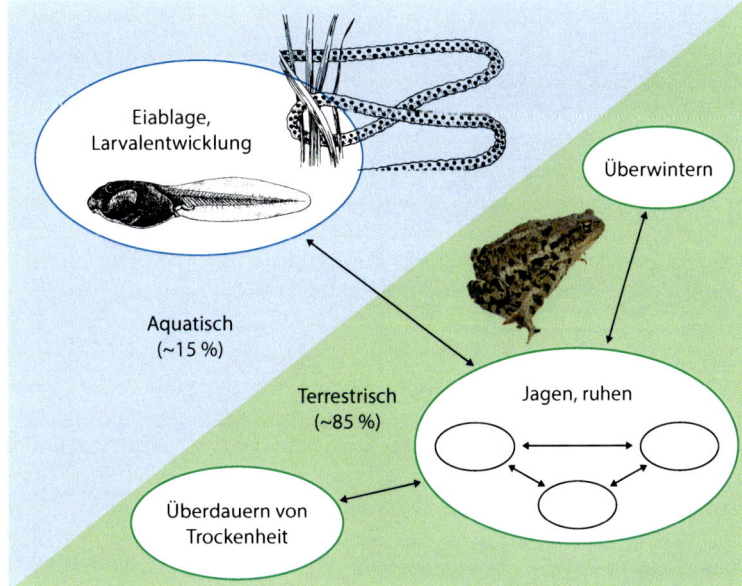

Der zweite Fall ermöglicht die Besiedlung neu entstandener Lebensräume, z. B. eine neu entstandene Abgrabung oder ein aus Naturschutzgründen neu angelegtes Kleingewässer.

· Rätselhafte Orientierung

Wie finden Lurche ihr Laichgewässer? Diese Frage ist nicht leicht zu beantworten und für die meisten Arten bislang nicht möglich. Unter den einheimischen Amphibien ist vor allem die Erdkröte eingehend untersucht, doch eine Übertragung der Ergebnisse auf andere Amphibienarten, z. B. auf verschiedene Frosch- oder Molcharten, dürfte kaum möglich sein. Die vorliegenden Ergebnisse lassen sich wie folgt zusammenfassen:

— Bei Einhaltung der Richtung auf der zum Laichgewässer führenden Wanderung über große Strecken (3 km und mehr) scheinen sich Erdkröten vor allem nach dem Erdmagnetfeld zu orientieren. Sie haben offenbar eine Art „Kompass", deren „Nadel" in Richtung Laichgewässer zeigt. Die physiologischen Mechanismen dieser Orientierung sind nicht bekannt.

— Mit zunehmender Annäherung an das Laichgewässer gewinnt die geruchliche Orientierung an Bedeutung. Man geht davon aus, dass die Gewässer spezifische Kombinationen von Geruchsstoffen produzieren (z. B. Algenausscheidungen), die den Tieren aus ihrer Zeit als Larven und abwandernde Jungtiere in Erinnerung geblieben sind.

— Zur Feinkorrektur während der Wanderung sowie im Nahbereich am Gewässer scheint die visuelle Orientierung wichtig, indem sich die Tiere nach Landmarken (z. B. spezifische Vegetationsstruktur) richten. Diese Marken könnten sie sich eingeprägt haben, als sie als Jungtiere nach der Metamorphose von ihrem Gewässer in die Umgebung ausschwärmten.

— In unmittelbarer Gewässernähe dürften Feuchtigkeitsgradienten und die zu hörenden Befreiungsrufe anderer Männchen eine Orientierungshilfe bieten.

Zu betonen ist, dass nicht eine Sinnesmodalität ausschlaggebend ist, sondern dass sich die Kröten mit verschiedenen Sinnen orientieren, mal stärker mit dem einen, mal mit dem anderen Sinn. Wir Menschen verhalten uns ja ganz ähnlich. Tagsüber orientieren wir uns vor allem visuell, in einem dunklen Zimmer kommen dagegen dem Gehör und dem Tastsinn für die Raumorientierung eine dominante Bedeutung zu. Zusätzlich spielen vorangegangene Erfahrungen (Erinnerungen) eine große Rolle.

❑ **Abb. 6.2** Pärchen der Erdkröte auf der Wanderung zum Laichgewässer. Das kleinere Männchen wird huckepack vom Weibchen getragen. (Foto: D. Glandt)

Wie schon betont, gilt diese Vorstellung für Erdkröten, und die Formulierungen verdeutlichen, dass es noch keine abschließende Klärung der komplexen Orientierung gibt. Insofern erinnert die Situation an die ebenfalls komplizierten Verhältnisse beim Vogelzug.

■ **Huckepack und Ablaichakt**

Erdkröten kommen meist schon verpaart am Laichgewässer an, indem das Weibchen das Männchen huckepack dorthin mitnimmt. Die Männchen steuern auf der Laichplatzwanderung alles an, was nach einem Weibchen aussieht. Hat ein Männchen ein Weibchen erwischt, umklammert es die Auserkorene mit den Vorderbeinen fest in der Achselgegend (❑ Abb. 6.2). Unterstützt wird die Klammerung durch raue, schwarzbraun gefärbte Verdickungen, die Brunftschwielen, die sich auf der Oberseite der beiden ersten Finger und der Innenseite des dritten Fingers (von innen nach außen gezählt) befinden. Außerdem findet sich eine schwielenartige Verdickung an der Basis des Daumens. Die Klammerung ist so fest, dass es nur schwer gelingt, die Tiere zu trennen.

Im Gewässer angekommen, wird der Sinn der festen Klammerung bald deutlich. Hier wimmelt es von unverpaarten Männchen, die alle auf der Suche nach einem Weibchen sind. Letztere sind jedoch bei der Erdkröte stark in der Unterzahl. Unverpaarte Männchen versuchen deshalb verpaarte Geschlechtsgenossen von den Weibchen zu trennen, was aber nur selten gelingt. Häufig kommt es zur Bildung von „Paarungsknäueln", die aus mehreren Erdkröten bestehen, wobei selbst Individuen anderer Amphibienarten, die gerade ebenfalls im Gewässer sind, mit einbezogen werden können (❑ Abb. 6.3). In solchen untergetauchten Knäueln können Kröten sogar ertrinken, wenn sie zu lange keine Möglichkeit hatten, nach Luft zu schnappen. Es findet also eine sehr intensive Konkurrenz statt. Nicht selten werden dabei auch Männchen von anderen Männchen geklammert, woraufhin das

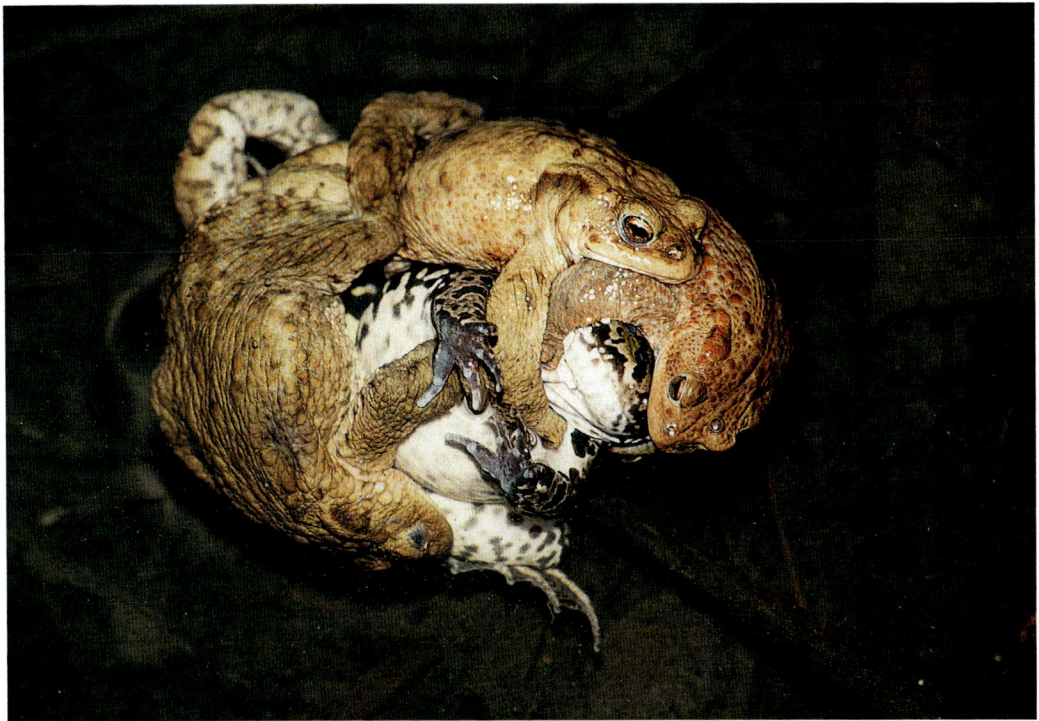

geklammerte Tier sofort einen charakteristischen Befreiungsruf von sich gibt. Dies ist ein helles, schrappendes Geräusch, das an gut besetzten Erdkrötengewässern tagelang zu hören ist.

Der Hauptgrund für die feste Klammerung ist aber ein anderer. Verpaarte Partner suchen sich in einem Gewässer möglichst eine ruhige Stelle. Dies ist ein flacher, ufernaher Bereich mit vertikalen Pflanzenstrukturen. Plötzlich biegt das Weibchen den Rücken durch (sog. Hohlkreuzstellung) und signalisiert dem darüber hockenden Männchen den Beginn des Ablaichens. Sodann gleitet ein Stück der paarigen Laichschnüre aus der Kloake des Weibchens, während das obenauf hockende Männchen eine Spermienportion darüber ergießt. Das Stück besamte Doppelschnur wird sodann an den Pflanzenstängeln fixiert und stramm gezogen (■ Abb. 6.4). Sodann wiederholt sich der Vorgang des portionsweisen Ablaichens etliche Male, bis die Schnüre von mehreren Metern Länge komplett und

sorgfältig um Binsen o. ä. Pflanzen aufgehängt sind. Danach trennen sich die Partner.

Entscheidend ist, dass die Spermien (▶ Exkurs 6.1) zu den Eizellen vordringen können, bevor die zunächst noch sehr dünne Gallerte des Eies und die gemeinsame Schnurgallerte durch Wasseraufnahme quellen. Sie haben anfangs noch die besten Chancen, zur Eizelle durchzudringen, nach der Quellung wird es schwerer werden. Um überhaupt durch die Gallerte zu gelangen und die Eizelle zu erreichen, nutzen die winzigen Spermien bestimmte Enzyme, die durch ihre Verdauungstätigkeit eine Art „Mini-Tunnel" anlegen.

■ **Eizelle und Ei**

Wenn die Krötenpaare zum Laichgewässer wandern, sind in den Eierstöcken (Ovarien) der Weibchen zahlreiche große Eizellen herangewachsen. Sie enthalten den mütterlichen (halben) Satz der Erbträger (Chromosomen) und eine große Menge an Dotter.

🔲 **Abb. 6.4** Paarung und Laichabgabe der Erdkröte. Das Weibchen gibt portionsweise Teile einer mehrere Meter langen Doppelschnur ab, die sofort vom darübersitzenden Männchen besamt werden. Sodann ziehen die Tiere das Schnurstück stramm und wickeln es um vertikale Strukturen, z. B. Pflanzenstängel. (Foto: A. Kwet)

Beim Durchgleiten des Eileiters werden die Eizellen (Oocyten) mit verschiedenen Hüllen umgeben, die bereits kurz nach dem Ablaichakt unter Wasseraufnahme zu quellen beginnen. Nach der Befruchtung, d. h. der Verschmelzung der Chromosomen beider Eltern, spricht man von Eiern (🔲 Abb. 6.6).

6.2   Faszinierende Entwicklung

Sobald ein Spermium in eine Eizelle eingedrungen ist, vollzieht sich ein faszinierender Prozess. Die Zelle teilt sich, und durch zahlreiche solcher Teilungsschritte entsteht zunächst eine Kugel, dann ein leicht gestrecktes Stadium mit einer dorsalen Längsrinne, aus der sich das Neuralrohr bildet (🔲 Abb. 6.7), schließlich ein grob gegliederter, kommaförmig gekrümmter Embryo. Sodann strecken sich die tief schwarzbraun gefärbten Keimlinge, an deren Kopfseiten stummelförmige Kiemen erkennbar sind. Jetzt kommt ein kritischer Augenblick, der Schlüpfvorgang. Hierzu wird ein Verdauungsstoff abgegeben („Schlüpfenzym"),

der die Gallerthüllen punktuell aufzulösen vermag, sodass die junge Larve ins Freie gelangt.

Anfangs hängen die kleinen Krötenlarven an der Außenseite der Gallerte, wo sie sich mit einem wulstförmigen Haftorgan festkleben. Werden die Laichschnüre vorsichtig hin und her bewegt, lässt sich demonstrieren, dass die Larven tatsächlich an den Gallertmassen haften.

Im hinteren Kopfbereich haben die jungen Krötenlarven beidseits kleine äußere Kiemenstummel. Im Zuge der weiteren Entwicklung wachsen Hautfalten über diese Außenkiemen und bilden rechts und links jeweils eine Kiemenhöhle. Die Kiemen sind dann nicht mehr von außen sichtbar („Innenkiemenstadium", 🔲 Abb. 6.8).

Die älteren, etwa 3 bis 4 cm lang werdenden Larven haben einen muskulösen Ruderschwanz, der von einem durchscheinenden Hautsaum umgeben ist (🔲 Abb. 6.9). Hiermit können die Quappen gut umherschwimmen. Erdkrötenquappen bilden oft große Schwärme von mehreren Metern Länge und mehreren Dezimetern (manchmal bis

Die Spermien der Amphibien

Im Grundaufbau haben Amphibienspermien (■ Abb. 6.5) einen Kopf- und einen Schwanzteil. Im Kopfteil befindet sich vor allem das Erbgut des Vaters in Form der Chromosomen. Dahinter findet sich eine dicke Packung von Mitochondrien, das sind die „Kraftwerke der Zelle", denn die Fortbewegung der Spermien ist sehr energieaufwendig. Die Kappe des Spermienkopfes, das Akrosom, enthält eiweißverdauende Enzyme, zum einen zur Verdauung der Eikapsel (Gallerte), zum anderen, um die Membran der Eizelle punktuell zu „knacken", damit der Zellkern des Männchens eindringen kann. Den größten Teil des Spermiums, bei der Erdkröte zwei Drittel, nimmt der Schwanzteil ein. Er enthält den molekularen Bewegungsapparat, die Mikrotubuli; das sind röhrenförmig angeordnete Eiweiße. Durch deren abwechselnde Verkürzung kommt es zur schlängelnden Fortbewegung des Spermiums.

Die Gestalt der Amphibienspermien ist sehr vielfältig. Es gibt Arten mit sehr kurzen, gedrungenen und solche mit sehr schlanken Spermien.

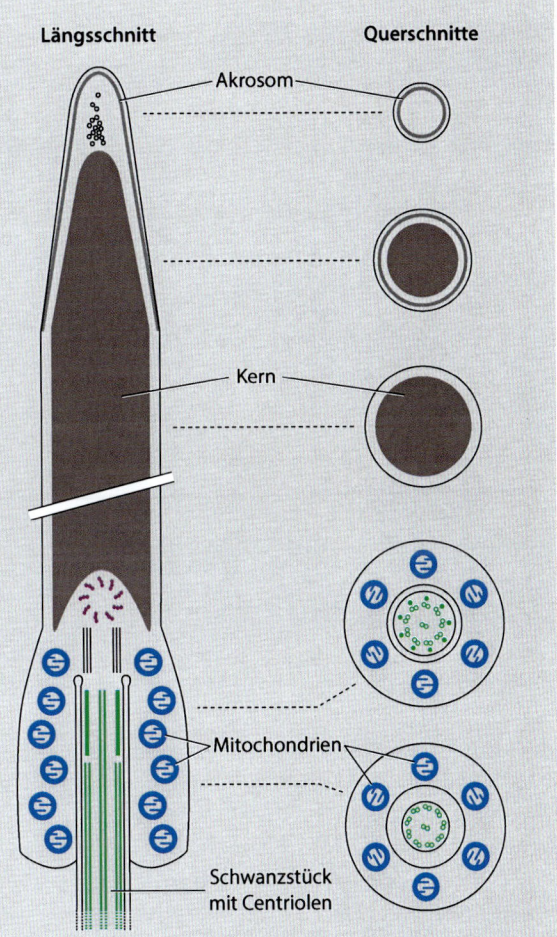

■ **Abb. 6.5** Aufbau eines Amphibienspermiums nach elektronenmikroskopischen Befunden, am Beispiel einer Laubfroschart (Hylidae). *Links*: Längsschnitt, *rechts*: Querschnitte an ausgewählten (markierten) Stellen. Der lange Schwanz des Spermiums ist verkürzt. (Nach Vitt und Caldwell 2009)

Längsschnitt

Querschnitte

Akrosom

Kern

Mitochondrien

Schwanzstück mit Centriolen

zu einem Meter) Durchmesser. Diese Schwärme ziehen langsam durch die Gewässer. Die Funktion der Schwarmbildung dürfte im Schutz gegenüber Fressfeinden, z. B. räuberischen Fischen, bestehen. Zusätzlicher Schutz resultiert aus Hautsekreten, die die Quappen ausscheiden können und die auf die Schleimhäute anderer Wirbeltiere unangenehm wirken. Erdkrötenlarven können deshalb viel besser

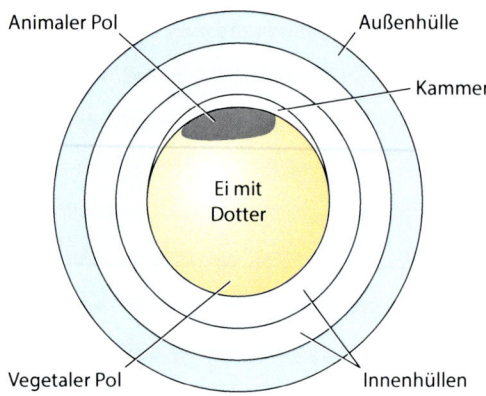

Animaler Pol   Außenhülle

Kammer

Ei mit
Dotter

Vegetaler Pol   Innenhüllen

▣ **Abb. 6.6** Ein Amphibienei mit umgebenden Gallerthüllen im optischen Schnitt. (Verändert nach Vitt und Caldwell 2009)

▣ **Abb. 6.7** Frühe Embryonalstadien der Erdkröte. *Oben links* sind zwei Embryonen zu sehen, bei denen sich durch Einfaltung einer Längsrinne das Neuralrohr (zukünftiges Gehirn und Rückenmark) herausbildet. (Foto: S. Meyer)

als Froschquappen (z. B. Quappen des Grasfrosches, die keine derartigen Sekrete abgeben können) auch in Fischteichen überleben und ihre Entwicklung komplett abschließen.

Bei der Aquarienhaltung lässt sich gut beobachten wie Erdkötenlarven an Unterwasserpflanzen raspeln. Zudem weiden sie an den Scheiben des Aquariums Algenbeläge ab, die sich hier bilden. Mit einer Handlupe sind die kleinen, schwarzen Hornschnäbel zu sehen, mit denen sie dies bewerkstelligen.

Unter „älterer Larve" wird ein Entwicklungsstadium verstanden, bei dem bereits am Ende des

Kopf-Rumpfes nahe der Schwanzwurzel kleine Hinterbeinansätze zu sehen sind. Zeitgleich mit den Hinterbeinen entstehen auch die Vorderbeine der Kaulquappen, aber zunächst innerhalb der Kiemenhöhlen. Äußerlich kann man deshalb die Vorderbeinentwicklung zunächst nicht verfolgen. Erst in einem deutlich späteren Stadium durchbrechen die Vordergliedmaßen die Wände der Kiemenhöhlen.

Wir befinden uns jetzt mitten in einem sehr komplizierten Vorgang, der als „Metamorphose" (Umwandlung) bezeichnet wird. Aus der im Wasser lebenden, vorwiegend von pflanzlicher Substanz

Abb. 6.8 Ältere Larven der Erdkröte in Bauchansicht (ventral). Die Kiemen befinden sich in der Kiemenhöhle und sind äußerlich nicht zu erkennen. Das Frischwasser, das über das Maul aufgenommen an den Kiemen vorbeiströmt, verlässt die Höhle durch eine Ausströmöffnung, die in Ventralansicht rechts zu sehen ist, am besten beim unteren Tier. Das Mundfeld mit dem schwarzen Hornschnabel ist ausgebildet. Die Hinterbeinchen sind erst als Knospen zu erkennen. (Foto: S. Meyer)

Abb. 6.9 Ältere Erdkrötenlarve in Seitenansicht mit muskulösem Ruderschwanz und blassem, nur wenig pigmentiertem Hautsaum. (Foto: S. Meyer)

lebenden und kiementragenden Kaulquappe entwickelt sich innerhalb weniger Wochen eine kleine, am Lande lebende Kröte, die keine Kiemen, sondern Lungen besitzt und sich von tierischer Kost ernährt. Die Umstellung auf tierische Kost erfordert eine komplette Umbildung der Mundpartie. Vom raspelnden Hornschnabel bleibt nichts mehr übrig, stattdessen entstehen das kennzeichnende breite Krötenmaul und eine Zunge, mit der sich Insekten, Spinnen, Schnecken und Regenwürmer erbeuten lassen (▶ Abb. 6.10).

Auch die Haut erfährt eine grundlegende Umgestaltung. Aus der dünnen, wasserdurchlässigen Larvenhaut wird eine kräftige, vielschichtige Haut, die weniger wasserdurchlässig ist und den Fröschen (und anderen Amphibien) überhaupt erst ein Leben am Lande ermöglicht. Dennoch: Auch metamorphosierte Amphibien sind zeitlebens recht emp-

findlich gegen Wasserverluste und müssen sich bei trockener Luft an feuchten Stellen verbergen.

Ein auffälliger Prozess ist die Rückbildung des Larvenschwanzes, der bei der Fortbewegung am Lande nur stören würde. Er wird nicht abgeworfen, sondern von innen her verdaut. Dies ist auch sinnvoll, denn die Schwanzmuskulatur enthält viele Eiweiße, die an anderen Stellen der sich entwickelnden Kröte genutzt werden können. Die frisch an Land gehenden, etwa 1 cm langen Jungkröten haben manchmal noch einen schwärzlichen Reststummel des ehemaligen Schwanzes, der aber bald verschwindet. Der ganze Vorgang, vom Ei bis zur fertigen Kröte, dauert je nach Wassertemperatur, geografischem Vorkommen, Nahrungsangebot und anderen Faktoren etwa drei bis vier Monate (in Mitteleuropa von März bis Juni).

Neben den auffälligen, voranstehend geschilderten Prozessen finden im Rahmen der Amphibien-Metamorphose noch viele weitere Veränderungen statt. Einige davon sind in ◘ Tab. 6.2 genannt. Aber

◘ **Abb. 6.10** Ganz junge, an Land gegangene Erdkröte („Metamorphling"). Vom Larvenschwanz ist nur noch ein ganz kurzer Reststummel übriggeblieben, der bald völlig verschwindet. (Foto: S. Meyer)

Tipp 1	

Aquarium zur vorübergehenden Amphibienbeobachtung

Krötenentwicklung: Lehrreich ist die Beobachtung der Entwicklung vom Ei bis zur fertigen kleinen Kröte im Aquarium. Ausreichend ist ein Vollglasbecken mit den Maßen 40 × 25 × 25 cm. Dieses wird mit Wasser (möglichst Regen- oder Tümpelwasser) so hoch gefüllt, dass ein Stück Laichschnur (ca. 20–30 cm lang) vollständig davon bedeckt ist. Wichtig ist, einige Pflanzen, z. B. Wasserhahnenfuß (*Ranunculus aquatilis*), im Bodenkies (ca. 3 cm Aquarienkies) gut zu verankern. In diese Pflanzen legt man vorsichtig das Laichschnurstück. Aufstellungsort: Am besten ist es, das natürliche Sonnenlicht zu nutzen, allerdings sollte ein Platz gefunden werden, in welchem das Sonnenlicht indirekt in das Aquarium eindringt. Zum einen vermeidet man hierdurch eine zu starke Erwärmung des Wassers (maximal 20–23°), zum anderen ist zu viel UV-Licht für die Eier und Embryonen schädlich.

In einem solchen Becken lassen sich die geschilderten Entwicklungsprozesse meist schon mit bloßem Auge beobachten. Vertiefende Beobachtungen sind mit einem Stereomikroskop möglich. Besonders in Schulen, Schulbiologie- und Umweltbildungszentren sollte dies möglich sein. Bis zum jungen Larvenstadium braucht nicht zugefüttert werden. Junge Larven können an den Blättchen raspeln. Durch Verwenden von Regen-, Tümpel- oder Gartenteichwasser entwickeln sich zudem sehr bald schwebende Algen, die von den heranwachsenden Kaulquappen aus dem Atemwasserstrom herausgefiltert werden. An den Scheiben des Aquariums bilden sich Algenüberzüge, die man hin und wieder zumindest teilweise entfernen sollte, weil sie die Sicht durch die Scheiben beeinträchtigen. Wenn die Larven etwas älter werden, empfiehlt es sich zuzufüttern, z. B. mit handelsüblichem

Trockenfutter (in Zoofachgeschäften erhältlich). Auch Brennnesselpulver, Brot, Teigwaren, Kartoffeln und abgekochter Salat können angeboten werden. Dabei immer in Maßen füttern, damit das Wasser nicht trübe wird. Etwa alle 14 Tage sollte ein Wasserwechsel vorgenommen werden. Und: von den älteren freischwimmenden Larven sollte ein Teil herausgenommen und in das Herkunftsgewässer gebracht werden, da es sonst zu eng im Aquarium wird. Für das, was wir beobachten wollen, reichen wenige Larven. Sobald die Vorderbeinchen der Quappen durchgebrochen sind, muss ihnen ein Landteil angeboten werden. Im einfachsten Fall gibt man einen Ziegelstein ins Wasser und senkt den Wasserstand bis knapp unterhalb der Steinoberkante ab, sodass die jungen Kröten mühelos aus dem Wasser und auf den Stein gelangen können. Dort sollten noch einige feuchte Moospolster ausgelegt werden, in und unter denen sie sich bei Bedarf verbergen können. Die kleinen Kröten sollten aber bald an dem Gewässer ausgesetzt werden, aus dem das Stück Laichschnur stammte. Eine etwas aufwendigere Lösung zeigt ◻ Abb. 6.11. Molchhaltung: Unter günstigen Bedingungen lässt sich das Paarungsverhalten der Molche (siehe S. 72ff.) im Garten- oder Schulteich oder in Freilandgewässern (bei klarem Wasser) beobachten, vor allem nachts mit einer Taschenlampe. Besonders gut lässt sich jedoch das Verhalten im Aquarium verfolgen. Bei der angegebenen Beckengröße nur 1–2 Pärchen einsetzen. Einrichtung: Den Boden mit ca. 3 cm Aquarienkies bedecken. Mehrere Wasserpflanzen einbringen, besonders geeignet ist die Wasserpest (*Elodea canadensis*), wegen der gut einrollbaren Blättchen, in die die Weibchen gerne ihre Eier einwickeln. Das Aquarium mit einer Scheibe

abdecken oder noch besser (wegen der Luftzufuhr) mit Fliegendraht, der in einem festklemmbaren Holzrahmen eingespannt ist. Molche neigen nämlich dazu, das Aquarium vor allem nachts und gegen Ende der Paarungszeit durch Hochklettern an den Scheiben zu verlassen. Nicht selten findet man anderntags die Tiere vertrocknet unter einer Fußmatte oder dergleichen.
Als Nahrung benötigen Molche tierisches Futter, z. B. Hüpferlinge (Copepoden), Wasserflöhe (Daphnien), Flohkrebse (*Gammarus*) und Bachröhrenwürmer (*Tubifex*). Auch mit eingefrorenen Zuckmückenlarven (Chironomiden) kann man es versuchen. *Tubifex* und Chironomiden sind (wenn auch nicht immer) in Zoofachgeschäften erhältlich. Grundsätzlich nicht zu viel füttern, lieber öfters und in kleinen Portionen. Alle zwei Wochen einen Wasserwechsel vornehmen.

Wenn die jungen Larven geschlüpft sind, sollten sie von den Alten getrennt werden, da sie sonst von diesen gefressen werden (Kannibalismus). Am besten ein kleines Larvenaquarium mit Wasserpflanzen bereitstellen. Die Larven sind mit Kleinkrebsen, z. B. Hüpferlingen, zu füttern.
Wichtig: Die Entnahme von Amphibien und ihrer Entwicklungsstadien bedarf der Genehmigung durch die zuständige Naturschutzbehörde, z. B. Stadt- oder Kreisverwaltung, Landratsamt, Bezirksregierung. Die Stadtverwaltung kann darüber informieren, wer jeweils zuständig ist. Für Schulbiologiezentren und andere Umweltbildungseinrichtungen sollte eine solche Genehmigung zu erhalten sein. Zu betonen ist bei der rechtzeitigen (!) Antragstellung, dass die Tiere sowie ihr Nachwuchs nach Beendigung der Fortpflanzungsphase wieder in die Ursprungsgewässer zurückgebracht werden.

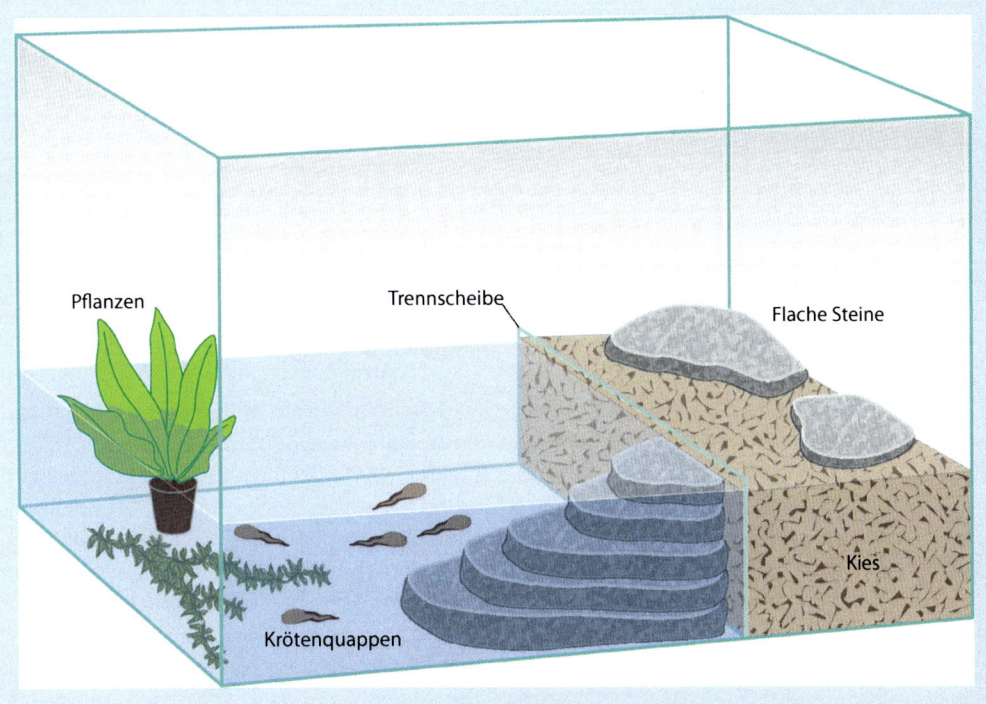

◻ **Abb. 6.11** Aquaterrarium zur Aufzucht von Amphibienlarven, z. B. Erdkrötenquappen. Wichtig ist, dass die ganz jungen Kröten nicht ertrinken, sondern ohne Mühe den Landteil aufsuchen können. (Verändert nach Davies und Davies 1998)

◘ **Tab. 6.2** Morphologische und funktionelle Unterschiede zwischen den Larven und den umgewandelten (metamorphosierten) Amphibien (in Auswahl). Bei der Metamorphose handelt es sich um einen sehr dynamischen Prozess, in welchem die Merkmale sukzessive abgebaut, umgebaut oder neu entwickelt werden

Organ/Funktion	Larven	Umgewandelte, erwachsene Amphibien
Haut	dünn, häufig nur zwei bis drei Zelllagen, nicht verhornt und stark wasserdurchlässig; Färbung meist schlicht und wenig kontrastreich	dicker, häufig fünf bis sechs Zelllagen; oberste Zelllage (Stratum corneum) abgeflacht, verhornt; weniger wasserdurchlässig; in der Unterhaut Hautdrüsen (Schleim- und Körnerdrüsen); Färbung häufig auffallend, oft bunt
Mund und Nahrungserwerb	keine Zunge; Froschlurche: kleine Mundöffnung mit Hornschnabel, mit dem pflanzliche Nahrung geraspelt wird; Schwanzlurche: größere Mundöffnung, mit der Kleintiere erbeutet werden	breites Maul, meist mit Zunge, mit der in der Regel Kleintiere erbeutet werden; manche Arten erbeuten recht große Tiere, z. B. Kleinsäuger, Reptilien, Amphibien
Schwanz	generell vorhanden	Froschlurche: Schwanz fehlt; Schwanzlurche: bleibt erhalten, aber Umbau und Kräftigung der Muskulatur
Gliedmaßen	Schwanzlurche: erst Vorder-, dann Hinterbeine; Froschlurche: Vorder- und Hinterbeine etwa gleichzeitig; Vorderbeinentwicklung in der Kiemenhöhle verborgen	Schwanzlurche: vier Beine, Hinterbeine meist nur geringfügig länger und kräftiger; Froschlurche: vier Beine, Hinterbeine häufig deutlich länger und kräftiger als Vorderbeine; Blindwühlen: ohne Beine
Atmung	über Haut und Kiemen	über Haut und mit Lungen
Skelett	knorpelig	weitgehend verknöchert
Nieren	weit vorn liegende „Kopfnieren" (Pronephros) mit zur Leibeshöhle offenen Wimpertrichtern	weiter hinten liegende, langgestreckte „Rumpfnieren" (Opisthonephros), ohne offene Wimpertrichter (nur bei Blindwühlen teilweise noch offen)
Stickstoffausscheidung	vor allem Ammonium	vor allem Harnstoff, bei Wüstenarten wassersparende Harnsäure
Geschlechtsorgane	ältere Larven mit Anlagen, aber ohne funktionsfähige Hoden oder Eierstöcke (Ovarien)	funktionsfähige innere Geschlechtsorgane (Hoden, Ovarien)

es gibt noch viel mehr Umbildungen, z. B. beim Nervensystem, bei den Sinnesorganen, dem Verdauungstrakt, den Seh- und Blutfarbstoffen usw.

Nach dem Verlassen des Gewässers schwärmen die kleinen Kröten in die weitere Umgebung aus und leben vor allem in lichten Laub- und Mischwäldern. Hier nehmen sie auch ihre Nahrung (kleine Insekten und Spinnentiere) auf und wachsen rasch heran. Mit Erreichen der Geschlechtsreife, meist zwei bis fünf Jahre später, sucht der größte Teil der dann noch lebenden Tiere ein Laichgewässer auf. Zwischen 80 und 95 % kehren zu ihrem Ursprungsgewässer zurück. Die übrigen vagabundieren in der Landschaft und können z. B. neu entstandene Gewässer besiedeln.

■ **Es geht auch ohne Metamorphose**

Die geschilderten Metamorphoseprozesse werden auf komplizierte Weise hormonell gesteuert. Eine Schlüsselrolle für die Auslösung der Umwandlung spielt dabei die Schilddrüse mit ihren Hormonen (Thyroxin und Trijodthyronin). Funktioniert die Schilddrüse nicht, unterbleibt die Metamorphose. Die Tiere können dann zu Riesenlarven heranwachsen, die letztlich Geschlechtsreife erlangen wie der berühmte Axolotl (*Ambystoma mexicanum*, ◘ Abb. 4.5). Solche Fälle kommen aber nur bei bestimmten Schwanzlurchen vor, nicht bei Froschlurchen.

Je nach Art gibt es recht unterschiedliche Ausprägungen der Entwicklungsverzögerung, die allgemein als „Pädomorphosen" (= Beibehalten von „Kindheitsmerkmalen") bezeichnet werden. Im Falle des Erreichens der Geschlechtsreife unter Beibehaltung larvaler Merkmale spricht man von „Neotenie" (von griech. *neos* = Junges, *teinein* = spannen) als einer speziellen Form der Pädomorphosen. Beim normalerweise neotenen Axolotl ist eine Unterfunktion der Schilddrüse für die ausbleibende Umwandlung verantwortlich. Nach zusätzlichen Thyroxingaben macht der Axolotl eine Metamorphose durch. Er bildet die äußeren Kiemen zurück, entwickelt Lungen und geht an Land. Beim ebenfalls neotenen, im Karst des Balkans vorkommenden Grottenolm (*Proteus anguinus*) reagieren die Gewebe allerdings nicht mehr auf verabreichte Metamorphosehormone.

- **Es geht auch ohne freilebende Larven**

Der für die Erdkröte beispielhaft geschilderte Entwicklungsgang mit einem wasserlebenden Ei- und Larvenstadium ist weit verbreitet und gilt als der ursprüngliche Fortpflanzungsmodus der Amphibien. Allerdings haben sich viele Arten von den Gewässern weitgehend oder ganz unabhängig gemacht, z. B. die Vertreter der Lungenlosen Salamander (Plethodontidae), die mit zahlreichen Arten vorrangig in Amerika verbreitet sind. Deren Weibchen legen nur wenige dotterreiche Eier an feuchten Stellen an Land, z. B. in Moospolster oder morschen Baumstubben ab und bewachen sie. Die daraus schlüpfenden Jungtiere haben ihre Metamorphose in der Eihülle vollzogen und benötigen hierfür kein Gewässer. Dieser Entwicklungsgang wird als „Direktentwicklung" bezeichnet.

Direkte Entwicklung im Ei außerhalb von Gewässern findet sich auch bei vielen Froschlurchen der feuchten Tropen, vor allem in den Familien Pfeiffrösche (Leptodactylidae) und Engmaulfrösche (Microhylidae). Nach Duellman & Trueb (1986) verfügen wahrscheinlich mehr als 500 Arten dieser beiden Familien über eine derartige Entwicklungsstrategie.

Auch der in Europa lebende Alpensalamander (*Salamandra atra*) benötigt in keiner Phase seiner Entwicklung ein Gewässer, da die Weibchen fertig entwickelte, lungenatmende Jungtiere gebären. Ihre kiementragende Larvenphase verbringen sie in den beiden Gebärmüttern der Mutter.

6.3 Die lauten Rufe der Frösche und Kröten

Viele Gartenteichbesitzer und noch mehr mancher ihrer Nachbarn fühlen sich im Frühsommer genervt, weil oft die ganze Nacht Frösche am Gartenteich rufen und das wochenlang. Meist handelt es sich um Wasserfrösche (Gattung *Pelophylax*, ◻ Abb. 6.12).

Vor allem wenn mehrere Männchen am Gartenteich agieren, potenziert sich der Schallpegel. Der Hauptgrund des lauten Nachtkonzertes: Die Männchen rufen, um die Weibchen zu betören und sich mit ihnen zu paaren (Paarungsrufe). Etwas anders strukturierte Rufe dienen dazu, andere Männchen auf Distanz zu halten, die sog. Revierrufe.

Um zu rufen, nehmen die Tiere bei geschlossenem Maul durch Absenkung des Mundbodens über die Nasenlöcher eine Portion Luft in den Mundraum auf. Dann werden die Nasenlöcher verschlossen und der Mundboden angehoben, wodurch die Luftportion in die Lunge gepresst wird. Durch mehrmalige Wiederholung dieses Vorgangs füllt sich die Lunge prall mit Luft, wodurch der Körper stark aufgebläht wird. Jetzt ist das Froschmännchen rufbereit. Durch Kontraktion der Flankenmuskulatur wird die Luft aus der Lunge heraus durch den Kehlkopf in den Mundraum und in die Schallblasen gepresst. Die Lauterzeugung findet im Kehlkopf der Tiere statt, in welchem die Stimmbänder und eine Stimmritze vorhanden sind. Indem der Luftstrom die Stimmbänder passiert, geraten diese in Schwingungen, wodurch es zur Lauterzeugung kommt. Die Stimmritze ermöglicht das Entweichen der Luft. Beim anhaltenden Rufen pendelt die Luft zwischen Lunge und Schallblasen hin und her (◻ Abb. 6.13). Die Lauterzeugung selbst erfolgt bei den meisten Froschlurch-Arten nur beim Ausatmen, während beim Zurückführen des Luftstromes in die Lunge kein Laut entsteht.

Bei den meisten Fröschen und Kröten verfügen die Männchen über Schallblasen, deren physikalische Funktion noch nicht völlig geklärt ist. Bei den an Gartenteichen häufig quakenden Wasserfröschen haben die Männchen zwei seitlich ausstülpbare Schallblasen (◻ Abb. 6.12), bei den Laubfröschen (Familie Hylidae) und den Kröten (Familie Bufoni-

■ **Abb. 6.12** Die Männchen der Wasserfrösche (Gattung *Pelophylax*) rufen im Frühsommer wochenlang und sehr lautstark. Dies können sie dank zweier seitlich ausstülpbarer Schallblasen. Abgebildet ist der Vorderkörper eines rufenden Männchens des Iberischen Wasserfrosches (*Pelophylax perezi*). (Foto: B. Trapp)

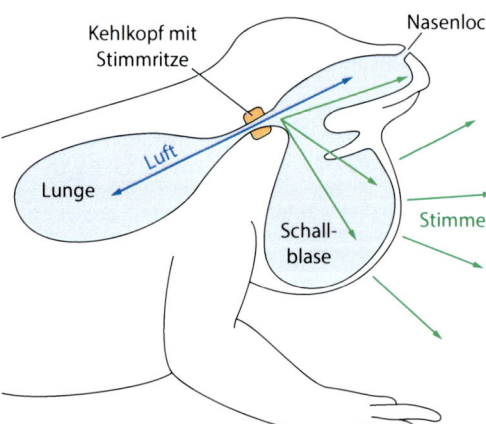

■ **Abb. 6.13** Lauterzeugung und -verstärkung bei der Aga-Kröte, *Rhinella marina*. Entscheidend für die Lauterzeugung ist der Kehlkopf (Larynx) mit der Stimmritze. Die in diesem Falle mediane innere Schallblase dient als Verstärker. (Verändert nach Vitt und Caldwell 2009)

dae, Beispiel Aga-Kröte, ■ Abb. 6.13) dagegen eine mittelständige, innere Schallblase, deren Aufpumpen zu starker Aufblähung der Kehlregion führt. Man nimmt an, dass die Schallblasen vor allem zur Ausbreitung der Schallwellen in alle Richtungen beitragen. Ob sie auch eine Verstärkerfunktion (Resonator) ausüben, ist umstritten. Dennoch kann eine solche Funktion wohl angenommen werden. Laute Rufe kommen nur bei Arten vor, die über eine oder zwei Schallblasen verfügen. Arten, die keine Schallblase haben, wie Erdkröte, Springfrosch, Rotbauch- und Gelbbauchunke, geben nur leise Töne von sich. Während z. B. die Männchen der Kreuzkröte (*Epidalea calamita*) mit ihren mächtig auftreibbaren Schallblasen Rufe abgeben, die bis zu 1 km weit zu hören sind, lassen sich Erdkrötenmännchen, die keine Schallblase haben, kaum mehr als einige 10 m weit vernehmen.

Abb. 6.14 Das Männchen eines „Tanzfrosches", hier *Micrixalus saxicola*, ruft durch Vorstülpung einer schneeweißen Kehle (innere Schallblase) und winkt dabei abwechselnd mit einem der Hinterbeine. Das Tier sitzt auf einem dunklen Stein in einem Bergbach der Westghats, Westindien. Die helle Kehle hebt sich gut vom dunklen Untergrund ab. (Foto: W. Hödl)

Bewundernswert ist, dass selbst kleine, nur wenige Zentimeter lange Fröschchen sehr laut rufen können. Schalldruckmessungen am einheimischen Laubfrosch (*Hyla arborea*), der nur 4–5 cm lang wird, ergaben für Rufchöre aus 50 cm Entfernung Werte zwischen 87 und 90 Dezibel (dB), was dem Lärm einer lauten Fabrikhalle nahekommt.

Die Weibchen haben übrigens keine Schallblase. Obwohl sie über Stimmbänder und Stimmritze verfügen, bleiben sie beim Paarungsgeschehen stumm. In seltenen Fällen können sie Schreckrufe abgeben, z. B. wenn sie unsanft ergriffen werden.

6.4 Merkwürdig winkende Frösche

Eine Reihe tropischer Frösche kombiniert akustische und visuelle Signale, um sich innerartlich zu verständigen, einige Arten sogar nur visuelle. Die visuellen Signale bestehen aus Handbewegungen, dem Winken mit den Zehen sowie dem Anheben und Strecken der Beine. Viele Arten sind tagaktiv und leben an lauten Bergbächen, wo eine rein akustische Kommunikation gegen das dröhnende Geplätscher des Wassers anarbeiten müsste. Da erscheint eine visuelle Kommunikation energetisch sparsamer.

Die Winkergeste spielt sowohl beim Revierverhalten als auch bei der Partnerfindung eine Rolle. Die zur Familie Micrixalidae gehörende Art *Micrixalus saxicola* (■ Abb. 6.14) aus der Gruppe der in den Westghats, am Westrand von Indien gelegen, lebenden „Tanzfrösche" (*Dancing Frogs*) zeigt in Anwesenheit konkurrierender Männchen Flagge. Dabei dienen die weiße Kehle und die an ihren Spitzen deutlich verbreiterten Zehen als op-

■ **Abb. 6.15** Molchweibchen wickeln ihre Eier einzeln in Wasserpflanzen. Die Eier selbst sind rund, die sie umgebende Gallerte ist eiförmig. Abgebildet ist ein Ei des Marmormolches (*Triturus marmoratus*), der in Südfrankreich und auf der Iberischen Halbinsel lebt. (Foto: B. Trapp)

■ **Abb. 6.16** Wasserfrösche (Gattung *Pelophylax*) legen ihre Eier in mittelgroßen Klumpen auf oder in untergetauchte Pflanzen ab. Abgebildet ist ein Laichklumpen des Kleinen Wasserfrosches (*Pelophylax lessonae*). Der animale (obere) Pol ist dunkelbraun pigmentiert, der vegetale (untere) unpigmentiert. Erkennbar ist ein frühes Furchungsstadium. (Foto: B. Trapp)

tische Signale. Abwechselnd heben und strecken die Männchen mal das linke, mal das rechte Hinterbein. Vor dem Hintergrund der dunklen Gerölle und bemoosten Steine des Lebensraumes hebt sich die weiße Kehle besonders gut ab. Zwischen den Rivalen kommt es zu Ruf- und Winkduellen.

6.5 Vielfalt des Laichs und der Ablaichorte

Der Laich der Amphibien weist in Umfang, Aussehen und der Art, wie er abgelegt wird, eine beträchtliche Vielfalt auf. Beispielhaft für europäische Arten seien genannt:

▬ Eier einzeln oder in flachen Lagen auf dem Gewässerboden, an Steinen oder Pflanzen, z. B. Scheibenzüngler (Gattung *Discoglossus*),

▬ Einzeleier in Blättchen von Wasserpflanzen eingewickelt, z. B. Molche der Gattungen *Lissotriton*, *Triturus* (■ Abb. 6.15), *Ichthyosaura*,

▬ Eier in spiralig gewundenen Säckchen an untergetauchten Pflanzen oder anderen Strukturen fixiert: Sibirischer Winkelzahnmolch (*Salamandrella keyserlingii*),

▬ Eier in dicken Schnüren locker in Wasserpflanzen, z. B. dicke, wurstförmige Laichschnüre

der Schlammtaucher (Gattung *Pelodytes*) oder etwas längere dicke Schnüre der Knoblauchkröten (Gattung *Pelobates*),

▬ Eier in kleinen Klumpen an untergetauchter Vegetation, z. B. kleine Laichballen der europäischen Laubfrösche (Gattung *Hyla*) und der Wasserfrösche (Gattung *Pelophylax*, ■ Abb. 6.16),

▬ Eier in lockeren, einlagigen Verbänden auf der Unterseite flacher Steine: Gelege der Gebirgsmolche (Gattung *Euproctus*),

▬ Eier in großen Klumpen auf dem Gewässerboden oder auf einer Pflanzenunterlage: Grasfrosch (*Rana temporaria*, ■ Abb. 3.4) und Moorfrosch (*Rana arvalis*),

▬ Eier in großen Klumpen an vertikalen Pflanzenstrukturen, z. B. Röhrichtpflanzen: Springfrosch (*Rana dalmatina*),

▬ Eier in kleinen Klumpen unter Steinplatten, an Baumwurzeln etc.: südeuropäische „Bachfrösche" (*Rana iberica, R. italica, R. graeca*),

▬ Eier in langen, dünnen Schnüren zwischen vertikalen Strukturen, meist Pflanzen: Erdkröte (*Bufo Bufo*, ■ Abb. 6.17).

Die Vielfalt wird noch wesentlich größer, wenn man den Blick in die Tropen lenkt. Duellman & Trueb

Abb. 6.17 Erdkröten (*Bufo bufo*) legen ihre Eier in langen Schnüren ab, die sie um Pflanzenstängel oder andere vertikale Strukturen wickeln. (Foto: L. Indermaur)

(1986) führen weltweit 27 verschiedene Formen der Eiablage auf, ein erheblicher Teil davon findet sich in den Tropen. Nachfolgend werden exemplarisch drei markante Formen geschildert.

Verbreitet ist die Ablage von Laich auf den Blattunterseiten von Sträuchern und Bäumen mit Ästen, die über Fließgewässern hängen, z. B. bei den kleinen, zarten in Mittel- und Südamerika lebenden Glasfröschen (Familie Centrolenidae), deren Name von der durchsichtigen Unterseite herrührt. Die Männchen einiger Arten bewachen den Laich bis die Larven schlüpfen und in den darunter herfließenden Bach fallen, wo sie in Laubpackungen und im Schlamm der Uferbereiche ihre Entwicklung durchmachen.

Bei vielen tropischen Froschlurchen unterschiedlicher Familienzugehörigkeit wird der Laich in sog. Schaumnester abgegeben. Die Weibchen geben während des Ablaichens spezifische Sekrete des Eileiters ab, aus denen sie entweder selbst oder die Männchen durch Schlagen mit den Vorder- oder Hinterbeinen den Schaum erzeugen. Bei einigen Arten wird die Larvenentwicklung im Schaumnest vollzogen. Meist aber findet nur die Anfangsentwicklung im Schaumnest statt, während ein Großteil der Larvenentwicklung sowie die Metamorphose im freien Wasser ablaufen.

Eine vor allem in Südamerika vorkommende Form der Eiablage ist die in wassergefüllte kleine

Blattachseln, z. B. von Bromelien, sowie in wassergefüllte kleine Baumhöhlen. Diese Mikrolebensräume werden als „Phytotelmen" bezeichnet, vom Altgriechischen *phyto* = Pflanze und *telma* = Pfütze. Das Wasser in diesen Kleinstgewässern ist meist Regenwasser, seltener wird es aktiv von der Pflanze ausgeschieden. Mehr als 100 Froschlurcharten aus 44 Gattungen und neun Familien nutzen solche Phytotelmen als Ablaichorte. Da viele Bromelien auf anderen Pflanzen wachsen (sog. Epiphyten), haben sich diese Amphibienarten eine ganz neue Nische erobert, um hoch oben in Bäumen und Sträuchern ihre Entwicklung durchzumachen.

6.6   Komplizierte Balz der Molche

Molche leben während des Sommers in Gebüschen, Hecken und Wäldern, wo sie sich tagsüber unter Baumstämmen, Moos, Falllaub oder Steinen verbergen, um nachts im Schutze der Dunkelheit auf Nahrungssuche zu gehen. Den Winter verbringen sie meistens ebenfalls auf dem Lande, in kältegeschützten Schlupfwinkeln. Im Frühjahr jedoch suchen die geschlechtsreifen Tiere Tümpel, Teiche und Weiher auf, um sich fortzupflanzen. Jetzt legen die Männchen ein „Hochzeitskleid" an und sehen oft wunderschön aus.

Nachfolgend wird das Paarungsverhalten des Teichmolches (*Lissotriton vulgaris*) geschildert, zum einen weil die Art im größten Teil Mitteleuropas vorkommt und meist auch häufig ist, zum anderen weil diese Art besonders gut untersucht ist. Die sehr komplexe Verhaltenssequenz, die eingehend vom englischen Verhaltensforscher T. Halliday (1974) analysiert wurde, ist in ◘ Abb. 6.18 zusammengefasst.

■ **Chemische Betörung**
Paarungsbereite Männchen reiben ihre Kloakenöffnung an im Wasser liegenden Steinen, Zweigen und dergleichen und geben dabei einen Duftstoff ab. Werden solche Duftmarken von einem Weibchen wahrgenommen, gibt es ebenfalls einen Duftstoff ab. Daraufhin beginnt ein erregtes Suchen. Bewegt sich jetzt das Weibchen, so steigert sich die Aufmerksamkeit des Männchens, und es läuft

oder schwimmt gezielt auf die potenzielle Partnerin zu. Dort angelangt, wird sie gründlich beschnuppert, vor allem in der Kloakengegend. Damit prüft das Männchen, ob ihm ein Weibchen gegenübersteht und ob es sich dabei um eines der eigenen Art handelt. Sind beide Voraussetzungen erfüllt, beginnt eine lebhafte Verfolgung. Das anfangs oft fliehende Weibchen wird vom Männchen verfolgt, verstellt ihm immer wieder den Weg und zeigt ihm dabei seine Breitseite. Dies wird so oft wiederholt, bis das Weibchen paarungsbereit ist. Dann bleibt Letzteres stehen und flieht nicht mehr. Bei leicht gekrümmtem Körper führt das Männchen langsame Schwanzbewegungen in weitem Bogen aus, das sog. Winken. Auch ruckartige Schläge mit dem Schwanz bei stärker gekrümmten Flanken, das sog. Peitschen, werden vollzogen. Schließlich kommt es zu ausdauernden wellenartige Bewegungen mit dem gekrümmten Schwanz, das sog. Fächeln, wodurch ein zum Weibchen ziehender Wasserstrom erzeugt wird.

Es darf angenommen werden, dass ein mit der Wasserströmung zugeführter Duftstoff des Männchens die gewünschte sexuelle Reaktion des Weibchens hervorruft. Darüber hinaus könnten der ausgeprägte Rücken- bzw. Schwanzsaum, die lebhafte Schwanzfärbung sowie die bunte Kloakenregion als optische Signale die Paarungsbereitschaft des Weibchens verstärken. Der entscheidende Reiz scheint jedoch die „Duftbetörung" zu sein, die sich auch bei einer nächtlichen Paarung, wenn die Farben nicht mehr wahrgenommen werden können, bewährt.

Ist das Weibchen schließlich paarungsbereit, geht es langsam auf den männlichen Partner zu. Dessen Balz steigert sich nun bis zur höchsten Intensität unter „Peitschen" und „Fächeln", dabei bewegt es sich langsam rückwärts. Folgt ihm jetzt das Weibchen, macht es eine Kehrtwendung, kommt demnach mit dem Hinterteil zum Weibchen gerichtet zu stehen, zeigt diesem seine geschwollene, lebhaft gefärbte Kloakengegend und kriecht eine kurze Strecke vor dem nachfolgenden Weibchen her. Dabei spreizt es die Beine seitlich vom Körper ab und schleift mit dem Bauch über den Boden.

■ **Riskante Spermienübertragung**
Dann verharrt das Männchen einen Moment und schlängelt mit dem leicht erhobenen Schwanz.

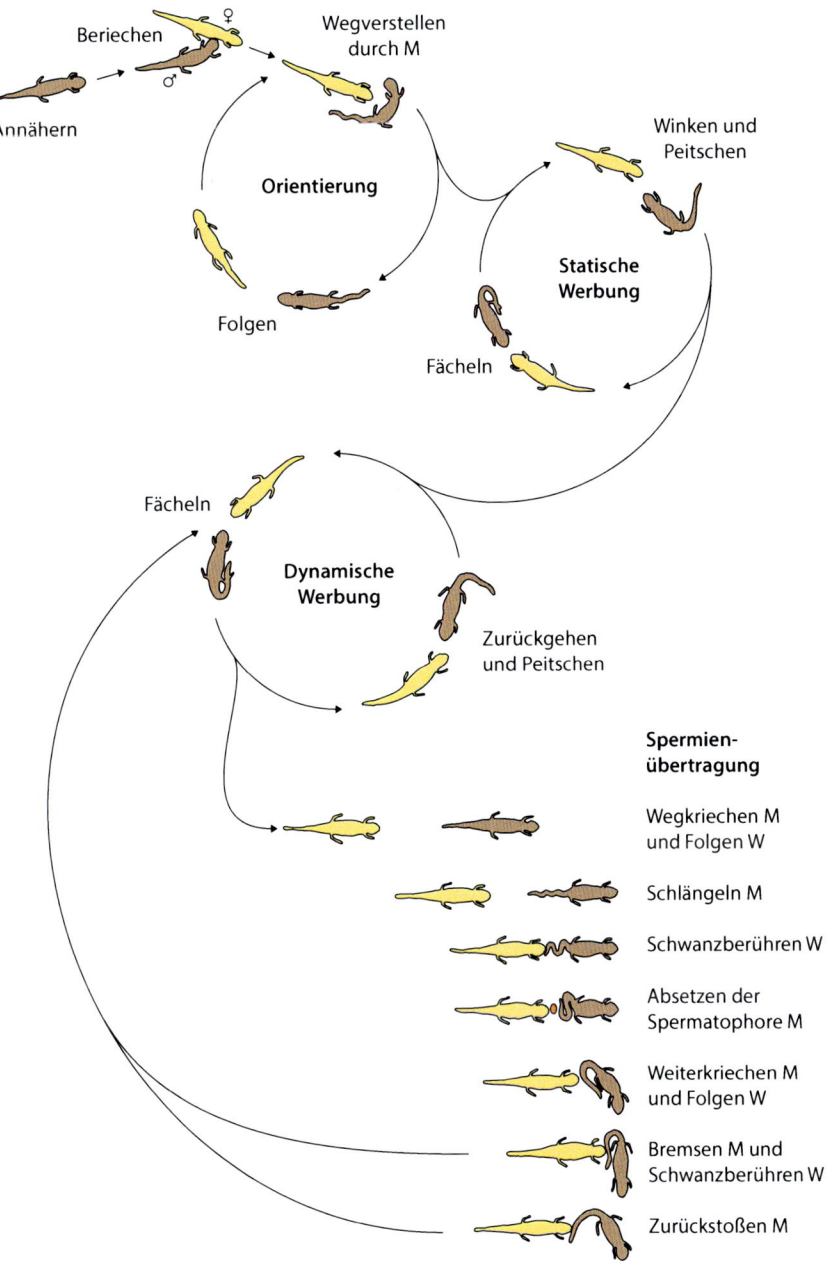

Abb. 6.18 Schematische Zusammenfassung des Ablaufes der Balz und Spermienübertragung beim Teichmolch (*Lissotriton vulgaris*). Näheres siehe Text. M = Männchen, W = Weibchen. (Verändert nach Halliday 1974)

Beriechen
Wegverstellen durch M
Annähern
Winken und Peitschen
Orientierung
Statische Werbung
Folgen
Fächeln
Fächeln
Dynamische Werbung
Zurückgehen und Peitschen
Spermienübertragung
Wegkriechen M und Folgen W
Schlängeln M
Schwanzberühren W
Absetzen der Spermatophore M
Weiterkriechen M und Folgen W
Bremsen M und Schwanzberühren W
Zurückstoßen M

Folgt jetzt das Weibchen weiterhin und stupst mit der Schnauze gegen den Schwanz des Partners, hebt dieser den Schwanz an und presst aus seiner Kloake ein glasig-gallertartiges Gebilde, den Samenträger (Spermatophore). Obenauf haftet eine milchig-weiße Masse, die zahlreiche Spermien enthält.

Indem das Männchen noch ein Stückchen weitergeht, führt es das nachfolgende Weibchen über den Samenträger hinweg, das mit der Kloakenöffnung die Samenmasse aufnimmt. Nicht immer klappt dies auf Anhieb, und das Männchen wiederholt manchmal die Verhaltenssequenzen der letzten Paarungsphase. Halliday fand, dass im Falle des

Teichmolches trotz mehrmaliger Anläufe im Mittel nur in 43 % aller Fälle eine erfolgreiche Spermienübertragung mit dieser indirekten Methode gelang.

Die Samenzellen schwimmen mittels ihrer Geißeln im schlauchförmigen Kloakenraum des Weibchens aufwärts und gelangen in kleine Hauttaschen, die mittels einer Konservierungssubstanz in der Lage sind, die Spermien über einige Zeit befruchtungsfähig zu halten. Das Molchweibchen verfügt somit über einen gewissen Vorrat.

In den beiden Eileitern werden die aus den Eierstöcken stammenden Eier mit mehreren dünnen Gallerthüllen umgeben. Dann gleiten sie in den Kloakenraum und stoßen dort auf die aus den Samentäschchen kommenden Spermien. Es kommt zur Befruchtung. Anders als bei den allermeisten Fröschen und Kröten haben Molche eine innere Befruchtung.

- **Wählerische Mütter**

Die befruchteten Eier werden einzeln durch die Kloakenöffnung nach außen befördert. Zuvor aber hat sich das laichbereite Weibchen ein geeignetes Wasserpflänzchen ausgewählt. Ein einziges Blättchen je Ei reicht ihm. Dieses wird mit den Hinterbeinen ertastet und winkelförmig zurechtgebogen, indem die Füße von hinten dagegen drücken; gleichzeitig befindet sich die stempelartige Kloakenverdickung auf der anderen Blattseite, also innerhalb des geformten Blattwinkels, der dem Rumpf zugewandt ist. Jetzt presst das Weibchen aus seiner Kloakenöffnung ein Ei heraus, das gut in die „Blatttasche" hineinpasst. Dann wird ein neues Blättchen ausgewählt, und die Prozedur beginnt von neuem. Insgesamt werden auf diese Weise bis zu mehrere Hundert Eier in die Blätter untergetauchter Wasser- oder Sumpfpflanzen gewickelt oder manchmal einfach nur angeheftet.

- **Spannende Entwicklung**

Die Entwicklung lässt sich in drei Phasen einteilen. Die erste Phase ist die der Embryonalentwicklung, welche im Ei abläuft. Nach verschiedenen Furchungsstadien bildet sich ein bauchseitig gekrümmter Embryo heraus. Dieser entwickelt sich zu einer jungen, seitlich gekrümmten, schlupfreifen

Larve mit oberseits dunklem streifigem Pigmentmuster und zwei wohlentwickelten Vorderbeinen. Nach dem Schlüpfen halten sich die jungen Larven mit den Vorderbeinchen und oft mit zwei schlanken, an der Spitze etwas verdickten Halteorganen, den sog. Balancern, an Wasserpflanzen fest. Die Balancer werden aber bald zurückgebildet, und die Hinterbeine entwickeln sich. Die vierbeinige Teichmolchlarve misst von der Schnauzen- bis zur Schwanzspitze ca. 3 bis 4 cm und verharrt äußerlich längere Zeit in diesem Stadium.

Die Metamorphose der Molche (und anderer Schwanzlurche) als letzte der drei Entwicklungsphasen verläuft nicht so spektakulär wie bei den Froschlurchen, z. B. bei der Erdkröte. Der äußerlich auffälligste Vorgang ist die Rückbildung der Kiemen (◻ Abb. 6.19). Innerlich sind die Lungen längst herausgebildet. Der Schwanz bleibt erhalten und wird kräftiger. Seine Hautsäume verschwinden. Die Färbung der Oberseite wird dunkler. Zum Sommer hin verlassen die Tiere das Wasser und führen fortan ein unauffälliges Leben an Land, z. B. auf dem Waldboden. Erst mit Erreichen der Geschlechtsreife, beim Teichmolch meist nach zwei Überwinterungen, kehren sie ins Laichgewässer zurück, um sich selbst fortzupflanzen.

6.7   Zupackende Salamandermännchen

Während Balz und Paarung der Molche relativ einfach zu beobachten sind, ist dies bei den europäischen Salamanderarten (Gattung *Salamandra*) ausgesprochen schwierig. Die Vorgänge finden auf dem Lande statt, in Mitteleuropa meist in den Sommermonaten und vorwiegend nachts. Den Männchen fehlt ein prächtiges Hochzeitskleid (Hautsaum, lebhaftere Färbung) wie bei den Molchen. Lediglich an der etwas vorgewölbten Kloakenregion lassen sie sich von den Weibchen unterscheiden, wozu etwas Erfahrung gehört.

Die nachfolgende Schilderung bezieht sich auf den in Mitteleuropa weit verbreiteten Feuersalamander (*Salamandra salamandra*, ◻ Abb. 6.20a–c). Hoch aufgerichtet hält das Männchen Ausschau nach Weibchen. Bewegt sich ein in der Nähe befind-

Abb. 6.19 Ein frisch metamorphosierter Teichmolch (*Lissotriton vulgaris*) mit noch erkennbaren stummelförmigen Resten der Kiemen. Die Hautsäume der Larven (Rücken, Schwanz) sind weitgehend zurückgebildet. (Foto: S. Meyer)

licher Artgenosse oder etwas, was danach aussieht, läuft es schnurstracks darauf zu. Flüchtende Tiere werden mit Ausdauer und erheblicher Geschwindigkeit verfolgt. Hat das Männchen ein anderes Tier erreicht, drückt es seinen nach unten gerichteten Kopf gegen den Körper und reibt seine Nasenlöcher an dessen Haut. Vermutlich prüft es durch Beriechen, ob es ein arteigenes Weibchen vor sich hat. Wenn dem so ist, kriecht das Männchen mit der Schnauze voran unter die Auserkorene. Beide Tiere liegen schließlich so, dass sich der Kopf des Männchens ziemlich genau unter dem des Weibchens befindet.

▪ **Liebesspiele und Samenübertragung**

Das unten liegende Männchen reibt nun mit der Oberseite der Schwanzwurzel die Kloakengegend des Weibchens. Dieses „Schwanzwurzelreiben" kann bis zu einer halben Stunde dauern. Nach einiger Zeit beginnt auch das Weibchen, Hin- und Herbewegungen mit der hinteren Körperpartie auszuführen. Jetzt presst das Männchen seine Schnauze nach oben und beginnt die Kehle des Weibchens zu reiben. Dabei bleibt der Schwanz des Männchens bewegungslos, oder beide stimulierende Verhaltensweisen laufen gleichzeitig ab. Sodann presst das Männchen seine Kloakenöffnung auf den Untergrund und setzt einen Samenträger (Spermatophore) mit einem obenauf sitzenden Samenpaket

ab (▪ Abb. 6.20b). Letzteres ist recht empfindlich gegenüber Wasserverlust, und da der Vorgang auf dem Lande stattfindet, ist Eile geboten. Das Männchen klappt den hinteren Körperteil zur Seite, sodass die darüberliegende weibliche Kloake ziemlich genau über dem Samenträger „schwebt". Nunmehr senkt das Weibchen den Hinterleib, stülpt die Kloakenöffnung über den Samenträger und nimmt die Samenmasse in sich auf (▪ Abb. 6.20c).

▪ **Keine Eiablage**

Die europäischen Salamander legen keine Eier ab. Letztere bleiben in den beiden Eileitern, und bis dorthin müssen sich die Spermien – die wie bei den Molchen in Samentäschchen der Kloake aufbewahrt werden – aufwärts arbeiten. Dort kommt es zur Befruchtung. Anschließend durchlaufen die Eier in den Eileitern ihre Entwicklung, je nach Art unterschiedlich weit. Beim Feuersalamander verläuft sie bis zu kiementragenden Larven mit einer Länge von 22 bis 36 mm, was mehrere Monate in Anspruch nimmt. Das Absetzen der Larven findet vor allem nachts an kleinen Waldbächen, besonders in Mittelgebirgslagen, statt. Dabei tauchen die Weibchen mit dem Hinterleib ins Wasser. Die Zahl der Larven schwankt zwischen acht und 80 je Weibchen, im Mittel sind es 20 bis 30. Die Geburt geht meist ziemlich rasch vor sich, manchmal werden geradezu explosionsartig mehrere Larven hintereinander ab-

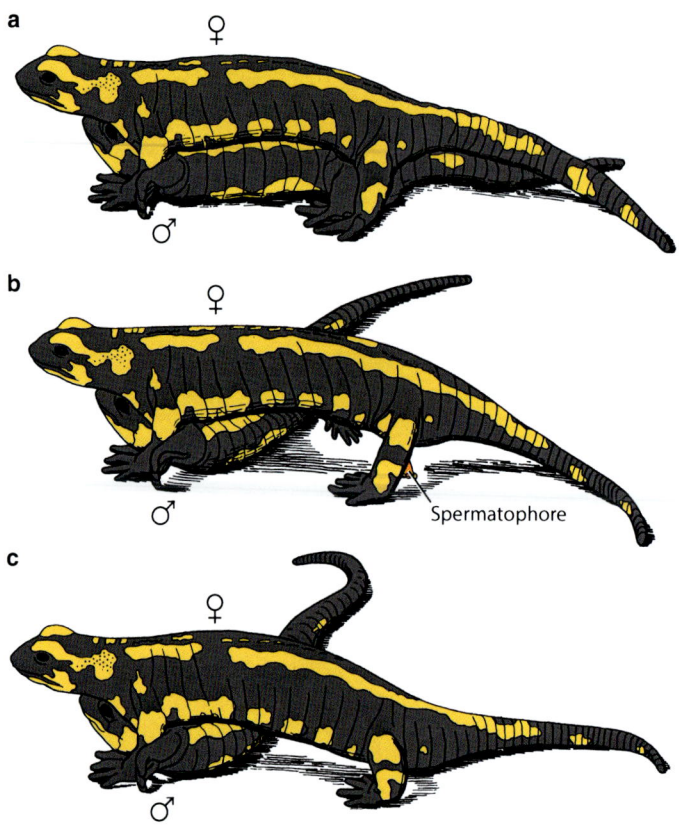

a

♀

♂

b

♀

♂

Spermatophore

c

♀

♂

◨ **Abb. 6.20** Balz und Spermien-übertragung beim Feuersalamander (*Salamandra salamandra*). **a** Männchen kriecht unter das Weibchen und reibt mit der Schwanzbasis die Kloakenre-gion des Weibchens. Nach einiger Zeit erwidert das Weibchen dies durch eige-nes Schwanzwurzelreiben. Daraufhin reibt das Männchen mit der Schnauze dessen Kehlregion. **b** Männchen setzt eine Spermatophore mit dem obenauf haftenden Samenpaket ab. Dann klappt es seinen Hinterleib zur Seite. **c** Das Weibchen stülpt seine Kloakenöffnung über die Spermatophore und nimmt das Spermienpaket auf. (Verändert nach Joly 1966)

gegeben (◨ Abb. 6.21). Die Larven sind häufig, aber nicht immer, von einer dünnen, durchsichtigen und den Gleitvorgang unterstützenden Hülle umgeben, die während oder kurz nach der Geburt durchsto-ßen wird. Sie sind oberseits recht dunkel, in Aufsicht ist der Kopf breit, und auf den Wurzeln der Beine findet sich jeweils ein auffallend heller Fleck.

Je nach Wassertemperatur und Nahrungssitua-tion benötigen die Larven von der Geburt bis zum Abschluss der Umwandlung zwischen zwei und vier Monate, ausnahmsweise (z. B. in Höhlengewässern) bis zu 12 Monate.

Noch weiter verläuft die Entwicklung der Larven in den Gebärmüttern beim Alpensalamander (*Sa-lamandra atra*). Hier machen die Larven sogar die Metamorphose durch, und die Weibchen gebären zwei (selten mehr) voll entwickelte Jungtiere. Die Art ist damit völlig unabhängig von Gewässern. Bemer-kenswert war die Entdeckung, dass sich im vorderen Teil der Gebärmütter eine besondere Zone mit nach innen wachsenden Zellen findet, die sog. Nährzone

(Zona trophica). Diese Zellen werden von den her-anwachsenden Larven regelrecht abgeweidet.

6.8   Fürsorgliche Eltern

Die meisten Amphibien überlassen ihren Nach-wuchs nach dem Schlüpfen bzw. der Geburt sich selbst. Aber es gibt viele bemerkenswerte Aus-nahmen, in welchen sich mal die Weibchen, mal die Männchen, eine Zeit lang um den Nachwuchs kümmern und dadurch dessen Überlebenschance erhöhen. Man spricht von „Brutfürsorge", wenn die Eltern zumindest eine vorsorgende Rolle spielen, von „Brutpflege", wenn sie sich unmittelbar um den Nachwuchs kümmern.

Berühmt und gerne abgebildet ist die Brut-pflege der Weibchen einiger Arten aus der Gruppe der Schleichenlurche oder Blindwühlen (Gymno-phionen). Schon gegen Ende des 19. Jahrhunderts beschrieben die Schweizer Cousins Fritz und Paul

◨ **Abb. 6.21** Feuersalamander-Weibchen setzen Larven ab. Hier schaut eine Larve mit dem Kopf aus der mütterlichen Kloake. Die letzte Eihaut ist bereits durchstoßen. (Foto: S. Meyer)

Sarasin das Brutpflegeverhalten von *Ichthyophis glutinosus* von Sri Lanka. Häufig wiedergegeben ist deren Abbildung eines Weibchens, das sich schützend um ein Gelege ringelt, dabei aber Vorderkörper und Kopf an den Boden drückt. Dies wird heute jedoch als beginnende Fluchtreaktion gedeutet, die beim Ausgraben des Weibchens aus feuchtem Boden resultierte. Wahrscheinlicher ist, so der bekannte Blindwühlenkenner Werner Himstedt (1996), dass das brutpflegende, ungestörte Weibchen mit Vorderkörper und Kopf oben auf der ersten Körperwindung liegt, wie das von ihm für *Ichthyophis* cf. *kohtaoensis* aus Thailand gezeigt wurde (◨ Abb. 6.22).

Die Brutpflege (◨ Abb. 6.23) dürfte vor allem dem Schutz der Eier vor Fressfeinden dienen. In ihnen entwickeln sich die jungen Blindwühlen ohne freies Larvenstadium bis zum Schlüpfen (direkte Entwicklung). Hin und wieder arrangiert das Weibchen seine Körperwindungen neu und dreht und wendet dabei den Eiballen, was vielleicht für eine geordnete Entwicklung notwendig ist. Dazu kommt offenbar ein hygienischer Gesichtspunkt, denn abgestorbene oder verpilzte Eier werden vom Weibchen aufgefressen.

Nach dem Schlüpfen scheinen die Jungen der Blindwühlen meist auf sich allein gestellt. Doch wurde vor einiger Zeit bei *Boulengerula taitanus* aus Kenya entdeckt, dass die freilebenden Jungtiere zeitweise mittels hakenförmiger Zähne an der Oberhaut der Muttertiere raspeln und hierbei Zellmate-

rial aufnehmen. Die Oberhaut der Weibchen ist zu dieser Zeit stark mit fetterfüllten Vakuolen versehen. Durch diese Art der Ernährung (dem sog. *skin feeding*) wachsen die Jungen relativ schnell, während die Masse der Mutter abnimmt (Kupfer et al., 2006, 2008).

Häufig findet sich Brutpflege bei Amphibien im Zusammenhang mit einer terrestrischen, von Gewässern unabhängigen Lebensweise. Dies zeigen die zahlreichen Arten der Lungenlosen Salamander (Familie Plethodontidae). Die meisten Arten dieser Familie kommen von Nord- bis Südamerika vor, doch finden sich in Europa immerhin acht Arten der Gattung *Hydromantes* (von manchen Autoren als *Speleomantes* bezeichnet), davon allein fünf auf Sardinien. Bei den meisten Arten der Familie wickelt sich das Muttertier um das Gelege und lebt an feuchten Orten, z. B. in morschen Baumstümpfen und Felsspalten. Die Jungen entwickeln sich typischerweise direkt, d. h. ohne freies Larvenstadium.

Weniger verbreitet ist Brutpflege bei den Froschlurchen. Aber gerade bei diesen gibt es ziemlich spektakuläre Fälle. Zwei davon sollen nachfolgend geschildert werden, ein Beispiel betrifft die europäische Amphibienfauna, ein anderes behandelt eine südamerikanische Art.

▪ **Die komplizierte Paarung der Geburtshelferkröten**

Die kompliziertesten Verhaltensweisen im Zusammenhang mit der Paarung in Europa finden sich

▣ Abb. 6.22 Die Weibchen der in Thailand vorkommenden Blindwühle *Ichthyophis* cf. *kohtaoensis* betreiben Brutpflege, indem sie sich um ihr Gelege winden. Zu sehen ist ein Weibchen mit einem mittelalten Gelege. Auf dem umfangreichen Dotter liegt jeweils ein sich entwickelnder Embryo, der lange äußere Kiemen aufweist. (Foto: A. Kupfer)

bei den Vertretern der Geburtshelferkröten (Gattung *Alytes*), von denen die Nördliche Geburtshelferkröte (*A. obstetricans*) auch in Mitteleuropa vorkommt. Die Verhaltensweisen sind schwierig zu beobachten, da sie nachts und vor allem am Lande stattfinden.

Der Paarungsruf der Geburtshelferkröten klingt eigenartig. Er ist kein Quaken, Grunzen, Blubbern oder Brummen, wie bei anderen Froschlurcharten, sondern ein kurzer, heller und hoher Klang, der einem Funksignal ähnelt und sich mit einem hohen „pinnggg" umschreiben lässt.

Angelockt durch die Paarungsrufe des Männchens wandert das paarungsbereite Weibchen darauf zu, bis sich die Köpfe beider Partner berühren. Sodann klammert das Männchen die Auserko-

rene mit den Vorderbeinen in der Leistengegend (▣ Abb. 6.24a). Nach einiger Zeit spreizt das Weibchen die Hinterbeine, sodass das Männchen seine eigenen zwischen die der Partnerin legen kann. Dann beginnt es, mit den inneren oder mittleren Zehen des rechten und linken Hinterfußes abwechselnd die Kloakenlippen des Weibchens zu streicheln. Manchmal werden dabei die Zehen sogar in dessen Kloake eingeführt. Dabei führt das Männchen wippende Bewegungen aus. Wahrscheinlich handelt es sich um eine Stimulationshandlung, um das Weibchen aufzufordern, mit der Laichabgabe einzusetzen.

Sobald das ausgiebige „Liebesspiel" der Männchen geendet hat, setzt die zweite Phase des Paarungsgeschehens ein. Jetzt nämlich gleiten die Eier

□ Abb. 6.23 Auch die Weibchen der in Tanzania (Ostafrika) lebenden Blindwühle *Boulengerula boulengeri* betreiben Brutpflege, indem sie sich um die Gelege ringeln. (Foto: A. Kupfer)

aus der Kloake des Weibchens. Allerdings geben sie keine Ballen ab, sondern lassen zwei etwa 70 bis 140 cm lange Laichschnüre aus ihrer Kloake gleiten. Diese enthalten meist 30–60 große, dotterreiche Eier. Es gibt aber auch Berichte von 60 bis 100 Einzeleiern. Maximal wurden bis 170 Eier bei einem Weibchen gezählt.

Sobald die Eier aus dem Weibchen gleiten, löst das Männchen die Lendenumklammerung, stemmt sich auf allen Vieren hoch und gibt in mehreren Schüben die Spermien ab. Danach macht das Männchen – immer noch über dem Weibchen hockend – eine Vorwärtsbewegung und stützt sich mit den Vorderfüßen neben der Partnerin ab, sei es am Boden oder auf deren Schulter (□ Abb. 6.24b).

Etwa eine Viertelstunde später setzt das Männchen mit einer Reihe verwickelter, rasch ablaufender und deshalb schwer analysierbarer Bewegungen ein (□ Abb. 6.24c). H. Heusser hat in „Grzimeks Tierleben" (Grzimek 1980) eine anschauliche Schilderung gegeben: „Es [das Männchen] fährt dabei mit einem Bein aus, biegt das Knie, taucht mit dem Mittelfuß voran in den Laichknäuel ein und spreizt dann das

Bein mit angewinkelten Knie- und Fersengelenken so ab, dass die Eier ins Fersengelenk rutschen. Erst wenn es diese Bewegungen links und rechts mehrmals wiederholt hat, spreizt es beide Beine auch gleichzeitig ab."

Das wechselweise „Eintauchen" in den Laich wiederholt sich mehrmals, zwischendurch wird öfters gespreizt. Im Verlaufe dieser „Laichschnur-Akrobatik" gleitet das Männchen seitlich vom Weibchen herab und entfernt sich danach von seiner Partnerin. Dabei bildet das Ende der Laichschnüre anfangs noch eine Verbindung mit der weiblichen Kloake, bei einer Entfernung von ca. 20 cm reißen die Schnüre jedoch ab. Das Weibchen ist jetzt, so Hans Heusser, „entbunden".

Nach Beendigung des komplizierten Auflademanövers findet sich die Eimasse im Bereich der Fersengelenke des Männchens, während die Füße wieder frei sind (□ Abb. 6.24d). Wegen dieses Erscheinungsbildes wurde die Art früher als „Feßlerkröte" bezeichnet, weil es wie gefesselt aussieht. Der wissenschaftliche Name der Tiere (*Alytes obstetricans*) leitet sich teils aus dem Griechischen, teils aus

dem Lateinischen ab. „*Alytos*" ist Griechisch und heißt „gefesselt", „*obstetrix*" ist Lateinisch und heißt „Hebamme", „*obstetricans*" heißt „bei der Geburt helfend".

▪ Lebendes Marschgepäck

Während sich das Weibchen ruhig verhält, hat das Männchen die Eimasse in praktischer Form verstaut und kann sich jetzt ungehindert fortbewegen. In dieser Weise transportiert, entwickeln sich die Eier zu Kaulquappen. Indem der fürsorgliche Vater feuchte Örtlichkeiten aufsucht, wird ein Austrocknen der Hüllen und der Larven vermieden. Das Männchen kümmert sich demnach um das Wohl und Wehe des Nachwuchses und betreibt Brutpflege.

Bis zu sechs Wochen kann das väterliche Babysittertum dauern. Dann aber müssen die Larven Nahrung aufnehmen. Deshalb sucht der Vater jetzt ein Gewässer auf, in welchem die Quappen meist schon nach kurzer Zeit schlüpfen, indem sie mit einem kräftigen Schwanzschlag die dünne Eihülle aufsprengen. Durch Strecken der Hinterbeine streift das Männchen schließlich die Schnüre ab, die zu Boden sinken, wo dann die restlichen Larven schlüpfen. Vermutlich sind es die zappelnden Bewegungen der Quappen, die das Männchen veranlassen, ein Gewässer aufzusuchen. Die weitere Entwicklung der freilebenden Larven entspricht der anderer Froschlurche.

▪ Die Purzelbäume der Wabenkröten

Im tropischen Südamerika und in Afrika südlich der Sahara finden sich Froschlurche, die durch ein bemerkenswertes Paarungsverhalten bekannt geworden sind, die Zungenlosen Frösche (Familie Pipidae). Sie haben einen stark abgeflachten Körper, muskulöse Hinterbeine und zwischen den Zehen ausgeprägte Schwimmhäute. Sie leben weitgehend im Wasser und behalten auch nach der Metamorphose ihre Sinnesorgane zur

Wahrnehmung von Erschütterungen, das sog. Seitenliniensystem, bei. Der Beutefang geschieht unter Wasser durch Saugschnappen, bei dem eine Zunge nur stören würde. Es nimmt deshalb nicht Wunder, dass den Vertretern dieser Familie die Zunge fehlt.

Schon früh aufgefallen war die einzigartige Form der Fortpflanzung bei einer südamerikanischen Art, der Großen Wabenkröte (*Pipa pipa*). Die Tiere werden bis zu 20 cm lang und sind schwarzbraun gefärbt. Der Körperumriss ist in Aufsicht beinahe viereckig. Die sehr kleinen Augen haben keine Lider. Die vier Finger sind lang und dünn, die fünf Zehen durch Schwimmhäute verbunden (◘ Abb. 6.25).

Obschon die bekannte Naturmalerin Sibylle von Merian die Art bereits 1705 aus Surinam beschrieben hatte, dauerte es lange, bis Paarung und Brutpflege richtig beschrieben und gedeutet waren. Dies geschah erst 1960 durch G. und M. Rabb bei Beobachtungen im Zoo von Chicago.

Wenn die Partner in Fortpflanzungsstimmung kommen, klammert das Männchen seine Auserkorene mit den Vorderbeinen fest in der Lendengegend. Dieser Zustand, bei dem die Partner immer gemeinsam zum Luftholen auftauchen müssen, kann bis zu zweieinhalb Tage andauern. In dieser Zeit wachsen dem Weibchen in der Rückenhaut taschenartige Vertiefungen, die in Aufsicht an die Waben der Bienen erinnern, deshalb der Name „Wabenkröte".

Dann kommt das Weibchen in Eiablagestimmung. Das verklammerte Paar dreht sich nun, während es vom Boden zur Wasseroberfläche hochtaucht, auf den Rücken. Auf dem Scheitelpunkt angekommen, hängen beide Tiere kopfunter (◘ Abb. 6.26). Jetzt stößt das Weibchen einige Eier aus, die auf den Bauch des darunter befindlichen Männchens fallen, welches eine Samenportion abgibt. Anschließend veranstaltet das Paar einen regelrechten Purzelbaum, wodurch es in die Ausgangslage (Männchen wieder oben, Weibchen un-

---

◘ **Abb. 6.24** Paarung bei der Nördlichen Geburtshelferkröte (*Alytes obstetricans*). **a** Männchen klammert seine Auserkorene in der Lendengegend. **b** Nach der Besamung des Laiches gleitet das über dem Weibchen hockende Männchen nach vorn und stützt sich mit den Vorderbeinen ab. **c** Kompliziert ist das Auflademanöver der Eischnüre. Näheres siehe Text. **d** Das Männchen mit um die Hinterbeine gewickeltem Laich betreibt einige Wochen Brutpflege durch Aufsuchen feuchter Örtlichkeiten. (Fotos: K. Grossenbacher)

◘ **Abb. 6.25** Wabenkröten wie die Große Wabenkröte (*Pipa pipa*) sind skurril anmutende Froschlurche der neotropischen Region. Extreme Abplattung, kleine lidlose Augen und große Schwimmhäute zwischen den Zehen zeichnen sie aus. (Foto: Benny Trapp)

◘ **Abb. 6.26** Beim Ablaichmanöver veranstalten die Paare der Wabenkröten (hier die Große Wabenkröte, *Pipa pipa*) regelrechte Purzelbäume. Beim Kopfüber (*oben*) gleiten einige Eier aus der Kloake des Weibchens. Beim Abtauchen werden diese vom Männchen besamt und gleiten auf die Rückenhaut des Weibchens. Durch wiederholte Purzelbäume werden letztlich alle Eier besamt, und die meisten setzen sich in der Rückenhaut des Weibchens fest. (Verändert nach v. Filek 1967)

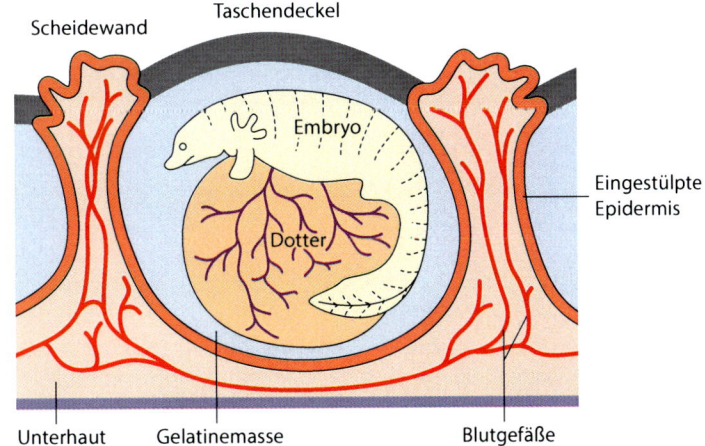

Abb. 6.27 Schnitt durch die Rückenhaut eines brutpflegetreibenden Weibchens der Großen Wabenkröte, *Pipa pipa*. Bei dieser Art macht die Larve ihre komplette Entwicklung in den Hauttaschen der Mutter durch, und es schlüpfen fertig entwickelte kleine Jungkröten. (Verändert nach v. Filek 1967)

Abb. 6.28 Purzelbaum der Kleinen Wabenkröte (*Pipa parva*). Das vorn sichtbare Weibchen hat gerade durch die lappig aufgeblasene Kloakenöffnung eine Laichportion abgegeben, die an der Unterseite des Männchens (*hinteres Tier*) haften bleibt und etwas später auf dem Rücken der Partnerin abgestreift wird. (Foto: K.-H. Jungfer)

ten) kommt. Dabei lockert das Männchen etwas den Klammergriff, sodass die Eier auf den Rücken des Weibchens gleiten können. Dieses Manöver wird etliche Male wiederholt, bis alle Eier abgelegt sind. Nach Umwachsung der Eier durch Hauttaschen, die durch einen verhornten Deckel verschlossen wer-

den, ist nahezu der gesamte Rücken der Mutter mit Waben bedeckt.

In dieser behüteten Lage entwickeln sich die Kaulquappen (■ Abb. 6.27) und vollziehen hier auch ihre Metamorphose. Obwohl ohne freilebendes Larvenstadium, haben sie einen gut entwickel-

Abb. 6.29 Weibchen der Kleinen Wabenkröte (*Pipa parva*) mit Gelege auf dem Rücken. (Foto: K.-H Jungfer)

ten, stark durchbluteten Schwanz, der wahrscheinlich der Sauerstoffaufnahme dient. 77–136 Tage nach der Eiablage verlassen die rund 2 cm langen Jungtiere ihre „Zellen". Durch diese raffinierte Art der Brutpflege wird die bei Amphibien übliche hohe Mortalität von Ei- und Larvenstadium sehr stark reduziert. *Pipa pipa* kommt mit 40 bis ca. 110 Eiern je Weibchen und Fortpflanzungsphase aus, um normalerweise im natürlichen Biotop überleben zu können. Arten, die Laich ablegen, brauchen dazu erheblich mehr Eier, der Grasfrosch ca. 2000–3000 je Weibchen und Laichsaison.

Nur bis zur Kaulquappe

Bei der Kleinen Wabenkröte (*Pipa parva*) werden ebenfalls während der Purzelbäume die Eier vom Männchen besamt (■ Abb. 6.28) und schließlich auf

den Rücken des Weibchens bugsiert (■ Abb. 6.29). Danach verbleiben sie in Bruttaschen, aus denen jedoch weit entwickelte Kaulquappen schlüpfen, wodurch zumindest die Anfangsmortalität (Eier, Junglarven) stark reduziert wird. Der Rest der Entwicklung läuft im Gewässer ab.

Auf dem Rücken der Frösche

Nicht nur die Wabenkröten setzen ihren Rücken ein, um sich um den Nachwuchs zu kümmern. Eine Reihe tropischer Frösche macht es ebenso, auf recht unterschiedliche Weise, dabei mal die Männchen, mal die Weibchen. Beim Dreistreifen-Baumsteiger (*Epipedobates anthonyi*), der im südlichen Ecuador vorkommt, bewacht das Männchen die auf ein Blatt abgelegte Eimasse, bis die Kaulquappen schlupfreif sind. Dann lädt es sich

Abb. 6.30 a–d Fortpflanzung des Dreistreifen-Baumsteigers (*Epipedobates anthonyi*). **a** Männchen klammert Weibchen mit nach außen gebogenen Vorderfüßen (sog. Kopf-Amplexus). **b** Männchen bewacht die abgelegte Eimasse, bis die Quappen schlupfreif sind. **c** Dann lädt es sich diese auf den Rücken. **d** Anschließend sucht es eine Wasseransammlung auf und entlässt sie. Dort machen sie den Rest ihrer Entwicklung bis zum Jungfröschchen durch. (Fotos: K.-H. Jungfer)

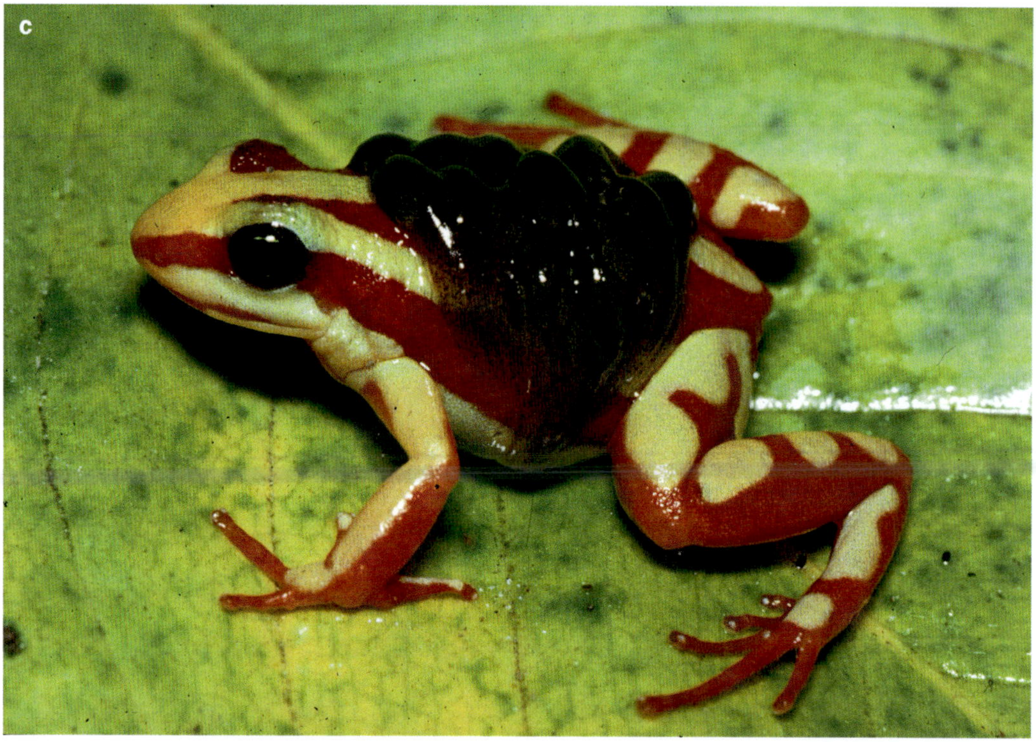
c

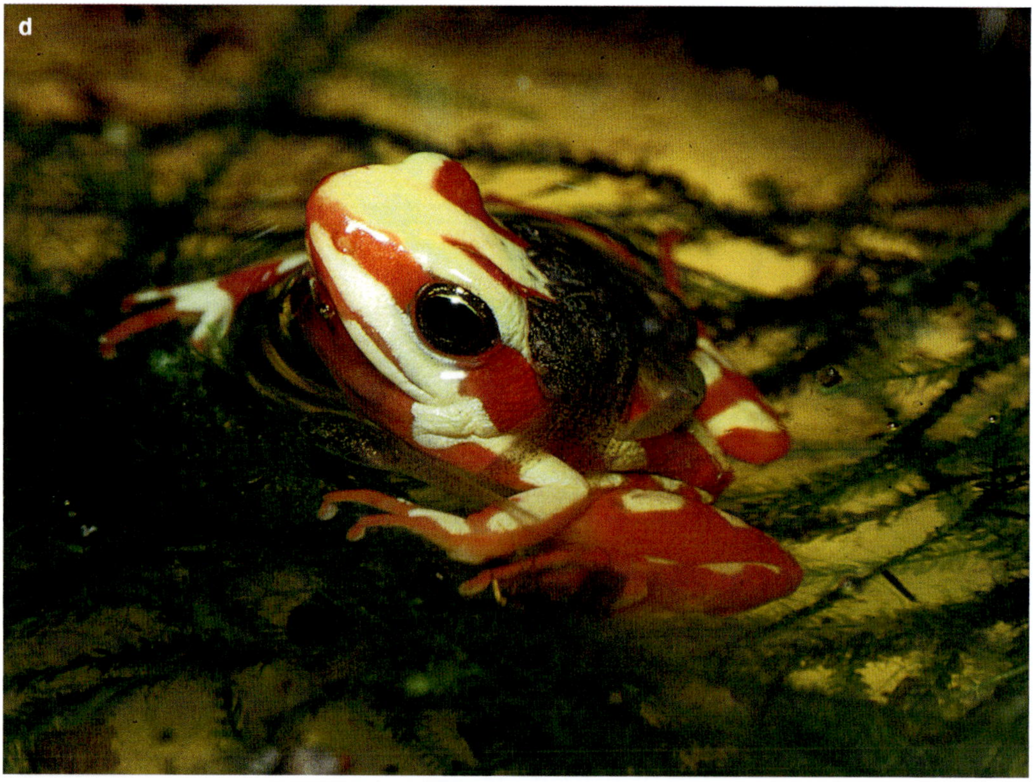
d

■ **Abb. 6.30** a–d (Fortsetzung)

◀

■ **Abb. 6.31a–b** Die Weibchen von *Stefania scalae* tragen ihre Jungen bis zum Ende der Metamorphose auf dem Rücken. **a** Dotterreiche Eier mit sich entwickelnden Kaulquappen. **b** Fast fertige Junge. (Fotos: K.-H. Jungfer)

die Brut auf den Rücken und sucht eine Wasseransammlung auf (es reicht schon das Mini-Gewässer in der Blattachse einer Pflanze), um die Quappen dort abzusetzen (■ Abb. 6.30a–d).

Bei *Stefania scalae* (früher *S. evansi*), einer im nördlichen Südamerika (Guyana, Venezuela) vorkommenden Laubfroschart aus der Familie Hemiphractidae, nimmt das Weibchen die kleine Laichmasse mit dotterreichen Eiern auf den Rücken (■ Abb. 6.31a). Dort wird die gesamte Entwicklung bis zum fertigen Jungtier durchlaufen (■ Abb. 6.31b).

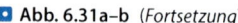

■ **Abb. 6.31a–b** *(Fortsetzung)*

Literatur

Verwendete Literatur

Davies R, Davies V (1998) Das BLV Terrarienbuch. BLV Verlagsgesellschaft, München

Duellman WE, Trueb L (1986) Biology of Amhibians. McGraw-Hill, New York

v Filek W (1967) Frösche im Aquarium. Kosmos, Franckh'sche Verlagshandlung, Stuttgart

Glandt D (2008) Heimische Amphibien. AULA-Verlag, Wiebelsheim

Grzimek B (Hrsg) (1980) Fische 2 und Lurche. Grzimeks Tierleben, Bd. 5. dtv, München

Halliday T (1974) Sexual Behaviour of the Smooth Newt, *Triturus vulgaris* (Urodela, Salamandridae). Jour of Herpetology 8:277–292

Himstedt W (1966) Die Blindwühlen. Neue Brehm-Bücherei, Bd. 630. Westarp Wissenschaften, Magdeburg

Joly J (1966) Sur l'éthologie sexuelle de *Salamandra salamandra* (L.). Zeitschrift für Tierpsychologie 23:8–27

Literatur

Kupfer A et al (2006) Parental investment by skin feeding in a caecilian. Nature 440:926–929

Kupfer A et al (2008) Care and Parentage in a Skin-Feeding Caecilian Amphibian. Journ of Experimental Zoology 309A:460–467

Vitt LJ, Caldwell JP (2009) Herpetology. An Introductory Biology of Amphibians and Reptiles, 3. Aufl. Elsevier, Academic Press, San Diego

Weiterführende Literatur

Hödl W (1996) Wie verständigen sich Frösche? Stapfia, Bd. 47. Oberösterreichisches Landesmuseum, Linz, S 53–70

Lehtinen RM (Hrsg) (2004) Ecology and evolution of phytotelm-breeding Anurans. Miscellaneous publications, Museum of Zoology, University of Michigan, Bd. 193. Ann Arbor

McDiarmid RW, Altig R (Hrsg) (1999) Tadpoles. The Biology of Anuran Larvae. The University of Chicago Press, Chicago/London

Fortpflanzung und Entwicklung der Reptilien

Dieter Glandt

D. Glandt, *Amphibien und Reptilien,*
DOI 10.1007/978-3-662-49727-2_7, © Springer-Verlag Berlin Heidelberg 2016

7.1 Bissige Männchen: Revierverhalten und Paarung der Zauneidechsen

Weit verbreitet in Mitteleuropa ist die Zauneidechse (*Lacerta agilis*). An ihr lässt sich im Frühjahr gut das Paarungsverhalten verfolgen, am besten in einem Freilandgehege oder in einem geräumigen Terrarium.

Ob Freilandanlage oder Terrarium: Die eingesetzten Tiere müssen sich erst eine Zeit lang an die neuen Bedingungen gewöhnen. Vor allem die territorialen Zauneidechsen-Männchen stecken ihr Revier ab. Andere Männchen werden vertrieben, manchmal auch hartnäckig verfolgt. Dabei kann es zu Beißereien kommen. Notfalls muss die Zahl der Männchen verringert werden.

Tipp 1

Einrichtung eines Freilandgeheges für Zauneidechsen

Größe: Möglichst geräumig, aber nicht zu unübersichtlich. Für ein bis zwei Pärchen der Zauneidechse wird eine Gehegegröße von 20 bis 30 m² empfohlen, besser wäre das Doppelte.
Gehegeumgrenzung und Übersteigschutz (◨ Abb. 7.1): Die Gehegeumgrenzung kann z. B. aus Brettern erstellt werden. Diese sollte mindestens 20 cm tief ins Erdreich eingegraben werden (Eidechsen können gut graben!) und ca. 50 cm über den Erdboden ragen. An der

Innenseite sind sie mit Blech zu verkleiden, damit die Tiere nicht hochklettern können. Vorsichtshalber sollte an der Oberkante eine ca. 5 cm lange Kante der Blechverkleidung nach innen umgebogen werden (Übersteigschutz).
Untergrund: Ideal für die Zauneidechse ist sandiger oder sandig-lehmiger Untergrund, der gut drainiert ist. Überflutungen verträgt die Art nicht. Sollte dies mal vorkommen, muss eine künstliche Bodendrainage angelegt werden.

Ausstattung: Es müssen gut bewachsene Teilbereiche (als Fluchtpunkt und Schutz vor Überhitzung) vorhanden sein, aber ebenso besonnte, vegetationsarme Flächen. Für die Zauneidechse unabdingbar sind zwei bis drei ca. ein Quadratmeter große sandige, grabfähige, unbewachsene Flächen als Eiablageplätze. Die lebendgebärende Waldeidechse benötigt keine derartigen Flächen.

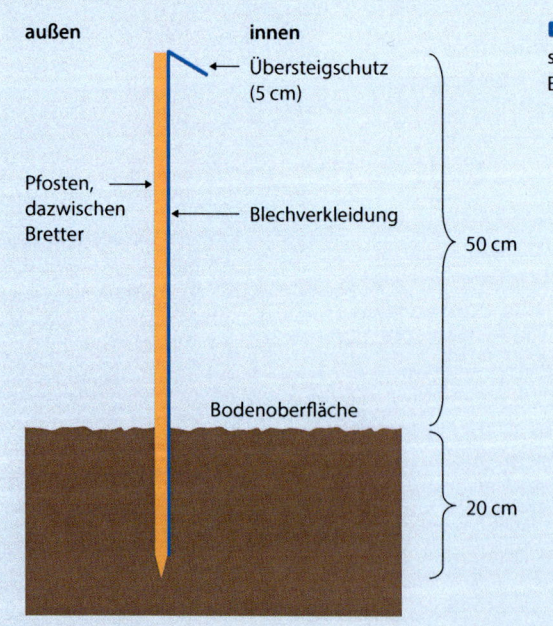

außen   innen

Übersteigschutz (5 cm)

Pfosten, dazwischen Bretter

Blechverkleidung

50 cm

Bodenoberfläche

20 cm

◨ **Abb. 7.1** Gehegeumgrenzung mit Übersteigschutz eines Freilandterrariums zur Haltung von Eidechsen. (Original: B. und D. Glandt)

Wer die Anlage selbst bepflanzt, sollte nicht zu hochwüchsige Gehölze wählen, z. B. Ginster (*Sarothamnus*), Heidekraut (*Calluna vulgaris*), und nur punktuell einsetzen. Wichtig ist die Anlage eines Winterquartieres. Hierzu kann ein Steinhaufen oder eine fugenreiche Bruchsteinmauer dienen (◘ Abb. 7.2).
Fütterung: Ohne Zufütterung geht es nicht. Heimchen und Mehlwürmer (die Larven der Mehlkäfer) werden meist gerne genommen, auch Regenwürmer und Gehäuseschnecken werden gefressen. Feuchtigkeit: normalerweise sollte der Regen ausreichen, je nach Wohnlage. In trocknen Sommerphasen hin und wieder morgens mit Wasser besprühen. Die Tiere lecken den Tau auf.

Schutz vor Prädatoren: Hauskatzen können zum Problem werden und den Eidechsen nachstellen. Je nach Lage der Anlage kann aber auch der Turmfalke auf Geschmack kommen und den Eidechsen gefährlich werden. Dann kann eine Abdeckung mit einem Netz oder einem Gitter geboten sein. Dies ist im Einzelfall auszuloten.

◘ **Abb. 7.2** Bruchsteinmauer als Tagesversteck und Winterquartier für Eidechsen. (Aus Henkel und Schmidt 1998)

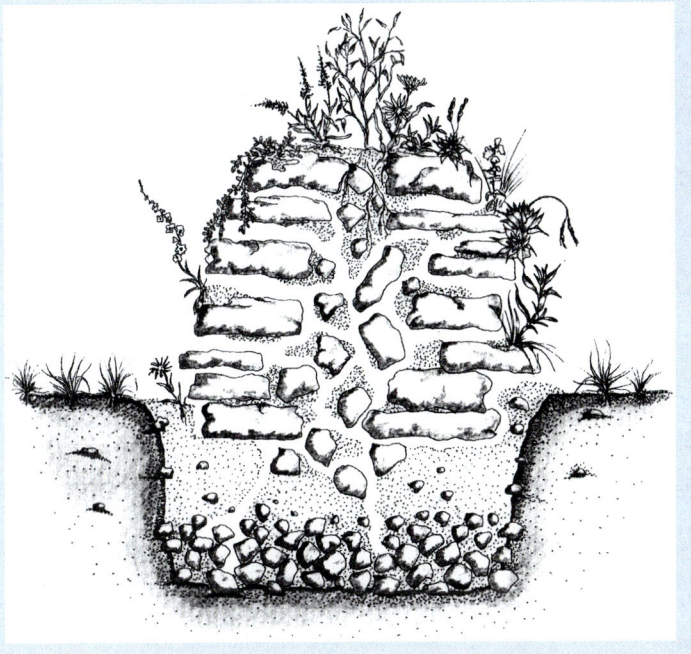

Spannend wird es, wenn die Tiere in Paarungsstimmung kommen. Bei den Zauneidechsen ist das in Mitteleuropa im Frühjahr (April/Mai) der Fall. Dann sehen die Männchen besonders prächtig aus. Ihre Flanken, Kopfseiten und Vorderbeine sind jetzt leuchtend gelbgrün, nur die Rückenmitte ist noch braun. Die Weibchen sind dagegen oberseits schlicht gefärbt, braun-grau (◘ Abb. 7.3). Häufig haben sie helle Flecken, die dunkel gerandet sind.

Treffen in dieser Zeit zwei Männchen aufeinander, imponieren sie. Dabei senken sie die mittlere Kehlpartie nach unten, neigen die Schnauzenspitze etwas zum Boden und ziehen gleichzeitig den Kopf etwas gegen den Rumpf. Hierdurch entsteht, wie ein bekannter Echsenforscher einmal schrieb, „die Haltung eines beigezäumten Pferdes". Dann präsentieren die Kontrahenten gegenseitig ihre prächtig-grünen Flanken und kriechen im Bogen gegeneinander vor. Dabei bewegen sie sich ruckartig, d. h. einem kurzen Vorwärtsgang folgt jeweils eine kurze Unterbrechung. Stehen sich zwei ebenbürtige Männchen gegenüber, kommt es schließlich zum Kampfbiss, indem ein Tier das andere in den hinteren Kopfabschnitt beißt. Der Gebissene versucht dann mit

Abb. 7.3 Gemeinsames Sich-Sonnen eines Zaunei-dechsen-Pärchens (*Lacerta agilis*). Das Männchen liegt obenauf. (Foto: I. Schaars)

einem Vorder- oder Hinterfuß den Beißenden abzuwehren. Nach einiger Zeit, in der der Beißende manchmal regelrecht am Kopf des Rivalen kaut, lässt er los. Falls keiner den Kampf aufgibt, beißt jetzt das andere Männchen zu.

Nach einer gewissen Zeit findet die Beißerei ein Ende, sei es, weil ein Rivale merkt, dass der andere stärker ist oder dass er einsieht, diesem nichts anhaben zu können. Der Aufgebende hört auf zu imponieren, macht sich wieder flach und wendet sich zur Flucht. Dabei zeigt er manchmal das sog. Treteln. Diese für Eidechsen typische Demutsgebärde besteht darin, dass der Unterlegene den Kopf rasch auf und ab bewegt und dabei abwechselnd mit den Vorderbeinen auf den Boden schlägt.

In einem Revier, in dem die „Machtverhältnisse" geklärt sind, lassen sich häufig ein Männchen und ein Weibchen nahe beieinanderliegend beobachten. Sie sonnen sich eng nebeneinander, manchmal auch übereinander, indem das Männchen auf das Weibchen kriecht (■ Abb. 7.3). Aus dieser Position heraus kann es gelegentlich passieren, dass das paarungsbereite Männchen das Weibchen in den Kopf oder den Rumpf beißt. In der Regel aber imponiert das Männchen in einem gewissen Abstand vor der Auserkorenen. Das Weibchen reagiert z. B. mit Treteln oder mit Zuckungen des Schwanzes. Häufig bewegt es sich für kurze Strecken vorwärts, sodass das Männchen bequem folgen kann. Plötzlich beißt es in den Schwanz des Weibchens. In dieser „Tandemposition" schreiten beide Partner weiter mit mäßigem Tempo voran, weshalb hierfür der Begriff „Paarungsmarsch" geprägt wurde (■ Abb. 7.4). Während des Marsches arbeitet sich das Männchen weiter am Schwanz der Auserkorenen vor, bis es zur Schwanzwurzel gelangt (■ Abb. 7.5). Dann beißt es sich in der mittleren oder hinteren Rumpfregion fest (■ Abb. 7.6). Schließlich biegt das Männchen seinen Hinterleib von unten kommend um, wobei es mit seiner Kloake an die des Weibchens gerät. Da männliche Eidechsen (wie alle Schuppenkriechtiere) paarige Begattungsorgane (sog. Hemipenes) haben, wird jetzt eines der beiden in die weibliche Kloake eingeführt, und die Spermien werden übertragen (■ Abb. 7.7). Die Kopulation dauert bei Zaunei-dechsen meist 3–4 Minuten, danach trennen sich die Partner wieder. In den kommenden Wochen kommt es jedoch immer wieder zu Paarungen, normalerweise zweimal pro Tag.

◨ **Abb. 7.4** Vorspiel und Kopulation der Zauneidechse: Männchen beißt sich am Schwanz des Weibchens fest. (Foto: I. Schaars)

◨ **Abb. 7.5** Vorspiel und Kopulation der Zauneidechse: Das Männchen arbeitet sich bis zur Schwanzwurzel vor. (Foto: I. Schaars)

■ **Abb. 7.6** Vorspiel und Kopulation der Zauneidechse: Das Männchen beißt das Weibchen in eine Flanke. (Foto: I. Schaars)

Tipp 2

Einrichtung eines Terrariums

Zumindest für die vorübergehende Haltung und besonders zur Beobachtung des Paarungsverhaltens der Eidechsen ist ein Terrarium sehr hilfreich, oft noch günstiger. Hier sollte aber nur ein Zauneidechsenpärchen eingesetzt werden. Vor allem die Männchen sind sehr territorial. Größe: Glasterrarium mit Metallrahmen; 50 bis 100 cm lang, 30 bis 40 cm breit und möglichst 50 cm hoch. Abdeckung mit Fliegendraht. Ausstattung: Boden mit ca. 10– 15 cm Sandschicht bedecken. Unterschlupfmöglichkeiten sind in Form von flachen Steinen und einzelnen Grasbüscheln anzubieten. Wichtig ist eine Licht- und Wärmequelle: ca. 10–15 cm über dem Erdreich oder besser noch einem flachen Stein muss eine 40-Watt-Glühbirne hängen, die täglich ca. 12 Stunden brennt (steuerbar über eine Zeit-Schaltuhr). Hin und wieder ist eine kurze UV-Bestrahlung mit einer UV-Lampe (Höhensonne o. ä.) angezeigt. Fütterung: Wie im Falle der Freigehege, aber regelmäßiger füttern. Täglich morgens etwas mit Wasser besprühen. Hin und wieder die Futtertiere mit einem Multivitaminpräparat beträufeln. Achtung: Für die Entnahme von Eidechsen aus dem Freiland wird eine behördliche Genehmigung benötigt, die rechtzeitig beantragt werden sollte. Dies gilt auch dann, wenn (Nachzucht-)Tiere anderer Terrarianer in Pflege genommen werden. Anerkannte Umweltbildungseinrichtungen, Schulbiologiezentren, Bio-Stationen u. ä. Institutionen sollten diese Genehmigung eigentlich erhalten.

In den kommenden Wochen nimmt das Weibchen im hinteren Körperbereich aufgrund der heranwachsenden Eier mit den Embryonen deutlich an Umfang zu (■ Abb. 7.8). Im Mai/Juni sucht das trächtige Weibchen eine sonnenexponierte vegetationsfreie Sandstelle auf, gräbt mit den Vorderbeinen ein ca. 8 bis 10 cm tiefes Loch (■ Abb. 7.9) und legt dorthinein die Eier, im Schnitt 5 bis 9. Abschließend verfüllt es das Loch mit den Vorderbeinen und stampft den Sand mit der Schnauzenspitze fest. Die Eier sind jetzt auf sich gestellt. Eine Brutpflege findet nicht statt, wohl aber reagieren Weibchen nach der Eiablage aggressiver gegenüber anderen Weibchen. Vielleicht wollen sie so ver-

Abb. 7.7 Vorspiel und Kopulation der Zauneidechse: Schließlich wird mit einem Hemipenis die Kopulation vollzogen. (Foto: I. Schaars)

Abb. 7.8 In den Wochen nach der Kopulation nimmt das Weibchen im hinteren Köperabschnitt deutlich an Umfang zu. Der Grund sind die heranwachsenden Eier mit den Embryonen. (Foto: I. Schaars)

hindern, dass andere Weibchen in der Sandfläche anfangen zu graben und dabei das eigene Gelege zerstören.

Die Entwicklungsdauer bis zum Schlupf der Jungtiere variiert je nach Fundort innerhalb des großen Verbreitungsgebietes und dem jeweiligen Witterungsverlauf. Für NW-Europa werden 2–3 Monate angegeben. Dann schlitzen die Jungen mithilfe eines Eizahnes die Schale von innen auf und streben durch den Sand nach oben. Von nun an führen sie ein selbstständiges Leben.

7.2 Paarung und Fortpflanzung der Kreuzotter

Vorbemerkung: Am Beispiel der Kreuzotter wird nachfolgend die Fortpflanzungsbiologie einer Schlangenart behandelt. Die Art wurde deshalb gewählt, weil sie eine der bestuntersuchten Schlangenarten überhaupt darstellt (siehe Völkl und Thiesmeier 2002). Da das vorliegende Buch ein Einsteigerbuch ist, wird ausdrücklich darauf verzichtet, die Haltung der Art im Terrarium oder in einer

Abb. 7.9 Zwecks Eiablage gräbt das Weibchen mit den Vorderbeinen ein ca. 8–10 cm tiefes Loch, in das sie die Eier hineinlegt und anschließend wieder verfüllt. (Foto: I. Schaars)

Freilandanlage vorzustellen. Giftschlangenhaltung ist nur etwas für Profis!

- **Nach der Hochzeitshäutung: brillante und aggressive Männchen**

Im zeitigen Frühjahr (bei uns im März) lassen sich Kreuzottermännchen am besten beobachten und fotografieren. Wenn sie das Winterquartier verlassen haben, sind sie mehrere Wochen sehr friedlich, liegen oft zusammengerollt und zu mehreren nahe beieinander an ganz bestimmten Stellen in der Sonne, den Frühjahrssonnenplätzen. Durch Abspreizen der Rippen vergrößern sie die Fläche, um Sonnenstrahlen aufzunehmen. In dieser Zeit wird keine Nahrung aufgenommen. Stattdessen reifen in dieser Phase die Spermien: Aus Vorläuferzellen, den Spermatiden, entstehen befruchtungsfähige Spermien (Spermatozoen). Ende April/Anfang Mai ist die Reifungsphase beendet. Dann machen die bis dahin noch unscheinbar aussehenden Tiere eine Häutung durch, streifen ihre oberste Epidermislage ab und sehen plötzlich prächtig kontrastreich aus. Auf hellem, beige-farbenem, manchmal fast weißlichem Untergrund setzt sich ein scharfes, dunkles, schwarzbraunes Zickzackband ab (**Abb. 7.10). Schlagartig ändert sich auch das Verhalten der Männchen: Aus träge in der Sonne liegenden Geschöpfen werden sehr agile und aggressive Tiere. Viele wechseln zunächst den Ort, verlassen den Frühjahrssonnenplatz, um zu bestimmten Paa-

rungsplätzen zu gelangen. Dort treffen sie häufig auf gleichgesinnte, ebenfalls paarungsbereite Männchen, aber auch auf Weibchen, die ebenfalls ihr Winterquartier verlassen, aber keine Hochzeitshäutung durchgemacht haben.

Treffen zwei gehäutete, paarungsbereite Männchen aufeinander, kommt es zu einem ritualisierten Kräftemessen ohne Verletzungen, dem sog. Kommentkampf. Bei diesem meist nur wenige Sekunden dauernden, spektakulär aussehenden Manöver, richten sich die Rivalen mit dem Vorderkörper gegeneinander hoch und versuchen sich gegenseitig hinunterzudrücken (**Abb. 7.11). Meist schafft es ein Tier, dem anderen auf diese Weise zu demonstrieren, dass es das stärkere ist. Das unterlegene Männchen flüchtet sodann, wird manchmal aber noch eine Strecke weit verfolgt.

Trifft ein Männchen auf ein paarungsbereites Weibchen, nähert es sich ihm unter Züngeln. Es wird angenommen, dass die Weibchen bestimmte Duftstoffe (sog. Pheromone) absondern, die das Männchen mittels der Zungenspitzen auf das Geruchsorgan am Gaumendach (Jacobson'sches Organ, siehe ▶ Kap. 5) überträgt. Geschlechterzugehörigkeit und Paarungsbereitschaft werden hierdurch von den Männchen erkannt. Wird das Jacobson'sche Organ durch Lokalanästhesie ausgeschaltet, was Andrén (1986) in einer geräumigen Freilandanlage unter gut kontrollierbaren Bedingungen in Göteborg getan hat, kommt es nicht zur Paarung. Nur

Abb. 7.10 Nach ihrer ersten Häutung im zeitigen Frühjahr sehen die Männchen der Kreuzotter besonders kontrastreich aus. Auf hell-beigem Untergrund findet sich ein scharf abgesetztes dunkles Zickzackband. (Foto: M. Dehling)

durch eine „Chemokommunikation", die die visuelle und taktile Kommunikation entscheidend ergänzt, lässt sich ein geordneter Verhaltensablauf sicherstellen.

Im weiteren Verlauf sucht das Männchen intensiven Körperkontakt zur Auserkorenen, indem es über das Weibchen kriecht, es teilweise auch umschlingt, vor allem mit dem Schwanz. Dabei ertastet es die Kloakenregion der Partnerin, um einen der beiden Hemipenes einführen zu können (Kopulation mit Samenübertragung). Typisch in dieser Phase ist, dass die Partner, nur verbunden über einen Hemipenis, voneinander wegliegen, während sie die senkrecht aufgestellten kurzen Schwänze hin- und herbewegen (Abb. 7.12). Bis zu zwei Stunden kann die Kopulation dauern.

■ Träge Weibchen

In den Wochen nach der Paarung nimmt das Weibchen an Volumen zu, die Jungen entwickeln sich im mütterlichen Körper (Abb. 7.13). Da die Kreuzotter keine Eier ablegt, sondern lebendgebärend ist,

kommt es darauf an, so viel wie möglich an Strahlungswärme aufzunehmen. Trächtige Weibchen sind auffallend träge, dabei sehr ortstreu. Oft liegen sie über Wochen an derselben Stelle. Jagdausflüge werden eingestellt, nur zufällig vorbeikommende Nahrungstiere (Kleinsäuger, Frösche, Eidechsen) werden erbeutet.

■ Geburt und flexible Fortpflanzungszyklen

Die Geburt der Jungen findet meist im August oder September, häufig vormittags, statt. Dabei kann die Geburtsdauer sehr unterschiedlich sein. Mal werden alle Jungen innerhalb relativ kurzer Zeit, z. B. in einer Stunde geboren, mal liegen stundenlange Pausen zwischen einzelnen Geburten, mal zieht sich das Gebären über zwei Tage hin. Im Mittel bringt ein Kreuzotter-Weibchen 6 bis 10 Junge zur Welt.

In der Regel werden die jungen Ottern geboren, wenn sie noch von einer dünnen, durchsichtigen Eihülle umgeben sind (Abb. 7.14). Durch kräftige Bewegungen sprengen sie die Hülle und gelangen ins Freie.

Abb. 7.11 Ritualisiertes Kräftemessen (Kommentkampf) zwischen zwei paarungswilligen Kreuzotter-Männchen. (Foto: M. Dehling)

Eine erneute Trächtigkeit ist meist erst wieder im übernächsten Jahr möglich. Kreuzotter-Weibchen haben im typischen Falle einen zweijährigen Fortpflanzungszyklus. In höheren Gebirgslagen (oberhalb der Waldgrenze) verfügen sie manchmal sogar nur über einen dreijährigen Zyklus. Aber auch im Tiefland wurden ausnahmsweise solch langgestreckte Zyklen beobachtet. Umgekehrt wurde im Hochgebirge in Ausnahmefällen ein einjähriger Zyklus ermittelt. Über die Ursachen dieser variablen Zyklen kann lediglich spekuliert werden. Die örtliche Nahrungssituation und das Lokalklima könnten Faktoren sein. Die Männchen haben generell einen einjährigen Zyklus und können sich im darauffolgenden Jahr bereits wieder fortpflanzen.

7.3 Paarung und Fortpflanzung der Rotwangen-Schmuckschildkröte

Schmuckschildkröten (Gattung *Trachemys*) sind eine neuweltliche, vorwiegend in Nordamerika

vorkommende Gruppe der Sumpfschildkröten (Familie Emydidae). Die Weichteile (Kopf, Hals, Gliedmaßen) sind lebhaft linienartig gefärbt und gezeichnet, während sich auf den Schildern des Bauch- und Rückenpanzers auffallend ornamentale Zeichnungselemente finden. Dieser „Schmuck" bleibt zwar zeitlebens erhalten, verblasst bzw. verdunkelt aber mit zunehmendem Alter der Tiere. Alte Männchen werden fast komplett schwarz (❐ Abb. 7.15).

Ein markantes Merkmal, das nicht nur in der Familie Emydidae hervorsticht, sondern einzigartig in der ganzen Gruppe der Schildkröten (Testudines) ist, ist ein äußerer Geschlechtsunterschied. Die Männchen von *Trachemys scripta* (und verschiedener anderer, jedoch nicht aller Schmuckschildkröten-Arten), so auch der nachfolgend näher behandelten Rotwangen-Schmuckschildkröte (*Trachemys scripta elegans*), zeichnen sich durch herausragend lange Krallen an den Zehen der Vorderfüße aus. Bei den Weibchen sind diese deutlich kürzer. Dieser Unterschied ist bedeutsam im Rahmen des Balzverhaltens.

◘ Abb. 7.12 Paarungsverhalten der Kreuzotter (*Vipera berus*). **a** Männchen bezüngelt das Weibchen. Letzteres vibriert mit der Schwanzspitze (*Doppelpfeil*). **b** Männchen kriecht sodann auf das Weibchen und nickt mit dem Kopf (*Doppelpfeil*). **c** Männchen sucht mit Schwanz nach der Kloake des Weibchens (Schwanzspitzen-Vibrationen). **d** Kopulation mit einem Hemipenis, bei der die Partner weit auseinanderliegen. Die Schwanzspitzen ragen dabei nach oben und vollführen winkende Bewegungen. (Verändert nach Andrén 1981)

◩ **Abb. 7.13** Die Weibchen der Kreuzotter sind weniger kontrastreich gefärbt als die Männchen. Auf verwaschen-bräunlichem Untergrund ist das dunkelbraune Zickzackband weniger scharf abgesetzt. Abgebildet ist ein trächtiges Weibchen Ende August mit verdicktem hinterem Körperbereich. (Foto: M. Dehling)

◩ **Abb. 7.14** Frisch geborene Kreuzotter, die sich teilweise aus der gut durchbluteten letzten Eihülle befreit hat. (Foto: M. Dehling)

Für die Rotwangen-Schmuckschildkröte ist der an den Kopfseiten deutlich ausgeprägte, hinter den Augen beginnende rote Seitenstreifen kennzeichnend, der bei manchen alten, stark verdunkelten Männchen allerdings komplett verschwinden kann. Die Männchen erreichen eine Rückenpanzerlänge von 9 bis 22 cm, die Weibchen von 16 bis 28 cm.

🔲 **Abb. 7.15** Die Rotwangen-Schmuckschildkröte (*Trachemys scripta elegans*) ist in Europa häufig ausgesetzt worden. Natürlicherseits kommt sie in den östlichen USA und angrenzenden Gebieten Mexikos vor. (Foto: B. Trapp)

Die Unterart lebt natürlicherseits im Großteil der Osthälfte der USA und reicht gerade noch in den Nordosten Mexikos. Sie ist dort meist sehr häufig und lebt in einer Vielzahl von Lebensräumen. In Europa bekannt geworden und seit Langem auch beliebt wurde sie durch langjährigen massenhaften Import. Für wenig Geld konnte man die Jungtiere („Schildkröten-Babys") in praktisch jedem Tiergeschäft erwerben. Viele von ihnen starben bald, vor allem an Lungenentzündung, Vitamin- und Kalkmangel. Wenn man die Tierchen jedoch richtig hält, wachsen sie rasch heran und werden geschlechtsreif. Über die richtige Haltung informiert das Bändchen von F. J. Obst (1983).

Wer ein geschlechtsreifes Pärchen hält, kann relativ problemlos das bemerkenswerte Balz- und Paarungsverhalten beobachten. Die Verhaltenssequenz findet komplett unter Wasser statt. Das deutlich kleinere Männchen erkennt ein paarungsbreites Weibchen vermutlich geruchlich. Darauf weist die Tatsache hin, dass es häufig an der Kloake des Weibchens „schnüffelt". Vielleicht kommen noch Verhaltensmerkmale dazu.

Sodann versucht das Männchen dem Weibchen den Weg zu verstellen und in eine Position zu gelangen, bei der sich beide Partner direkt „gegenüberstehen". Dann streckt es die Vorderbeine in Richtung des Kopfes der Partnerin vor, wobei die Handinnenflächen nach außen weisen. Sodann beginnt es mit immer heftiger werdendem Zittern der langen Krallen (sog. Krallenzittern, 🔲 Abb. 7.16). Dabei kann eine gewisse Distanz zum Kopf des Weibchens eingehalten werden. Häufiger aber berührt das Männchen den Kopf der Partnerin mit den langen Krallen und streichelt oder trommelt regelrecht auf ihre Kopfseiten. Auch öffnet und schließt es dabei das Maul. Die Auserkorene verhält sich bei alledem sehr passiv, schließt aber beim Trommeln die Augen. Wenn sie paarungsbereit ist, lässt sie zu, dass das Männchen von hinten aufsteigt und mit seinem verhältnismäßig großen Penis die Kopulation vollzieht. Anfangs krallt sich das Männchen noch am Rückenpanzer des Weibchens fest, zwecks Kopulation aber löst es die Klammerung, lehnt sich nach hinten und bildet einen spitzen Winkel zur darunterliegenden Partnerin.

Welche Funktion könnte das auffällige Krallenzittern haben? Vermutet wird, dass es das bei vielen anderen Schildkröten vorkommende Beißen ersetzt,

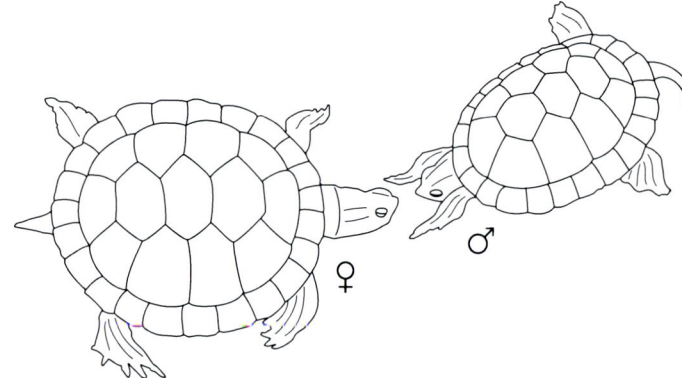

Abb. 7.16 Balzverhalten der Rotwangen-Schmuckschildkröte. Typisch ist das sog. Krallenzittern der Männchen. Näheres siehe Text. (Nach Obst 1983)

mit dem das Männchen das Weibchen nötigt, den Kopf einzuziehen, wodurch dessen Kloakenregion aus dem Panzer hervorgestreckt wird. Dies wiederum ist eine wichtige Voraussetzung für die Kopulation.

▪ Eiablage und Schlupf

Geeignete Eiablageplätze sind in der Natur nicht gerade häufig. Manchmal müssen legereife Weibchen eine längere Strecke (bis eineinhalb Kilometer und mehr) zurücklegen, um solche Flächen zu finden. Optimal sind leicht grabfähige, vegetationsarme, sonnenexponierte Flächen. Hier hinein gräbt das Weibchen mit den Hinterbeinen eine ca. 10–20 cm tiefe Legegrube. In diese lässt es meist 6–11 Eier (in Ausnahmefällen auch deutlich mehr), aufgefangen jeweils durch die Hinterbeine, gleiten. Danach scharrt es vor allem mit den Hinterbeinen die Gelegegrube wieder zu. Alles andere muss jetzt – wie schon bei der Zauneidechse betont – von allein ablaufen, eine Brutpflege durch das Weibchen findet nicht statt.

Die Dauer der Embryonalentwicklung bis zum Schlupf der Jungtiere ist vor allem abhängig von der geografischen Lage des Fundortes und der Umgebungstemperatur. Im Freiland wird man etwa zwei bis drei Monate annehmen dürfen, je nach jährlichem Witterungsverlauf. Zumindest für nördliche Populationen nimmt man an, dass die Jungen im Ei oder, wenn sie daraus geschlüpft sind, in der Nistgrube überwintern, um dann im darauffolgenden Frühjahr ins Freie zu gelangen. Die Jungen schlüpfen meist an einem Ende des Eies, offensichtlich durch Bewegungen des Kopfes und der Vorderbeine. Häufig erfolgt der erste Schlitz mittels einer zahnförmigen Eischwiele oder mit den Krallen der Vorderfüße (▪ Abb. 7.17).

7.4   Frühentwicklung und Embryonalhüllen

Reptilien legen typischerweise – wie im Falle der Zauneidechse – Eier, die eine Schale aufweisen, welche unterschiedlich stark verkalkt ist (▶ Exkurs 7.1). Diese schützt den Embryo vor mechanischen Verletzungen und bietet einen guten, wenn auch keinen vollständigen Verdunstungsschutz.

Bevor allerdings die Schale gebildet wird, findet in den oberen Abschnitten der Eileiter die Befruchtung statt. Danach ist der sich entwickelnde Keimling (von Ausnahmen abgesehen) weitgehend auf sich gestellt. Dies kann er nur aufgrund eines großen Dottervorrates meistern, den das Weibchen dem Ei „mit auf den Weg gibt". Reptilieneier sind wie die der Vögel ausgesprochen dotterreich (man denke an die große gelbe Kugel eines Frühstückeies). Genau wie bei Letzteren wird der Dotter in der Frühentwicklung nicht mitgefurcht. Es bildet sich vielmehr eine dem Dotter aufliegende Keimscheibe, in der sich allmählich der Embryo herausbildet. Außerdem entwickeln sich vier extraembryonale Membranen, die sog. Embryonalhüllen: Dottersack, Amnion, Chorion und Allantois (▪ Abb. 7.18).

Die erste, schon früh entstehende Hülle ist der Dottersack. Der Hauptteil der großen Dottermasse wird hiervon umgeben, einer Art „externer Magen", aus welchem dem Embryo fortlaufend Nährstoffe zugeführt werden.

■ **Abb. 7.17** Junges der Rotwangen-Schmuckschildkröte kurz nach dem Schlupfakt (*vorne*). Auf der Schnauzenspitze ist ein kleiner, heller Kegel zu erkennen, die sog. Eischwiele. Im Hintergrund *rechts* schlüpft gerade ein weiteres Jungtier. Zu erkennen sind die scharfen Schnitte in der Eischale, die von der zahnförmigen Schwiele herrühren. (Foto: A. Hennig)

Exkurs 7.1

Reptilieneier – die Schale macht's

Schildkröten, Krokodile und die Brückenechse sind ausschließlich eierlegende Reptiliengruppen. Die Eischalen der Schildkröten sind unterschiedlich kalkhaltig. Bei Meeresschildkröten sind sie nur gering verkalkt und pergamentartig, bei Landschildkröten dagegen häufig stark verkalkt, vor allem bei wüstenbewohnenden Arten. Der Kalk (Calciumcarbonat, Ca[CO$_3$]) liegt bei Schildkröten als Aragonit vor. Dies ist eine der drei natürlich vorkommenden Modifikationen des Calciumcarbonats. Bei den Krokodi-

len liegt der Kalk in der Modifikation des Calcits, auch Kalkspat genannt, vor. Diese Modifikation ist stabiler als Aragonit.
Vielfältiger sind die Verhältnisse bei den Schuppenkriechtieren (Squamata), zu denen die Echsen und Schlangen zusammengefasst werden. Verkalkungen sind meist nur oberflächlich wie bei der Zauneidechse ausgeprägt. Dominant ist dagegen eine dicke Lage von Faserbündeln, die aus Eiweißmolekülen (Proteinen) bestehen, welche den form-flexiblen, pergamentartigen

Charakter ausmachen. Die meisten Geckoarten haben allerdings stark verkalkte Eischalen. Viele Arten dieser Echsengruppe legen ihre Eier in Gesteinsspalten, dazu oft in trockenen Gebieten, ab. Die stark calcifizierten Schalen dürften einen besonders guten Verdunstungsschutz darstellen. Aber auch die mechanische Belastbarkeit ist größer als die der ohnehin dünneren, durch organische Faserbündel ausgezeichneten Zauneidechsen-Eier. Näheres siehe Schleich und Kästle (1988).

Eine weitere Hülle ist das Amnion, auch „Schafshaut" genannt. Es ist eine dünne, gefäßlose Hülle, die sich bei Reptilien, Vögeln und Säugetieren findet, welche deshalb auch als „Amnioten" zusammengefasst werden. Das Amnion bildet einen Hohlraum um den Embryo, in den es eine Flüssigkeit sezerniert. Die Amnionhöhle ist ein „Mikroteich", der an den aquatischen Lebensraum der Larven der amphibischen Vorfahren der Reptilien erinnert.

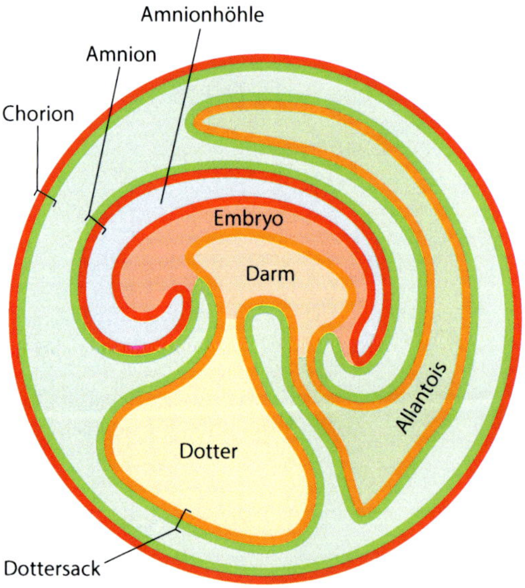

○ **Abb. 7.18** Neun Tage alter Embryo des Hühnchens im Schnitt. Die Entwicklung entspricht derjenigen eierlegender Reptilien. Der Embryo wächst in einem Mikroaquarium, der Amnionhöhle, heran. Die verschiedenen Embryonalhüllen haben spezifische Funktionen, siehe hierzu Text. (Verändert nach Sadava et al. 2011)

Eine weitere Embryonalhülle der Reptilien und Vögel ist das Chorion, auch „Serosa" genannt. Diese Membran kleidet von innen die Eischale aus. Die feste Eischale ist nicht völlig undurchlässig. Sie weist viele mikroskopisch kleine Poren auf, durch die der Gasstoffwechsel stattfindet. Der Sauerstoff, der per Diffusion durch die Schale eindringt, gelangt in direkt darunterliegende Blutgefäße des Chorions. Auch eine Wasseraufnahme, die bei manchen Reptilien beträchtlich ist, findet über die Poren der Eischale statt.

Wo bleiben die während der Entwicklung anfallenden Stoffwechsel-Endprodukte? Kohlendioxid entweicht über die Schalenporen. Eine vierte Embryonalhülle, die Allantois, bildet ein ausgedehntes Hohlraumsystem, das als „Abfallsack" für stickstoffhaltige Ausscheidungen des Embryos fungiert, vor allem für die schwer lösliche Harnsäure. Andere Ausscheidungsprodukte werden im Dottersack gespeichert.

Die schlüpfreifen Jungen gelangen ins Freie, indem sie mit einem nur kurze Zeit vorhandenen kleinen Eizahn die Eischale von innen aufschlitzen. Bei Schildkröten und Krokodilen sowie der Brü-

ckenechse wird anstelle des Eizahns eine verhornte Schwiele eingesetzt (○ Abb. 7.17). Sich entwickelnde Schildkröten und Krokodile verbrauchen während der Embryonalentwicklung einen Teil des Kalks der Eischale, sodass diese immer dünner wird und schließlich leichter durchdrungen werden kann.

7.5   Lebendgebärende Reptilien

In vielen evolutiven Linien der Schuppenkriechtiere findet keine Eiablage statt. Die Eier dieser Arten werden stattdessen im mütterlichen Körper zurückgehalten und vollenden hier ihre Entwicklung bis zum schlupfreifen Jungtier. Dabei werden die Keimlinge je nach evolutiver Linie recht unterschiedlich stark vom mütterlichen Körper mit Nährstoffen versorgt. Im einfachsten Fall werden die Embryonen nur mit Wasser und Sauerstoff versorgt. Doch gibt es Arten, bei denen eine deutlich stärkere Versorgung mit Nährstoffen stattfindet. Bei den neuweltlichen Skinken der Gattung *Mabuya* erhalten die Keimlinge alle notwendigen Nährstoffe über eine hoch spezialisierte, aus Chorion und Allantois gebildete Placenta, die funktionell denen der Säugetiere ähnelt. Placentabildungen unterschiedlicher Ausprägung finden sich auch bei verschiedenen Schlangen, über die noch intensiv geforscht wird.

Im Zuge der evolutiven Ausbildung der Placenta wurde die Eischale immer dünner. Sie war ja auch nicht mehr nötig, für den Stoffaustausch zwischen Mutter und Keimling sogar hinderlich. Bei manchen Arten sind die schlüpfenden Jungen noch von einer hauchdünnen, durchscheinenden Hülle umgeben, die nach der Geburt durch ruckartige Bewegungen gesprengt wird. Beispiele aus der heimischen Reptilienfauna sind Waldeidechse und Blindschleiche. Bei der Waldeidechse legen die Weibchen allerdings in bestimmten Regionen Europas (z. B. Pyrenäen) Eier ab. Dieses Phänomen kommt weltweit nur bei wenigen Reptilienarten vor.

Für die Fälle, bei denen die Jungtiere noch von einer dünnen Eihaut umgeben sind, war lange Zeit der Begriff „Ovoviviparie" (wörtlich übersetzt „Ei-Lebendgeburt") gebräuchlich. Bei Arten, die diese Hülle nicht mehr haben, wurde dagegen der Begriff

„Vivparie" (Lebendgeburt) benutzt. Da die Übergänge in den evolutiven Linien fließend verlaufen, ist es sinnvoll, für alle Fälle der nicht eierlegenden Reptilienarten einheitlich den zweiten Begriff (Viviparie) zu benutzen, wie dies schon A. Bellairs (1971) vorschlug und neuere Autoren meist ebenfalls so handhaben.

Welcher evolutive Vorteil ist mit der Lebendgeburt (gegenüber der Eiablage) verbunden? Die Antwort ist nicht einfach. Eine klassische Vorstellung („Cold-Climate-Hypothese") besagt, dass Lebendgeburten eine Voraussetzung sind, um in kühle Klimate vordringen zu können, z. B. nach Norden und in Gebirgshöhen. Dies klingt plausibel und passt teilweise auch. So dringen Waldeidechse und Kreuzotter, beide lebendgebärend, in Eurasien sehr weit nach Norden vor. Andererseits gibt es – neben eierlegenden – auch vivipare Squamaten in den Tropen und Subtropen, z. B. in Wüsten.

Nicht ins Bild passen auch die eierlegenden Waldeidechsen-Populationen in den Pyrenäen. Ausgerechnet in den Hochpyrenäen, wo dieser Eiablagemodus vor vielen Jahrzehnten entdeckt wurde, legen Waldeidechsen Eier ab. In den Tieflagen Frankreichs dagegen sind sie lebendgebärend. Nach der Cold-Climate-Hypothese müsste es umgekehrt sein.

■ **Jung und Alt unterschiedlich**

Ein Larvenstadium wie bei den Amphibien fehlt den Reptilien. Die frisch geschlüpften Jungen gleichen im Bau grundsätzlich den Eltern und sind sofort selbstständig. Unterschiede zu den Eltern bestehen in den Körperproportionen, vor allem ist der Kopf relativ größer zum Körper. Häufig sind Färbung und Zeichnung bunter, kontrastreicher als die der Eltern, z. B. bei vielen Nattern. Aber auch das Umgekehrte kommt vor. Junge Waldeidechsen sind oberseits häufig einfarbig dunkel, manchmal fast schwarz, während die Erwachsenen kontrastreicher sind und helle Flecken aufweisen.

der Körperteile bzw. -regionen zueinander ändern sich. Vor allem der Kopf ist bei den Jungen meist relativ größer im Verhältnis zum Rumpf, doch verschiebt sich dies im Laufe des Wachstums zugunsten des Rumpfes.

Die Wachstumsgeschwindigkeit ist von vielen Faktoren abhängig. Dabei kann es Geschlechtsunterschiede geben. Bei der Zauneidechse z. B. wachsen die Weibchen rascher als die Männchen. In den ersten Lebenswochen wachsen viele Schlangen erst langsam, dann kommt es zur Wachstumsbeschleunigung, die später nachlässt.

Großen Einfluss auf das Wachstum haben Umweltfaktoren, z. B. das Angebot der Nahrung sowie die Temperatur und Feuchtigkeit im Lebensraum. Geringes Wachstum, wenn überhaupt, findet während der Überwinterung in den gemäßigten Klimazonen statt. Meist wird angenommen, dass Reptilien grundsätzlich zeitlebens wachsen können, doch scheint es auch Arten zu geben, die ab einem gewissen Punkt nahezu keinen Zuwachs an Größe/Biomasse mehr zeigen.

Ein markantes Ereignis in der Entwicklung ist das Erlangen der Geschlechtsreife. Hier gibt es eine große Spanne bei Alter und Größe. Die Weibchen der im westlichen Nordamerika vorkommenden Seitenflecken-Echse (*Uta stansburiana*) werden schon mit wenigen Monaten bei einer Kopf-Rumpf-Länge (KRL) von 46 mm geschlechtsreif, während Nilkrokodile (*Crocodylus niloticus*) 10 bis 20 Jahre hierfür benötigen und dann ca. 3 m KRL aufweisen. Galapagos-Riesenschildkröten (*Chelonoidis nigra*, früher *Geochelone nigra* genannt) werden erst mit 20 bis 30 Jahren geschlechtsreif. Die Westliche Klapperschlange (*Crotalus viridis*) wird im warmen Utah (SW-USA) mit drei Jahren geschlechtsreif, im kühlen südlichen Kanada (an der nördlichen Arealgrenze) hingegen erst im 7. Lebensjahr. Bei der einheimischen Zauneidechse nehmen beide Geschlechter meist nach der zweiten Überwinterung, d. h. im dritten Lebensjahr, am Fortpflanzungsgeschehen teil.

7.6 Wachstum und Geschlechtsreife

Die Jungtiere durchlaufen in der Folge eine Phase mehr oder weniger intensiven Wachstums. Dabei werden sie nicht nur größer, auch die Proportionen

7.7 Wie alt werden Reptilien?

Wie bei den Amphibien ist auch bei den Reptilien zwischen dem Höchstalter im Freiland unter den oft harten Existenzbedingungen und dem meist höheren Alter in Gefangenschaft bei guter Pflege zu unterscheiden.

Leider gibt es nicht viele verlässliche Daten zum Höchstalter von Reptilien im Freiland. Kleine Arten, die früh geschlechtsreif werden, haben offensichtlich nur eine geringe Lebenserwartung. Die bereits genannte Seitenflecken-Echse in den westlichen USA, die extrem früh geschlechtsreif wird, erreicht meist auch nur ein geringes Lebensalter, selten mehr als drei, im Extrem fünf Jahre. Die Brückenechse (*Sphenodon punctatus*), die erst mit 11 Jahren geschlechtsreif wird, erreicht dagegen im Maximum 35 Jahre.

In den gemäßigten Breiten erreichen früh geschlechtsreif werdende Schlangen (Nattern, Vipern) nur ein geringes Höchstalter (einige Jahre), spät geschlechtsreif werdende dagegen ein bis drei Jahrzehnte.

Legendär und viel beachtet ist das Alter der Riesenschildkröten. Für die Galapagos-Riesenschildkröte (*Chelonoidis nigra*) wird als Maximum ca. 175 Jahre angegeben. Diese Angabe geht auf ein „Harriet" genanntes Weibchen zurück, das um 1830 auf den Galapagosinseln (zu Ecuador gehörend) geboren wurde und am 23. Juni 2006 im Australia Zoo, Queensland (Australien), an Herzversagen verstarb.

Für die andere noch lebende Art, die Seychellen- oder Aldabra-Riesenschildkröte (*Aldabrachelys gigantea*, früher u. a. *Geochelone gigantea* genannt, Abb. ◌ Abb. 17.13), wird ein Männchen („Adwaita") genannt, das in der ersten Hälfte des 18. Jahrhunderts geboren sein soll und beim Ableben in Gefangenschaft vermutlich 256 Jahre alt war. Wenn diese Angabe zutrifft, wäre dies wohl das Höchstalter einer rezenten Reptilienart überhaupt!

7.8 Verblüffende Geschlechtsbestimmung

Normalerweise wird das Geschlecht eines Nachkommen bei Wirbeltieren genetisch bestimmt, nämlich über die Geschlechtschromosomen im Zellkern. Das gilt auch für alle bislang untersuchten Amphibien- sowie für die meisten Reptilienarten. Bei Letzteren wurde jedoch schon in den 1970er-

Jahren entdeckt, dass bestimmte Arten, vor allem Schildkröten, eine umweltbestimmte Festlegung des Geschlechts erfahren. Es zeigte sich, dass die durchschnittliche Umgebungstemperatur des Eies in einer bestimmten embryonalen Entwicklungsphase festlegt, ob sich innerhalb eines Geleges nur Männchen oder nur Weibchen oder beide Geschlechter gemischt entwickeln. Die Temperaturen sind dabei von Art zu Art verschieden. Bei der Rotwangen-Schmuckschildkröte (*Trachemys scripta elegans*) schlüpfen ausschließlich Männchen, wenn die Haltungstemperatur der Eier unter 28,6 °C liegt. Bei einer solchen von über 29,4 °C schlüpfen dagegen nur Weibchen. Liegt die Temperatur in dem weniger als 1 °C betragenden Bereich dazwischen, schlüpfen sowohl weibliche als auch männliche Jungtiere. Mittlerweile weiß man, dass der Mechanismus über die temperaturgesteuerte Bildung bestimmter Hormone abläuft.

Umstritten ist, welche Selektionsvorteile mit der temperaturinduzierten Geschlechtsbestimmung verbunden sind. Die Auffassungen reichen von „überhaupt kein Selektionsvorteil" bis hin zu „großem Vorteil". Dass überhaupt kein Vorteil damit verbunden sein soll, erscheint schwer vorstellbar, denn temperaturinduzierte Geschlechtsbestimmung ist bei Reptilien weit verbreitet, d. h. offensichtlich evolutiv sehr erfolgreich (viele Schildkröten und Krokodile, eine Reihe Echsen). Die tatsächlichen Vorteile aber sind nicht leicht nachzuweisen, da es sich um ein multifaktorielles Geschehen handelt.

7.9 Noch eine Überraschung: Jungfernzeugung

Normalerweise pflanzen sich Reptilien – wie alle anderen Wirbeltiere – zweigeschlechtlich (bisexuell) fort, indem Männchen und Weibchen miteinander kopulieren. Umso größer war die Überraschung, als ein damals noch junger russischer Herpetologe, Ilja S. Darevskij, in den 1960er-Jahren bei kaukasischen Felseidechsen (heutige Gattung *Darevskia*) herausfand, dass in verschiedenen Populationen nur oder nahezu ausschließlich Weibchen vorkommen. Diese pflanzen sich auch tatsächlich fort, und die Embryonalentwicklung startet ohne Hinzutun eines Männchens, d. h. spermienunabhängig. Dieser

Reproduktionsmodus wird als „Jungfernzeugung" oder „Parthenogenese" bezeichnet.

In strikter Form kommt Parthenogenese innerhalb der Wirbeltiere nur bei Schuppenkriechtieren (Squamata) vor und dabei überwiegend bei den Echsen. Nachweise für die Schlangen gibt es bislang nur wenige, streng genommen (sog. obligate Parthenogenese) nur für eine Art der Familie Typhlopidae. Bei den Echsen sind es besonders Geckos (mindestens zehn Arten) und Vertreter der Schienenechsen, Familie Teiidae (mehr als 16 Arten), die sich auf diese Weise fortpflanzen.

Besonders gut untersucht ist die Parthenogenese nordamerikanischer Schienenechsen der Gattung *Aspidoscelis* (die früher in die Gattung *Cnemidophorus* einbezogen wurde). Am besten ist *Aspidoscelis uniparens*, auch als Sechsstreifen-Rennechse bezeichnet, untersucht.

Die unscheinbare kleine Eidechsenart von etwa 7–8 cm Kopf-Rumpf-Länge kommt in den USA (SO-Arizona, SW-New Mexiko, W-Texas) und Mexiko (N-Chihuahua) vor. Sie ist oberseits schwarz, dunkel- oder rötlichbraun gefärbt, darauf finden sich 6–7 helle Längsstreifen. Der Schwanz ist grünlich-oliv bis bläulich-grün gefärbt.

Bei der Bildung der Eizellen (Oogenese) dieser Art wird es spannend. In den Vorläuferzellen der Eizellen (Oocyten), den sog. Oogonien, findet eine Verdopplung der Chromosomenzahl statt (4n). Dann kommt es wie bei bisexuellen Eidechsenarten zur Reifeteilung oder Meiose. Hierdurch wird die Chromosomenzahl halbiert (2n). Da keine Befruchtung, d. h. Vereinigung eines weiblichen Chromosomensatzes mit einem männlichen stattfindet, sind die Tiere wie andere Echsen diploid (2n).

Bei bisexuellen Arten gibt die Befruchtung den Anstoß zu der bald einsetzenden Embryonalentwicklung. Wie es zum Entwicklungsanstoß bei unisexuellen Eidechsen kommt, ist hingegen unbekannt. Verblüffend ist allerdings eine Verhaltensweise, die bei *A. uniparens* vor allem im Labor beobachtet wurde (seltener im Freiland). Diese wird als „Pseudokopulation" bezeichnet. Es gibt nämlich Weibchen, die das Kopulationsverhalten des Männchens bisexueller Arten der Gattung *Aspidoscelis* (Nackenbiss, Umschlingen des Hinterleibes der Partnerin mit dem eigenen Hinterleib) zeigen und sich mit einem anderen Weibchen von *A. uniparens* „paaren". Dieses Verhalten löst

bei der Partnerin die Ovulation aus, d. h. das Ablösen reifer Eizellen aus dem Ovar mit anschließender Abwanderung in die unteren Genitaltrakt.

Wie ist es zur evolutiven Entstehung parthenogenetischer Linien innerhalb der betroffenen Squamatengruppen gekommen, und welcher Selektionsvorteil könnte damit verbunden sein? Entstanden sind die unisexuellen Formen durch Hybridisierung nah verwandter bisexueller Arten innerhalb einer Gattung (z. B. *Aspidoscelis*, *Darevskia*). Das sagt aber nichts darüber aus, warum sie entstanden sind. Manche Autoren argumentieren so: Parthenogenetische Arten können sich theoretisch betrachtet rascher fortpflanzen, da bei ihnen die zeitaufwendige Balz, Paarung etc. entfallen. Dadurch würden ihre Populationen rascher wachsen, die Arten könnten sich schneller ausbreiten usw. Sie fänden sich zudem bevorzugt in Extrembiotopen (trockenen, kalten etc.).

Lässt sich dies empirisch untermauern? Von den ca. 26 Arten der Gattung der *Darevskia* (Kaukasische Felseidechsen) sind nur sieben parthenogenetisch. Die anderen pflanzen sich bisexuell fort und sind offensichtlich nicht weniger erfolgreich als die unisexuellen. Verbreitung und Ökologie der in Armenien vorkommenden Formen zeigen, dass die meisten der hier lebenden *Darevskia*-Arten trockene, felsige Lebensräume in mittleren bis höheren Gebirgsregionen besiedeln, und zwar unabhängig davon, ob sie sich bi- oder unisexuell fortpflanzen. Allenfalls ist eine Tendenz erkennbar, wonach parthenogenetische Formen die trockensten Lebensräume besiedeln.

Vor allem aber ist zu fragen: Warum hat sich Parthenogenese so selten etabliert, soweit bislang bekannt bei weniger als 50 der mehr als 9600 beschriebenen Squamaten-Arten? Vielleicht war deren Entstehung lediglich eine Art „evolutionsbiologischer Zufall", der mit keinem Selektionsnachteil verbunden war und nur deshalb nicht über Selektionsmechanismen ausgemerzt wurde?

▪ Geradezu aufregend: Fakultative Parthenogenese

Das Thema wird noch aufregender: In zunehmendem Maße wird bei bisexuellen Reptilien (und anderen Wirbeltieren) unter bestimmten Bedingungen ebenfalls parthenogenetische Fortpflanzung bekannt, z. B. bei Waranen. Als kleine Sensation wurde diese Art der Fortpflanzung bei dem großwüchsigen, legendären Komodowaran in zwei englischen Zoos gefeiert (*Nature* vom 28. Dezember 2006). Zwei lange Zeit ohne Männchen gehaltene Weibchen schritten irgendwann einmal überraschenderweise zur Fortpflanzung und legten Eier, aus einigen schlüpften auch lebensfähige Jungtiere. Auch für den Arguswaran (*Varanus panoptes*) ist dieser Reproduktionsmodus bei in Gefangenschaft gehaltenen Weibchen belegt. Interessant ist, dass alle auf diese Weise erzeugten Jungtiere männlichen Geschlechts waren.

Neuerdings werden sogar Fälle bekannt, bei denen auch im Freiland Weibchen bisexueller Reptilienarten zeitweilig parthenogenetisch Junge hervorbringen. Ein Forscherteam um Warren Booth (USA) hat dies für nordamerikanische Vipern der Gattung *Agkistrodon* (zu den Grubenottern gehörend) nachgewiesen (Booth 2012). Auch bei verschiedenen Pythonarten konnte dieser Modus nachgewiesen werden.

Welche Bedeutung könnte diesem Fortpflanzungsmodus in der freien Natur zukommen? Man vermutet, dass in Situationen, in denen einzelne Weibchen längere Zeit keine Möglichkeit zur bisexuellen Fortpflanzung hatten, diese selbst vorübergehend Abhilfe schaffen, quasi als Überbrückung, z. B. wenn ein einzelnes Weibchen einen für die Art neuen Lebensraum besiedelt (etwa eine Insel). Dennoch kann dies nur ein vorübergehender Behelf sein, denn die „genetische Qualität" der Jungtiere und hieraus resultierend ihre Überlebensfähigkeit (Fitness) ist eingeschränkt. Es ist ja gerade der Vorteil einer regulären bisexuellen Fortpflanzung, durch häufige Rekombination (Durchmischung) der Gene beider Eltern eine große genetische Vielfalt zu erzeugen. Hierdurch sind die Lebewesen den selektionsbedingten Herausforderungen besser gewachsen.

Bellairs A (1971) Die Reptilien. Die Enzyklopädie der Natur, Bd. 11. R. Löwit, Wiesbaden

Booth W et al. (2012) Facultative parthenogenesis discovered in wild vertebrates. Biology Letters 8:983–985

Henkel FW, Schmidt W (1998) Gärten als Lebensraum für Frösche und Echsen. Landbuch-Verlag, Hannover

Obst FJ (1983) Schmuckschildkröten. Neue Brehm Bücherei, Bd. 549. A. Ziemsen, Wittenberg

Sadava D et al (2011) Purves Biologie, 9. Aufl. Springer Spektrum, Heidelberg

Schleich HH, Kästle W (1988) Reptile Egg-Shells. SEM Atlas. Gustav Fischer, Stuttgart

Volkl W, Thiesmeier B (2002) Die Kreuzotter – ein Leben in festen Bahnen? Laurenti, Bielefeld

Weiterführende Literatur

Blanke I (2010) Die Zauneidechse – zwischen Licht und Schatten, 2. Aufl. Laurenti, Bielefeld

Darevskij IS (1978) Rock Lizards of the Caucasus. Indian Natn Sci Doc Center, New Dehli

Literatur

Verwendete Literatur

Andrén C (1981) Behaviour and population dynamics in the adder, *Vipera berus* (L.). Dissertation, Department of Zoology, University of Göteborg

Andrén C (1986) Courtship, mating and agonistic behaviour in a free-living population of adders, *Vipera berus* (L.). Amphibia-Reptilia 7:353–383

Wie kommen Amphibien und Reptilien vorwärts?

Dieter Glandt

D. Glandt, *Amphibien und Reptilien*,
DOI 10.1007/978-3-662-49727-2_8, © Springer-Verlag Berlin Heidelberg 2016

Die vielfältigen Lebensäußerungen der Amphibien und Reptilien erfordern ebenso vielseitige Formen der Fortbewegung. Die wichtigsten sind:

- Gehen (Schreiten)
- Laufen
- Rennen
- Schwimmen
- Kriechen und Gleiten
- Klettern
- Springen
- Graben

Als Besonderheit kommt noch das Gleitfliegen hinzu, welches auch als „passives Fliegen" bezeichnet wird. Aktives Fliegen dagegen ist unter den rezenten Wirbeltieren auf die Vögel und Fledermäuse beschränkt. Unter den ausgestorbenen Reptilien konnten die Flugsaurier gut fliegen, ähnlich unseren Fledermäusen.

Meist, vielleicht immer, nutzen die einzelnen Arten nicht nur eine Form der Fortbewegung, sondern kombinieren mehrere. So kann z. B. die Ringelnatter schwimmen, tauchen, kriechen, gleiten, klettern und sogar graben.

Alle Formen der Fortbewegung erfordern spezifische Konstruktionen von Skelett und Muskulatur und deren genaues Zusammenwirken. Nachfolgend soll hier nur kurz darauf eingegangen werden. Wer sich näher mit der Biomechanik beschäftigen will, sei auf speziellere Literatur verwiesen (siehe Literaturtipp).

Ein typisches Wirbeltier zeigt die Grundkonstruktion von Skelett und Skelettmuskulatur. Einer aus elementaren Bausteinen, den Wirbelkörpern, bestehenden Säule entspricht die in einer Serie gleichgroßer Abschnitte (Segmente) portionierte quergestreifte Muskulatur. Durch bindegewebige Querwände, den Muskelsepten, sind die Segmente voneinander getrennt. Zumindest bei den Amniota und damit auch den Reptilien sind die Wirbel stets um ein halbes Segment in der Körperlängsachse verschoben, sodass die Muskelsepten an den Wirbeln (und nicht zwischen ihnen) ansetzen. Von Septum zu Septum ziehen parallel zur Körperlängsachse Muskelfasern. Durch abwechselnde Verkürzung (Kontraktion) einer Körperseite resultiert die basale Bewegungsweise der Wirbeltiere, das Schlängelschwimmen. Dabei ist der Schwanz eine

> **Literaturtipp**
>
> Bücher, in denen die Biomechanik von Amphibien und Reptilien dargestellt wird.
> Bauchot R (Hrsg) (1996) Schlangen. Evolution, Anatomie, Physiologie, Ökologie und Verbreitung, Verhalten, Bedrohung und Gefährdung, Haltung und Pflege. 2. Aufl., Naturbuch, Augsburg [Kap. Fortbewegung].
> Parker HW, Bellairs A (1972) Die Amphibien und die Reptilien. Reihe: Die Enzyklopädie der Natur, Bd. 10, Editions Rencontre, Lausanne, [▶ Kap. 2: Körper, Gestalt, Bewegung und Skelett].
> Pough FH, Andrews RM, Cadle JE, Crump ML, Savitzky AH, Wells KD (1998) Herpetology. Prentice Hall, Upper Saddle River, New Jersey [▶ Kap. 8: Body Support and Locomotion]
> Siewing R (Hrsg) (1980) Lehrbuch der Zoologie. Bd. 1, Allgemeine Zoologie. 3. Aufl., Gustav Fischer, Stuttgart [▶ Kap. 11: Bewegung]
> Zum Thema Gleitfliegen wird der nachfolgende Artikel empfohlen:
> Dehling JM (2011) *Rhacophorus*. Die fliegenden Frösche von Borneo. Teil I: *Terraria* 21: 38–46, Teil II: *Terraria*. 29: 50–60

wichtige Voraussetzung, um den Vorschub in eine Richtung (nach vorn) zu erzeugen. Durch geordnete, von vorn nach hinten verlaufende Wellen der Muskelaktivität entsteht der notwendige Vorschub, um vorwärts zu kommen. Dies ist beim Vorwärtsschwimmen einer Kaulquappe schön zu beobachten (◻ Abb. 8.1). Die kräftigen Muskelpakete des Schwanzes werden dabei durch einen oberen und unteren Hautsaum wirksam unterstützt.

Der Landgang der Tetrapoda war an die Entwicklung von Extremitäten (Vorder- und Hinterbeinen) gekoppelt und damit verbunden diejenige von Schulter- und Beckengürtel (siehe ▶ Kap. 5). An ihnen setzen die Extremitäten mit spezialisierten Gelenken an. Die Beine heben den Rumpf über die Unterlage ab.

Verbreitet ist das Gehen oder Schreiten, das in ein Laufen übergehen kann. Eine gehende oder laufende Eidechse zeigt das Prinzip: Unterarme und Unterschenkel werden zu Drehpunkten für das

◨ **Abb. 8.1** Die Larven der Amphibien haben einen kräftigen, muskulösen Ruderschwanz. In Verbindung mit einem oberen und unteren Hautsaum dient er dem Schlängelschwimmen. Abgebildet ist die Kaulquappe einer Froschlurchart. (Foto: S. Meyer)

Vorschieben des Körpers. Die Schlängelbewegung unterstützt nachhaltig den Bewegungsvorgang (◨ Abb. 8.2).

Einige Eidechsen können aufrecht, d. h. nur auf den Hinterbeinen laufen. Derart können neotropische Basilisken (Gattung *Basiliscus*) sehr rasch über eine glatte Wasseroberfläche fliehen.

Kleine Sprünge (Hoppeln) können viele Kröten vollziehen, z. B. die Erdkröte. Aber erst die Frösche haben es zur Vollendung eines sehr effizienten Sprungapparates gebracht (siehe ▶ Kap. 5). Der 6–8 cm lange Springfrosch (*Rana dalmatina*) bringt es dabei aus dem Sitzen heraus auf eine Sprungweite von bis zu 2 m.

Der typische Froschsprung erfolgt in markanten Phasen (◨ Abb. 8.3). Zunächst sitzt das Tier mit zusammengeklappten Hinterbeinen auf dem Untergrund. Der Absprung erfolgt unter maximaler Streckung der beiden Hinterbeine, die Vorderbeine werden dabei seitlich an den Körper gelegt. Im Weiteren werden Letztere nach vorne gestreckt, um schließlich eine glatte Landung zu ermöglichen.

Eine grabende Fortbewegung ist vor allem für Schleichenlurche oder Blindwühlen (Gymnophionen) typisch. Dabei wenden sie in der geradlinigen Fortbewegung das Regenwurmprinzip an. Die im Wasser lebenden Schwimmwühlen (*Tyhlonectes*) können durch Schlängelschwimmen gut vorankommen.

Schwierig ist es, auf losem Sand zu laufen oder zu kriechen. Der auf der Iberischen Halbinsel und in Nordafrika vorkommende Europäische Fransenfinger (*Acanthodactylus erythrurus*) hat an der 4. Zehe der Hinterfüße kammförmige Fransenschuppen. Diese sollen das Einsinken in den Sand bei schneller Flucht erschweren. Außerdem wird der Schwanz vom Boden hochgehoben, und die Tiere

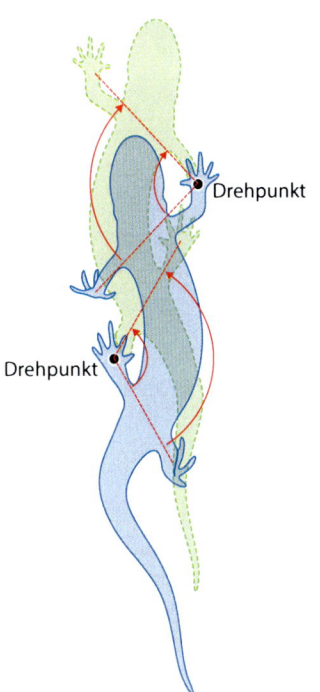

Drehpunkt

Drehpunkt

◨ **Abb. 8.2** Bei einer laufenden Eidechse werden Unterarme und -schenkel zu Drehpunkten für das Vorschieben des Körpers. Unterstützt wird dies durch eine Schlängelbewegung von Rumpf und Schwanz. (Verändert nach Siewing 1980)

laufen geradlinig davon, nicht schlängelnd wie andere südeuropäische Lacertiden.

Große schwere Schlangen wie Boas und Pythons können sich ebenfalls geradlinig fortbewegen. Bestimmte Muskeln ziehen dabei stückweise die Bauchhaut mit den breiten querstehenden Bauchschienen nach vorn.

Anders als z. B. für Vögel und Säuger gibt es für Amphibien und Reptilien kaum verlässliche Daten zur Geschwindigkeit der Fortbewegung. Große

Abb. 8.3 Der typische Froschsprung. Der *schwarze Punkt* gibt die Lage des Sacralgelenkes an, dem Gelenk jederseits zwischen Sacralwirbel und Ilium (vgl. . Abb. 5.2). (Verändert nach Hofrichter 1998)

Geschwindigkeiten werden von einigen Reptilien erreicht. Selbst das Nilkrokodil kann an Land über kurze Strecken bemerkenswert schnell laufen, seine Maximalgeschwindigkeit wird auf immerhin 11–12 km/h geschätzt. Der Komodowaran bewegt sich mit durchschnittlich 4,8 km/h fort und kann bei kurzen Sprints bis zu 18,5 km/h erreichen. Bestimmte Echsen können, wenn sie es eilig haben, auf zwei Beinen (den Hinterbeinen), fast aufrecht „sprinten". Für die in Australien lebende Agame *Physignathus longirostris* konnten beim aufrechten Rennen auf den Hinterbeinen bis zu ca. 22 km/h geschätzt werden.

Die schnellsten Reptilien, zumindest über kurze Strecken, sollte man unter den Schlangen vermuten. Doch viele Arten sind relativ langsam. Recht zügig kommen allerdings Klapperschlangen auf losem Wüstensand in Nordamerika voran. Dabei bewegen sich die Tiere seitwärts über den Sand, indem sie sich stets an zwei Punkten mit dem gesamten Körper abdrücken. Diese Fortbewegung wird als „Seitenwinden" bezeichnet.

Typischer für Schlangen ist das Schlängeln, nicht mit der Körperseite, sondern dem Kopf voran. Dies wird sowohl auf dem Boden als auch im Wasser praktiziert. Ringelnattern schwimmen sehr zügig mit Kopf und Rücken voran über die Wasseroberfläche. Dabei stoßen sie sich mit den Körperseiten am Wasserkörper ab und erzeugen ein charakteristisches Wellenmuster (Abb. 8.4). An Land stoßen sich Schlangen an festen Substraten ab und hinterlassen in sandigem Material markante Tiefeneindrücke.

Unter den Echsen gibt es Arten mit völlig reduzierten Beinen, z. B. die Blindschleichen (Gattung *Anguis*). Auch sie kommen mittels Körperschlängeln voran. Gleiches gilt für Echsen mit kurzen Beinen, z. B. manche Skinke. Diese legen die Beinchen seitlich an den Körper an und fliehen sehr rasch durch Schlängeln.

Landschildkröten sind vergleichsweise unbeholfen und langsam. Ihre stempelförmigen Beine lassen nichts anderes zu. Eine rasche Flucht ist ihnen nicht möglich. Deshalb ist der besonders harte, hochgewölbte Panzer, in oder unter dem sie Hals, Kopf, Schwanz und Extremitäten verbergen können, außerordentlich wichtig.

Sumpfschildkröten (Emydidae, Geoemydidae) sind erheblich schneller, jedenfalls im Wasser. Vor allem die kräftigen, paddelartigen Hinterbeine ermöglichen dies. An Land allerdings, z. B. wenn die Weibchen geeignete Eiablageplätze aufsuchen müssen, machen sie eher einen unbeholfenen Eindruck.

Weichschildkröten (Trionychidae) haben noch stärker paddelartig umgebildete Beine, mit denen sie schwimmend und auch in größerer Tiefe tauchend vorankommen. Die schnellsten, vor allem ausdauerndsten Schildkröten dürften indes die Meeresschildkröten sein. Die Vordergliedmaßen sind zu langen, kräftigen und wirkungsvollen Paddeln umgestaltet. Die Hinterbeine sind zwar kürzer, aber ebenfalls flach paddelartig.

Bestimmte Fortbewegungsformen sind nur möglich, indem die Konstruktion des Körpers durch spezifische strukturelle Anpassungen der Haut, z. B. Haftborsten oder Saugnäpfe, unterstützt wird.

Geckos haben auf der Unterseite der Zehen Lamellen mit mikroskopisch kleinen Haftborsten (Abb. 8.5). An deren Enden erfolgt das Haften durch Adhäsion. Diese ist so perfekt, dass die Tiere

◼ **Abb. 8.4** Ringelnattern (*Natrix natrix*) kommen durch Schlängelschwimmen voran und erzeugen dabei auf einer ruhigen Wasseroberfläche ein charakteristisches Wellenmuster. (Foto: S. Meyer)

auch an glatten Glasscheiben hochlaufen können. Hierdurch haben sich Geckos eine neue ökologische Nische erobert, sie leben sozusagen in der 3. Dimension, an Hauswänden, Mauern, Brücken, Laternen, auf Bäumen etc. Jeder Südeuropa-Urlauber macht schnell ihre Bekanntschaft, oft schon am ersten Abend. Nicht selten kommen die Tiere dann hinter Schränken und dergleichen in der Ferienwohnung zum Vorschein. Das ist sicher gewöhnungsbedürftig, aber die Tierchen sind völlig ungefährlich!

Auch baumlebende Frösche, z. B. die europäischen Laubfrösche (Gattung *Hyla*), haben die 3. Dimension erobert. An den Spitzen der Finger und Zehen haben sie verbreiterte Haftscheiben. Bei starker Vergrößerung im Rasterelektronenmikroskop erkennt man zahlreiche kleine, fünf- bis sechseckige Säulchen. Jede Haftscheibe hat etwa 13.000 bis 19.000 solcher Säulchen. Sie fungieren als winzige Saugnäpfe, deren Haftfunktion offenbar noch durch Sekretion einer klebrigen Substanz verstärkt wird.

Einige tropische Frösche, die sog. Flugfrösche (Gattung *Rhacophorus*), lassen sich von Bäumen heruntergleiten und überwinden dabei beachtliche Distanzen (bis zu 10 m und mehr). Ermöglicht wird dies durch großflächige Spannhäute zwischen allen Fingern und Zehen (◼ Abb. 8.6). Dabei sind

◼ **Abb. 8.5** Unterseite eines Fußes des Mauergeckos (*Tarentola mauritanica*) mit quer stehenden Haftlamellen. Näheres siehe Text. (Foto: B. Trapp)

die Tiere in der Lage, die Flugbahn steuernd zu beeinflussen (Näheres s. im Beitrag von J. M. Dehling, Literaturtipp).

Perfektioniert wurde das Gleitfliegen bei den Flugechsen (Gattung *Draco*). Sie haben mehrere lange Rippen, die sie nahezu senkrecht von der Körperlängsachse abspreizen können (◼ Abb. 8.7).

■ **Abb. 8.6** Flugfrösche, wie der auf Borneo lebende *Rhacophorus nigropalmatus*, können mit stark gespreizten Spannhäuten der Vorder- und Hinterfüße von hohen Bäumen aus heruntergleiten. (Foto: M. Dehling)

■ **Abb. 8.7** Bemerkenswerte Gleitflüge vollführen die Flugechsen der Gattung *Draco*. Hierzu spannen sie zwischen langen Rippen jederseits eine Flughaut auf, die normalerweise seitlich an den Körper gelegt wird. Abgebildet ist *Draco dussumieri* von Borneo. (Foto: M. Dehling)

Durch die darübergezogene Haut entsteht ein hervorragender „Gleitschirm". Mit diesem können sie, nachdem sie an einem Baumstamm hochgeklettert sind, bis zu 60 m weit segeln.

Literatur

Hofrichter R (Hrsg) (1998) Amphibien. Naturbuch, Weltbild, Augsburg

Siewing R (Hrsg) (1980) Allgemeine Zoologie, 3. Aufl. Lehrbuch der Zoologie, Bd. I. Gustav Fischer, Stuttgart

Nahrung und Beuteerwerb

Dieter Glandt

D. Glandt, *Amphibien und Reptilien,*
DOI 10.1007/978-3-662-49727-2_9, © Springer-Verlag Berlin Heidelberg 2016

9.1   Große Vielfalt

Die Nahrung der Amphibien und Reptilien ist sehr vielfältig, bei Betrachtung nach den systematischen Gruppen lassen sich einige Regelhaftigkeiten erkennen:

- Schleichenlurche (Blindwühlen) leben hauptsächlich von Regenwürmern, in geringerem Umfang werden auch andere Wirbellose erbeutet, z. B. Termiten.
- Schwanz- und Froschlurche leben vorwiegend von Insekten, doch werden auch Regenwürmer und Schnecken (auch solche mit Gehäuse) genommen.
- Die Larven der beiden vorgenannten Gruppen ernähren sich entweder überwiegend von pflanzlichem Material (Froschlurche) oder von kleinen Wassertieren, vor allem Kleinkrebsen (Schwanzlurche).
- Schildkröten leben entweder vorzugsweise von Pflanzen (Landschildkröten) oder vorrangig von Tieren (Meeresschildkröten). Sumpfschildkröten sind Allesfresser, sogar Aas dient ihnen als Nahrung.
- Krokodile leben überwiegend von anderen Wirbeltieren.
- Echsen erbeuten meist Wirbellose, es gibt aber auch Pflanzenfresser wie die Leguane. Große Echsen (Warane) erbeuten andere Wirbeltiere.
- Schlangen erbeuten meist Wirbeltiere, darunter z. T. recht große. Daneben werden aber auch Wirbellose genommen.

Eine differenzierte Analyse muss auf dem Artniveau erfolgen. Beispielhaft werden in ◻ Tab. 9.1 die in Deutschland lebenden Arten behandelt. Dabei zeigt sich, dass die metamorphosierten Individuen der meisten Amphibienarten von Wirbellosen leben. Nur Molche und Vertreter der Wasserfrosch-Gruppe (Kleiner Wasserfrosch bis Seefrosch) erbeuten zusätzlich auch kleine Wirbeltiere, meist Amphibien und deren Larven. Bei den Reptilien lassen sich zwei ernährungsökologische Gruppen unterscheiden. Während bei den Echsen Wirbellose die Hauptrolle spielen, stellen andere Wirbeltiere die Nahrung der Schlangen.

◻ Tab. 9.1 enthält nur qualitative Angaben. Eine tiefergehende Analyse zeigt, dass die Nahrungszu-sammensetzung bei derselben Art quantitativ betrachtet sehr unterschiedlich ausfallen kann und sich nach dem Biotop, dem Jahr, der Jahreszeit und der Verfügbarkeit spezifischer Nahrung richtet. Auch die Körpergröße der Beute und des Jägers spielen eine Rolle. Detailliert hat dies Blum (1998) in einer Studie an Froschlurchen in der rheinland-pfälzischen Rheinaue gezeigt. Als Beispiel sei die Erdkröte (Bufo bufo) herausgegriffen. Aufs Ganze resultiert, dass diese Art überwiegend von Ameisen lebt. Deutlich weniger vertreten waren Käfer, während die meisten anderen Beutetiergruppen nur sehr geringe Anteile ergaben. Dabei muss zwischen Beuteindividuen und der Trockenmasse der Beutetierkategorien unterschieden werden. Nach den Beuteindividuen spielten Käfer im 1. der vier Untersuchungsjahre (1993–1996) eine viel größere Rolle als im 3. Jahr, bei den Ameisen war es umgekehrt. Im 1. Jahr machten Tausendfüßer (Myriapoda) einen großen Anteil aus, in den anderen Jahren dagegen nur einen sehr geringen. Nach der Trockenmasse waren im 1. Jahr Regenwürmer und Käfer sehr bedeutsam, im 3. Jahr dagegen Ameisen und Landschnecken. Dazu kamen jahreszeitliche Schwankungen. Schließlich resultierten für verschiedene Biotope unterschiedliche Anteile von Ameisen und Käfern.

Im Laufe der Individualentwicklung eines Räubers kann sich das Beutespektrum deutlich verändern. Jungtiere des Nilkrokodils (Crocodilus niloticus) bis etwa 1 m Körperlänge leben vorzugsweise von Insekten. Bei 2–3 m Körperlänge erbeutet die Art vor allem Fische, und ab 4 m Körperlänge werden vorwiegend Reptilien und Säugetiere gefressen.

Nach der Vielfalt der Beutetiergruppen lassen sich Generalisten und Spezialisten unterscheiden. Erstere haben eine breite Nahrungspalette und überwiegen bei den Amphibien und Reptilien. Ausgesprochene Spezialisten sind selten. Ein Beispiel stellen die Eierschlangen der Gattung Dasypeltis dar. Dies sind 50–110 cm lange, in Afrika lebende Nattern, die sich ausschließlich von Vogeleiern ernähren.

9.2   Beuteerwerb

Es gibt Tiere, die auf Ihre Beute warten, und andere, die aktiv nach Beute suchen. Die erste Strategie wird als „Sit-and-wait"-Strategie, die zweite als „Active

☐ **Tab. 9.1** Übersicht über die Nahrung der in Deutschland vorkommenden Amphibien- und Reptilienarten. Bei den Amphibien ist nur die Beute der metamorphosierten Tiere berücksichtigt. Die Beutetiere sind zu Gruppen zusammengefasst. Seltene Ausnahmenahrung und das Erbeuten arteigener Individuen (Kannibalismus) sind nicht berücksichtigt. Bei der Europäischen Sumpfschildkröte kommen noch Wasserpflanzen als Nahrung hinzu, bei Äskulapnatter und Aspisviper zeitweilig im Jahr Vögel. *E* = Eier, *L* = Larven, *M* = metamorphosierte Tiere

Art	Schnecken	Spinnen	Insekten	Übrige Wirbellose	Fische	Amphibien	Reptilien	Säugetiere
Amphibien								
Alpensalamander								
Feuersalamander								
Teichmolch						E, L		
Fadenmolch								
Bergmolch						E, L		
Kammmolch						E, L		
Geburtshelferkröte								
Rotbauchunke								
Gelbbauchunke								
Knoblauchkröte								
Erdkröte								
Kreuzkröte								
Wechselkröte								
Laubfrosch								
Moorfrosch								
Grasfrosch								
Springfrosch								
Kleiner Wasserfrosch								
Teichfrosch						L, M		
Seefrosch								
Reptilien								
Europ. Sumpfschildkröte								
Blindschleiche								

◻ Tab. 9.1 (*Fortsetzung*)

Art	Schnecken	Spinnen	Insekten	Übrige Wirbellose	Fische	Amphibien	Reptilien	Säugetiere
Zauneidechse	■	■	■	■				
Westl. Smaragdeidechse	■	■	■	■			■	■
Östl. Smaragdeidechse	■	■	■	■			■	■
Mauereidechse	■	■	■	■				
Waldeidechse	■	■	■	■				
Schlingnatter			■				■	■
Ringelnatter					■	■		
Würfelnatter					■	■		
Äskulapnatter								■
Aspisviper								■
Kreuzotter						■		

Foraging" bezeichnet. Molche im Gewässer suchen aktiv nach Nahrung und streichen in ihrem engeren Umfeld umher. Laubfrösche sitzen im Sommer im Gebüsch und warten auf vorbeikommende Beutetiere.

Metamorphosierte Froschlurche nehmen ihre Beutetiere mithilfe einer „Klappzunge" auf (◻ Abb. 9.1 und 9.2). Präsentiert man einem Frosch oder einer Kröte ein geeignetes Beutetier, wendet sich der Lurch diesem zu und fixiert es. Dann wird die am Vorderende des Mundbodens festgewachsene Zunge herausgeschleudert. Dabei streicht sie über das Gaumendach und nimmt ein klebriges Sekret der Gaumendrüsen, insbesondere der Zwischenkieferdrüsen, auf. So versorgt, wird die Zunge mit großer Geschwindigkeit von oben auf die Beute geklappt (◻ Abb. 9.1b). Beim anschließenden Zurückziehen wird sie ins Maul befördert. Sodann wird Letzteres geschlossen und das Beutetier hinuntergeschlungen, wobei die Augäpfel nach unten bewegt werden. Häufig putzt sich die Kröte oder der

Frosch anschließend durch abwechselnde Wischbewegungen mit den Vorderfüßen die Schnauze.

Auch Fliegen können durch Herausschleudern der Zunge erbeutet werden. Größere Beuteobjekte, z. B. Regenwürmer, werden direkt mit den Kiefern gepackt. Versucht der Wurm zu entkommen, helfen die Vorderfüße abwechselnd mit, ihn ins Maul zu befördern (◻ Abb. 9.3).

Aquatisch lebende Urodelen und ihre Larven nehmen Beutetiere vor allem durch Saugschnappen auf. Die Beute, z. B. Kleinkrebse, Mückenlarven etc., wird optisch fixiert, der Räuber nähert sich mit der Schnauze und reißt plötzlich das Maul auf. Hierdurch entsteht eine Sogwirkung, die die Beute in den Mundraum befördert. Sofort schließt sich das Maul des Jägers. Sogwirkung und Fangeffekt werden maßgeblich durch Ausbildung sog. Lippensäume unterstützt, das sind Hautfalten an den Seiten der Oberlippen (◻ Abb. 9.4). Bei älteren Molchlarven sind Hautsäume auf Ober- und Unterlippe bis zur Metamorphose vorhanden, bei metamorphosier-

Abb. 9.1 Jungtier des Südlichen Tomatenfrosches (*Discophus guineti*) von Madagaskar. **a** Fixieren der Beute (Heimchen). **b** Blitzschnell fährt die vorn angewachsene Klappzunge heraus und packt das Beutetier. (Fotos: M. Dehling)

ten Molchen dagegen nur während der Wasseraufenthaltszeit und nur auf der Oberlippe. Am Lande werden die Säume zurückgebildet, da sie hier nicht eingesetzt werden könnten. Landmolche wie auch Salamander erbeuten kleine Tiere, indem sie ihre klebrige Zunge herausklappen und sie zum Maul führen. Größere Beutetiere werden mit den Kiefern gepackt und heruntergeschlungen.

Aber auch im Wasser können größere und längere Beutetiere, z. B. Regenwürmer, erbeutet werden. Die auf den Ober- und Unterkiefern vorhandenen kleinen Zähnchen dienen dabei nur dem Festhalten der Beute, nicht der Zerkleinerung. Die Beute wird grundsätzlich – wie auch bei den anderen Amphibien – unzerkaut verschlungen (Abb. 9.5).

Molche und Salamander fixieren ihre Beuteobjekte und nähern sich diesen, entweder durch Anschwimmen (Molch- und Salamanderlarven, erwachsene Molche im Wasser) oder durch Daraufzulaufen (metamorphosierte Salamander, Molche während der Landzeit). Bei Molchen findet meist eine Geruchsprobe statt, bevor zugeschnappt

wird. Bei ihnen kann der Geruchssinn sogar dominant sein. Sie können sehr gut riechen und, wenn sie kaum etwas sehen (nachts), allein mithilfe des Geruchssinnes Beute wahrnehmen. Salamander schnappen dagegen meist ohne Geruchsprobe unmittelbar zu.

Hauptauslöser für die Annäherung an potenzielle Beutetiere sind optische Reize, d. h. die Bewegung von kleineren Objekten. Setzt man eine hungrige Erdkröte in einen durchsichtigen Glaszylinder (zwecks Ausschaltung von Duftreizen) und bewegt außen um den Zylinder herum eine Wurmattrappe, folgt die Kröte dem vermeintlichen Beutetier. Die optische Reizung ist ausreichend, um eine Beutereaktion hervorzurufen. Der Geruchssinn ist von untergeordneter Bedeutung, kann aber zusätzlich als Informationsquelle eine Rolle spielen. Eine ergänzende Duftorientierung ist allerdings nicht unwichtig, da Kröten vor allem in der Dämmerung und nachts unterwegs sind.

Auch Fliegen kann die Kröte durch Herausschleudern der Zunge erbeuten, wobei sie bis zu

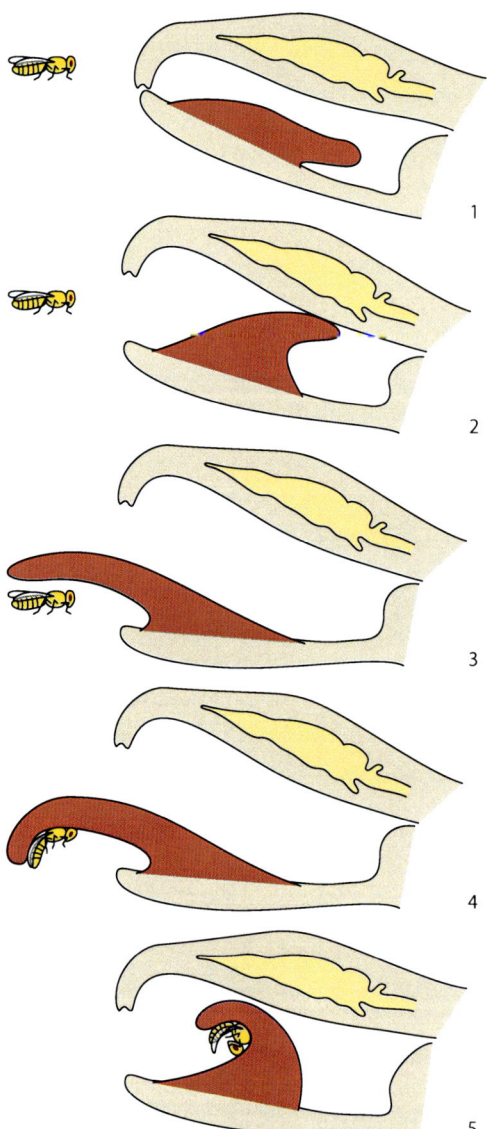

🔲 **Abb. 9.3** Große Beutetiere, z. B. Regenwürmer, werden direkt mit dem Maul gepackt und bei Bedarf mithilfe der Vorderfüße ins Maul geschoben. (Verändert nach Herter 1941)

🔲 **Abb. 9.4** Kopf eines Teichmolch-Weibchens von unten betrachtet während der Wasseraufenthaltszeit. Der Hautsaum auf der Oberlippe greift über die Unterlippe, was besonders gut *links* im Bild zu sehen ist. Der Saum begünstigt die Nahrungsaufnahme nach dem Prinzip des Saugschnappens. Nach dem Landgang wird er zurückgebildet. (Foto: S. Meyer)

🔲 **Abb. 9.2** Mechanismus des Beutefangs beim Frosch (*Rana*). Die vorn festgewachsene Zunge streicht beim Herausschleudern an den Klebdrüsen des Gaumens vorbei und wird dann auf das Beutetier geschleudert. Dieses bleibt an der Zunge kleben und wird anschließend in das Maul befördert. (Verändert nach Herter 1941)

🔲 **Abb. 9.5** Ein Kammmolch verschlingt im Wasser einen Regenwurm. Dieser wird direkt mit den Kiefern gepackt. (Foto: S. Meyer)

🔲 **Abb. 9.6** Gelegentlich erbeuten Wasserfrösche (Gattung *Pelophylax*) auch andere Amphibien wie hier ein Teichfrosch eine jüngere Erdkröte. Letztere wurde mit dem Kopf voran verschlungen, die Hinterbeine ragen noch aus dem Maul. (Foto: S. Meyer)

einem Abstand von ca. 4,5 cm zum Beutetier von der Zunge Gebrauch macht. Größere Beuteobjekte, z. B. einen langen Regenwurm, erbeutet sie, indem sie mit dem Kopf vorschnellt und ihn mit den Kiefern packt. Will der Wurm entkommen, helfen die Vorderfüße mit, ihn ins Maul zu befördern.

Spektakulär ist der Beutefang der Wasserfrösche (Gattung *Pelophylax*). Er lässt sich auch am Gartenteich beobachten. Durch Auslegen von etwas Fleisch am Rande des Teiches werden Fliegen angelockt. Sobald ein Insekt in das Gesichtsfeld eines Frosches gerät, richtet er seine Körperlängsachse auf dieses Objekt aus. Dann nähert er sich vorsichtig, je nach Entfernung können hierzu einige Schwimmzüge oder Schritte erforderlich sein. Ist der Frosch nah genug an das Beutetier herangekommen, führt er einen kräftigen Sprung aus und ergreift es mit der rasch vorschnellenden Zunge. Das daran klebende Objekt wird zum Maul geführt, die Kiefer packen zu und die Nahrung wird hinuntergeschluckt.

■ **Beutefang-Akrobatik**

Geradezu akrobatisch geht es zur Paarungs- und Eiablagezeit der Libellen zu. Die dann besonders verhaltensauffälligen Männchen locken ungewollt Wasserfrösche an. Diese versuchen die Libellen mit kräftigen Sprüngen vom Ufer aus oder dem Wasser heraus zu erwischen. Im zweiten Falle schnellen sie häufig senkrecht oder leicht nach hinten geneigt aus dem Wasser nach oben; manchmal kippen sie dabei nach hinten und fallen auf den Rücken. Aber so manche Libelle wird erwischt.

Auch kleinere Wirbeltiere werden von den „gefräßigen" Wasserfröschen erbeutet, z. B. andere Amphibien. Sogar jüngere Erdkröten gehören dazu (🔲 Abb. 9.6).

9.3   Allesverwerter: Larven der Froschlurche

Die Kaulquappen der meisten Froschlurche wenden zwei Techniken des Nahrungserwerbs an. Eine lässt sich gut im Aquarium beobachten (Lupe zu Hilfe nehmen!), nämlich das Abraspeln von Algenbezügen an Aquarienscheiben, Pflanzen und Steinen mittels schwarzer, kräftiger Hornschnäbel (🔲 Abb. 9.7).

Die zweite Technik ist das Herausfiltrieren organischer Partikel, freischwebender Algen, mikroskopisch kleiner Tierchen und organischem Zerreibsel (Detritus) aus dem Wasserstrom, der beständig an den Kiemen vorbeizieht. Der ganze Mundraum und

◻ Abb. 9.7 Mundpartie der Larve einer Knoblauchkröte (*Pelobates fuscus*). Mit dem schwarzen Hornschnabel werden z. B. Algenbezüge an Steinen, Pflanzen etc. abgeraspelt. An Aquarienscheiben lässt sich dies unter Zuhilfenahme einer Handlupe gut beobachten. (Foto: S. Meyer)

die Kiemen der älteren Larven sind darauf spezialisiert, kleine Partikel aus dem Atemwasserstrom herauszufiltrieren. Das Wasser strömt durch das Maul in den Mundraum, anschließend zwischen den Kiemenbögen hindurch und verlässt schließlich den Larvenkörper über eine Ausströmöffnung. Häufig wird auch Boden- und Schlammmaterial aufgewühlt, um möglichst viele organische Partikel im Atemwasserstrom zu haben. Vor allem die in nahrungsarmen Gewässern lebenden Larven der Kreuzkröte sind sehr effektive Partikel-Filtrierer.

▪ Einsatz von Schleuderzungen

Zu den raffiniertesten Techniken des Beuteerwerbs gehört ohne Zweifel der Fang mittels hoch spezialisierter Schleuderzungen (▶ Exkurs 9.1). Bei den Amphibien nutzen vornehmlich die Lungenlosen Salamander (Familie Plethodontidae), die in Südeuropa mit den manchmal als Schleuderzungen-Salamander bezeichneten Arten der Gattung *Hydromantes* vertreten sind (die meisten Arten der Familie leben in Nord- und Mittelamerika), diese Technik. Meist werden sie allerdings, nicht ganz zutreffend, als „Höhlensalamander" bezeichnet. Tagsüber verbergen sie sich häufig in Eingangsbereichen von Höhlen, aber auch in klüftigem Kalkgestein unter der Bodenoberfläche, um nachts herauszukommen und an geeigneten Stellen nach Insekten und anderen Wirbellosen zu suchen. Diese können die Salamander aufgrund ihrer hoch sensiblen Augen

selbst bei bedecktem und mondlosem Himmel erspähen.

Bei den Reptilien ist der Beutefang mittels Schleuderzungen bei einer besonders spezialisierten Echsengruppe, den Chamäleons, ausgebildet. Diese sind bestens auf ein Leben in Büschen und Bäumen angepasst. Der Körper ist seitlich zusammengedrückt und das Schwanzende als Wickelorgan ausgebildet, mit welchem sich die Tiere an Zweigen festhalten. Die Zehen werden wie Greifzangen eingesetzt. Die beiden konischen Augenbulbi können unabhängig voneinander in verschiedene Richtungen bewegt werden, um Beute, aber auch potenzielle Feinde auszumachen. Wird ein geeignetes Beutetier erspäht, wird es fixiert, und dabei wird offenbar auch die Distanz „sorgfältig ermittelt". Blitzschnell wird sodann eine sehr lange Zunge herausgeschleudert (◻ Abb. 9.10).

In Ruhestellung liegt die Zunge des Chamäleons im Kehlsack. Sie besteht aus längs angeordneten Muskelringen, die auf dem Zungenbein (Hyoid) aufgestülpt sind (◻ Abb. 9.11). Nach der optischen Fixierung eines Beutetieres (Insekt), wird das Maul durch Absenken des Unterkiefers geöffnet und die Zunge für einen kurzen Moment leicht vorgestülpt. Durch Kontraktion der Muskelringe gleitet die Zunge sodann blitzschnell nach vorn (vergleichbar dem „Wegflutschen" eines feuchten Seifenstückes, das man in der Hand hält und einem plötzlich entgleitet). Dabei wird das knorpelige Zungenskelett (anders als bei den Schleuderzungen-Salamandern) nicht mit hinausgeschleudert, und der Protraktormuskel wird im vorderen Zungenbereich an das Beutetier gepresst. Letzteres wird mit der keulenförmigen Verdickung des Zungenendes erfasst. Dies hat einem Elefantenrüssel ähnlich zwei blattförmige Lappen zum Umfassen der Beute (◻ Abb. 9.11). Durch einen Rückziehmuskel wird die Zunge sodann ebenso schnell wieder ins Maul zurückgezogen, wo die Beute zerquetscht und als Ganzes hinuntergeschluckt wird.

▪ Zunge mit Wurmfortsatz

Die in den östlichen USA vorkommende Geierschildkröte (*Macrochelys temminkii*), eine der weltweit größten Süßwasserschildkröten, sitzt häufig bewegungslos auf dem Boden großer Still- und Fließgewässer und sperrt dabei ihr riesiges Maul weit auf. Dabei ragt vom Mundboden ein rötlicher, wurmförmiger Fortsatz hervor, der windende Bewe-

Exkurs 9.1

Salamander mit ballistischer Schleuderzunge

Die am längsten vorschnellbaren Zungen unter allen Amphibien finden sich bei den Salamandern der Gattung *Hydromantes*. Haben sie ein Beuteobjekt entdeckt, nähern sie sich bis auf eine „Schussdistanz" von 2–4 cm und fixieren es. Dann „schießen" sie blitzschnell ihre lange Zunge hervor, die aus einem zusammengeklappten schlanken Zungenskelett und einem verdickten Ende, der eigentlichen Zunge, besteht, welche das Beutetier inner-halb weniger Millisekunden erreicht und an der die Beute kleben bleibt (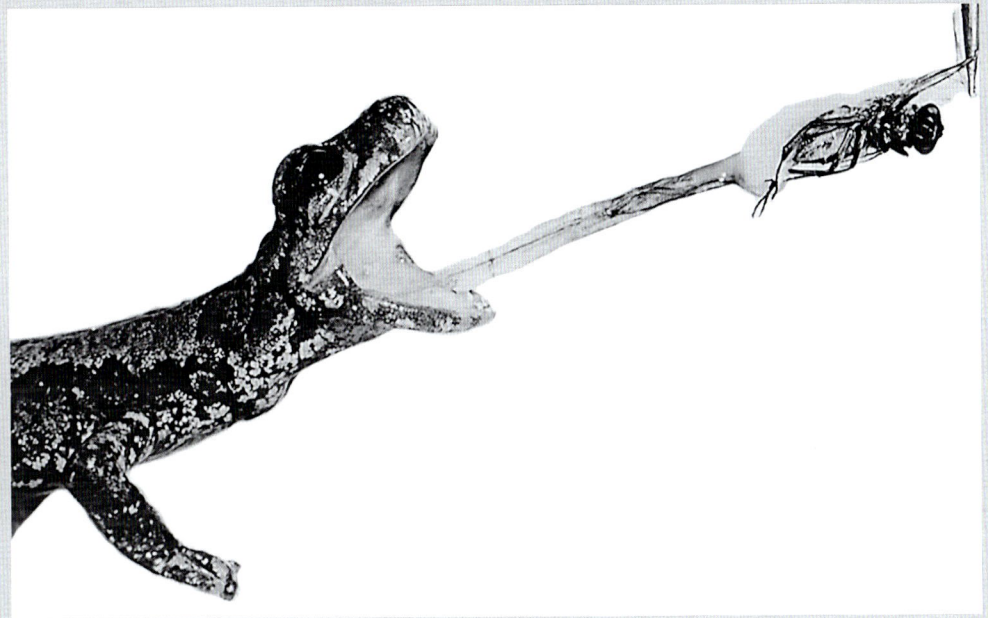 Abb. 9.8, Abb. 9.9). Wenn maximal ausgefahren, erreicht die Zunge etwa 80 % der Kopf-Rumpf-Länge der Tiere. Stabilisiert wird sie durch ein knorpeliges Zungenskelett, das bemerkenswerterweise komplett mit herausgeschleudert wird, was unter den Wirbeltieren einzigartig ist. Hierdurch ist diese ballistische Zunge kurze Zeit in der Lage, auf sich selbst gestellt zu arbeiten. Das Herausschnellen erfolgt durch einen paarigen, speziell konstruierten Protraktormuskel.

Unmittelbar nach dem Beuteergreifen wird die Zunge zurückgefahren und die Beute in den Mundraum befördert. Der hierfür kontrahierte Rückziehmuskel ist ungemein lang und reicht von der Zungenspitze bis zum Vorderrand des Beckengürtels, an welchem er ansetzt.

Abb. 9.8 Blitzschnell schießt die Zunge des Italienischen Höhlensalamanders (*Hydromantes italicus*) vor, um die hingehaltene Beute zu packen. Das Bild zeigt ein Anfangsstadium des Rückziehens der Zunge. Besonders gut ist das greifzangenähnliche Zungenende, das die Beute packt, zu sehen. (Foto: G. Roth)

(Fortsetzung)

🔹 **Abb. 9.9** Zunge mit anklebendem Beutetier, größtenteils zurückgezogen. Gut zu erkennen ist, dass mit der Zunge das dunkle Zungenskelett (Hyoidknorpel) mit herausgeschleudert wurde. (Foto: G. Roth)

🔹 **Abb. 9.10** Weibchen des Jemenchamäleons (*Chamaeleo calyptratus*) beim Beutefang. Die enorm lange Schleuderzunge, die an der Spitze greifzangenartig verbreitert ist, ergreift gerade eine Heuschrecke. (Foto: B. Trapp)

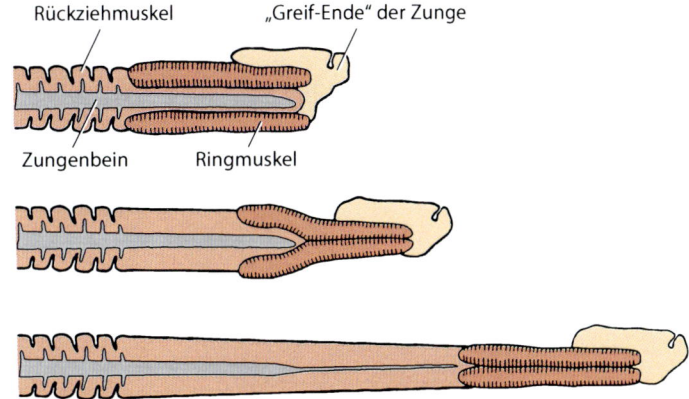

Abb. 9.11 Mechanismus der Chamäleonzunge beim Beutefang. Der im Bild längs geschnittene Ringmuskel kontrahiert sich und lässt die Zunge vorschnellen. Der hier aufgefaltete Rückziehmuskel holt die Zunge anschließend wieder zurück. Mit der verbreiterten, klebrigen Zungenspitze wird das Beutetier ergriffen. (Verändert nach Vitt und Caldwell 2009)

Rückziehmuskel   „Greif-Ende" der Zunge

Zungenbein   Ringmuskel

Abb. 9.12 Ringelnatter verschlingt ein ausgewachsenes Teichmolch-Weibchen. Hierzu wird die Partie hinter dem Kopf sehr stark gedehnt, sodass die Haut zwischen den Schuppen erkennbar ist. (Foto: B. Trapp)

gungen veranstaltet. Hierdurch werden Fische angelockt, die diesen Fortsatz für einen echten Wurm halten. Beim Versuch, diesen zu erbeuten, schnappt das Maul der Schildkröte zu, und der Fisch wird verschlungen. Daneben werden aber auch Pflanzen und diverse Wirbellose gefressen.

■ Faszination Schlangen

Immer wieder faszinieren Schlangen mit ihrer einmaligen Beuteaufnahme. Beeindruckend ist die Größe, die die Beutetiere häufig im Vergleich zum Durchmesser des Räubers aufweisen, und sodann der Schlingakt (■ Abb. 9.12). Hierzu waren komplizierte Spezialisierungen im Bau des Schädels und der darauf abgestimmten Muskulatur erforderlich. Die mechanische Verbindung zwischen den verschiedenen Knochen ist recht locker. So kann der Oberkiefer

vom Hauptteil des Schädels losgelöst werden, was einen beträchtlichen Spielraum für Bewegungen beim Fang und Verschlingen großer Beutetiere ermöglicht. Die Schädelkapsel ist durchweg verknöchert und schützt das Gehirn beim Verschlingen großer Beute.

Ein Teil der Schlangen hat Giftdrüsen entwickelt, die Sekrete zum Abtöten der Beutetiere absondern. Damit werden größere und wehrhafte Beutetiere (vor allem Amphibien, Reptilien, Säuger) ruhiggestellt, und die Schlange kann sich auf das ohnehin komplizierte Verschlingen konzentrieren. Viele andere, ungiftige Arten, z. B. Pythons und Boas und die einheimische Schlingnatter, umwickeln ihre Beute und erdrosseln sie.

In ► Exkurs 9.2 werden exemplarisch das Aufspüren der Beute und der Beuteerwerb durch eine Aspisviper geschildert. Optische und chemische

Exkurs 9.2

Aufspüren und Verfolgen eines Beutetieres durch eine Giftschlange, Beispiel Aspisviper (*Vipera aspis*).

Verhalten	Beteiligte Sinnesorgane
Wird ein geeignetes Beutetier (z. B. Maus) entdeckt, verfolgt es die Viper unter häufigem Züngeln.	Augen und Geruchsorgan (Jacobson'sches Organ), vermutlich auch Wahrnehmung von Erschütterungen
Hat sich die Viper der Maus hinreichend genähert, schießt sie blitzschnell vor, öffnet das Maul und beißt mit den Giftzähnen zu.	Augen
Die Maus flieht zunächst (einige Meter), erliegt aber kurz darauf der Wirkung des Giftes. Die Viper verharrt zunächst ruhig, öffnet dabei mehrmals „gähnend" ihr Maul und kriecht dann in Richtung Beutetier.	Geruchsorgan (Jacobson'sches Organ)
Beim Beutetier angekommen, bezüngelt die Viper dieses mehrmals.	Geruchsorgan (Jacobson'sches Organ)
Die Viper sucht nach dem Kopf der Maus, da sie Beutetiere in der Regel mit dem Kopf voran verschlingt.	Geruchsorgan (Jacobson'sches Organ) und vielleicht Tastsinn
(in Anlehnung an Y. Vasse, in: R. Bauchot 1996)	

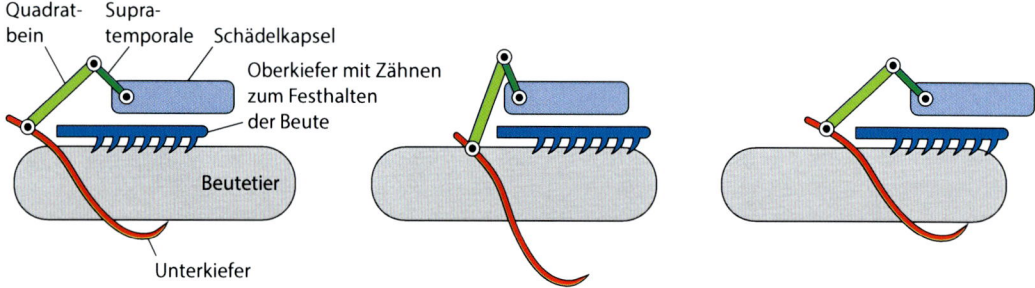

□ Abb. 9.13 Mechanismus des Beuteverschlingens einer Natter. Das Beutetier wird im Bild von rechts hineingeschoben. Näheres siehe Text. (Verändert nach Bauchot 1996)

Informationen (eventuell ergänzt um taktile) sind die entscheidenden Reize für das Auslösen der Verhaltenssequenz. Daneben dürfte die Wahrnehmung von Erschütterungen eine Rolle spielen.

Die spezialisierten Schädelelemente arbeiten in ganz bestimmter Weise zusammen (□ Abb. 9.13). Die Beute, die im Schema von rechts hineingeschoben wird, wird durch eine komplizierte Kinetik bestimmter Schädelelemente in die Speiseröhre geschoben. Bei den Nattern tragen die Oberkiefer (paariges Maxillare) und der vordere Teil des Unterkiefers (paariges Dentale) kräftige, nach hinten (innen) gerichtete Zähne, die ein Zurückgleiten der Beute verhindern. Die beiden mit den Maxillaria durch stabförmige Elemente verbundenen Flügelbeine (Pterygoide) schieben sich nun abwechselnd über die Beute hinweg nach vorn („Pterygoidwanderung"), sodass in Ansicht von oben der Eindruck entsteht, als würde der Kopf der Schlange über das Beutetier hinweggleiten. Bei den Pythons, die besonders große Beutetiere verschlingen können, weichen die Oberkiefer auseinander, und ihre Zähne drehen sich nach außen. Hierdurch wird die Bissfläche des Kiefers erweitert. Auch die Unterkiefer

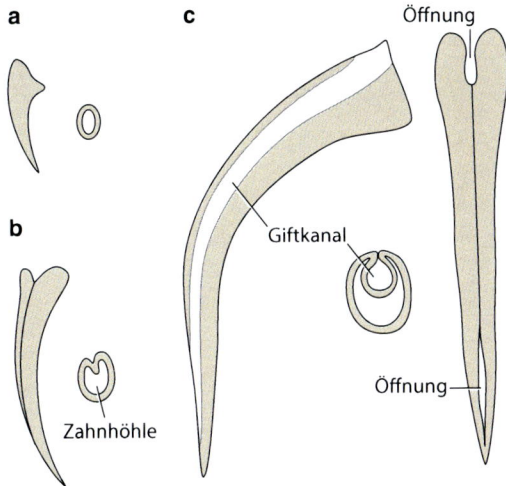

a

c

Öffnung

b

Giftkanal

Öffnung

Zahnhöhle

☐ Abb. 9.14 Bau der Zähne verschiedener Schlangen. **a** Ungiftige Ringelnatter mit einfach gebauten Zähnen. **b** Trugnatter mit Längsrinne zwecks Giftinjektion. **c** Giftzahn einer Viper mit geschlossener Rinne zwecks effektiver Giftinjektion. (Verändert nach Smith 1951)

vollführen komplizierte Bewegungen. Jeder Unterkieferast kann Drehbewegungen um die eigene Längsachse sowie seitliche und vertikale Verbiegungen vollziehen. Angesichts der hier nur skizzierten Verhältnisse ist es nicht verwunderlich, dass auch die Muskulatur, die die vielfältigen Bewegungen von Unter- und Oberkiefer ermöglicht, sehr kompliziert strukturiert ist.

Bei den Giftschlangen finden Bau und Mechanismus eine Abwandlung durch Bildung von Giftzähnen, die als Injektionsspritzen fungieren. Kurze Zähne zum Festhalten der Beute finden sich dagegen auf dem Pterygoid (s. Beispiel ☐ Abb. 5.8).

Bei den Schlangen werden verschiedene Zahntypen unterschieden (☐ Abb. 9.14). Sehr einfach gebaute, sog. aglyphe Zähne, weist z. B. die Ringelnatter (*Natrix natrix*) auf (☐ Abb. 9.14a). Da sie kein Gift erzeugt, bedarf es auch keiner giftführenden Rinne. Einen Schritt weiter in dieser Richtung haben sich die als „Trugnattern" zusammengefassten Arten entwickelt. Hierzu gehören z. B. die Eidechsennattern Südeuropas (Gattung *Malpolon*). Am hinteren (inneren) Ende der Maxillaria finden sich starre, opisthoglyphe Zähne mit je einer Längsrinne (☐ Abb. 9.14b), über die ein eher schwaches, aber bei

kleinen Beutetieren durchaus wirksames Gift injiziert wird. Vipern (Viperidae) und Giftnattern (Elapidae) haben solenoglyphe Zähne (☐ Abb. 9.14c), die vorne auf den verkürzten Maxillaria sitzen und blitzschnell aufgerichtet werden können. Durch Umbiegen der äußeren Ränder ist ein am Anfang und Ende offener Zahnkanal entstanden, durch den das Gift rasch abfließen kann.

Das Gift wird in paarigen Giftdrüsen gebildet. Diese liegen bei Viperiden und Elapiden unter und hinter den Augen. Über je einen langen Ausführgang fließt das Gift nach vorne und an die Basis der aufrichtbaren Giftzähne. Bei den Trugnattern liegen hinter den Augen sog. Duvernoy'sche Giftdrüsen, die unmittelbar in einem der vergrößerten Fangzähne münden.

Die chemische Zusammensetzung der Schlangengifte ist sehr komplex, entsprechend auch ihre Wirkung. Hauptsächlich stellen sie eine Mischung aus enzymatischen (verdauenden) und nicht-enzymatischen Eiweißen dar. Letztere wirken unmittelbar toxisch. Erstere beginnen bereits früh mit einer Verdauungstätigkeit, die im Verdauungstrakt durch weitere Enzyme vollendet wird.

Während z. B. Echsen ständig auf Beutesuche sind und in kleinen Portionen fressen, brauchen Schlangen häufig nur in größeren Zeitabständen Nahrung zu sich nehmen. Dabei gibt es allerdings eine große Bandbreite. Jungtiere müssen zwecks Wachstums häufiger Nahrung zu sich nehmen als Alttiere derselben Art. Die Größe der Beutetiere spielt zudem eine Rolle. Manche Schlangenindividuen können nach einer großen Mahlzeit lange fasten, von bis zu zwei Jahren und mehr wird berichtet. Diese physiologische Anpassung könnte z. B. in kargen Regionen mit geringer Dichte an Beutetieren von Bedeutung sein.

Unter den Echsen haben die beiden Krustenechsen (Gattung *Heloderma*, ☐ Abb. 9.15) Giftdrüsen und gefurchte Giftzähne im Unterkiefer. Sie leben in Wüsten der südwestlichen USA (z. B. S-Kalifornien, Arizona) und Mexikos. Auch der Kommodowaran setzt bei der Jagd auf große Säugetiere ein in spezialisierten Drüsen im Unterkiefer produziertes Gift ein. Es verringert die Blutgerinnung und verursacht einen Schock. Entflohene Beute kann an diesem Gift auch noch nach Tagen zugrunde gehen.

🔹 **Abb. 9.15** Das Gila-Monster (*Heloderma suspectum*) verfügt über Giftzähne im Unterkiefer. (Foto: B. Tapp)

Literatur

Verwendete Literatur

Bauchot R (Hrsg) (1996) Schlangen, 2. Aufl. Naturbuch, Weltbild, Augsburg
Blum S (1998) Untersuchungen zur Nahrungsökologie von Froschlurchen (Amphibia, Anura) der rheinland-pfälzischen Rheinaue im Hinblick auf die Bekämpfung der Stechmücken (Diptera, Culicidae). Dissertation Gießen. Natur in Buch und Kunst, Neunkirchen
Herter K (1941) Die Physiologie der Amphibien. In: Kükenthal W (Hrsg) Handbuch der Zoologie, Bd. 6. (2. Hälfte, Anhang) W. de Gruyter, Berlin
Smith M (1951) The British Amphibians and Reptiles. Collins, London
Vitt LJ, Caldwell JP (2009) Herpetology, 3. Aufl. Academic Press, San Diego

Weiterführende Literatur

Deban SM, Wake DB, Roth G (1997) Salamander with a ballistic tongue. Nature 389:27–28
Matthes E (1934) Bau und Funktion der Lippensäume wasserlebender Urodelen. Zeitschrift für Morphologie und Ökologie der Tiere 28:155–169
Roth G (1976) Experimental Analysis of the Prey Catching Behavior of *Hydromantes italicus* Dunn (Amphibia, Plethodontidae). Journal of Comparative Physiology A 109:47–58
Roth G (1987) Visual Behavior in Salamanders. Springer, Berlin

Feinde und Feindabwehr

Dieter Glandt

D. Glandt, *Amphibien und Reptilien,*
DOI 10.1007/978-3-662-49727-2_10, © Springer-Verlag Berlin Heidelberg 2016

Amphibien und Reptilien haben viele Feinde. Teilweise sind dies Vertreter der eigenen Großgruppe, z. B. wenn Schlangen Echsen verschlingen. Oft sind es jedoch Vertreter anderer Tiergruppen, die ihnen den Garaus machen. Viele Vögel erbeuten, zumindest als Zusatznahrung, Amphibien und Reptilien. Für einige Vogelarten bilden Reptilien sogar die Vorzugsnahrung, z. B. für den in Südeuropa lebenden Schlangenadler (*Circaetus gallicus*). Auch bestimmte Säugetiere, z. B. die Ginsterkatze (*Genetta genatta*) und das Ichneumon (*Herpestes ichneumon*), erbeuten Reptilien.

Besonders gern werden Amphibienlarven gefressen, z. B. von räuberischen aquatischen Wirbellosen. Bekannt hierfür sind die Larven der Schwimmkäfer, vor allem des Gelbrandkäfers (*Dytiscus marginalis*) und seiner Verwandten. Diese verfügen über zwei dolchartige Oberkiefer (Mandibeln), mit denen sie die Beute fixieren und ein lähmendes Gift sowie Verdauungsenzyme injizieren ( Abb. 10.1). Das Verdaute wird sodann mit dem Schlund aufgesogen.

Auch unter den Fischen gibt es viele Amphibienfeinde. Sie fressen nicht nur Larven, sondern auch metamorphosierte Lurche. In naturnahen, dynamischen Gewässerauen mit einer Vielzahl verschiedener Gewässer ist das ein natürlicher Vorgang. Wenn aber Fische in isolierte kleine Stillgewässer eingesetzt werden, kann das zum starken Rückgang der Amphibien führen.

In einem intakten Ökosystem gibt es normalerweise ein ausgewogenes Verhältnis von „Fressen und gefressen werden". Es ist also ganz normal, Feinde zu haben, solange sie nicht überhandnehmen. Darauf muss man sich einstellen, und die Evolutionsprozesse haben viele Strategien hervorgebracht. H. Green (1988) hat einmal alles aufgezählt, was es bei Reptilien an Feindabwehrmechanismen gibt und kam dabei auf 60! Wie viele es bei den Amphibien sind, hat offenbar noch niemand so detailliert aufgezählt. Nachfolgend sollen die wesentlichen Feindabwehrstrategien behandelt werden.

10.1 Zahlreiche Überlebensstrategien

Eine verbreitete Strategie ist die Flucht vor Feinden. Hierzu bedarf eines guten, rasch wirksamen Bewegungsapparates, worauf in ▶ Kap. 8 bereits eingegangen wurde. Manche Amphibienlarven können sich blitzschnell in dichter Unterwasservegetation verbergen (z. B. Laubfroschlarven), andere in den Bodengrund des Gewässers einwühlen. Viele Echsen flüchten sehr rasch in dichte Vegetation, in enge Gesteinsspalten oder graben sich in lockerem Sand ein. Manche Schlangen fliehen pfeilschnell.

Auch die Feindvermeidung kann eine wirksame Überlebensmethode darstellen. Viele Amphibien und Reptilien verbergen sich zeitweilig in Höhlen, in Gesteinsspalten, unter Steinen oder im Boden. Das tun sie häufig tagsüber, auch aus Schutz vor zu starker Sonneneinstrahlung oder im Winter vor

Abb. 10.1 Die räuberischen Larven des Gelbrandkäfers (*Dytiscus marginalis*) erbeuten auch Molchlarven. Mit ihren dolchartigen Oberkiefern injizieren sie dem Beutetier ein lähmendes Gift. (Foto: S. Meyer)

□ Abb. 10.2 Einige Frosch-lurcharten, z. B. die in Europa lebende Gelbbauchunke (*Bombina variegta*), biegen bei Bedrohung durch einen Feind den Rücken durch und zeigen mit dieser sog. Kahnstellung leuchtende Warnfarben, hier *gelb*. (Foto: B. Trapp)

Kälte. Aber es ist auch ein gewisser Schutz vor Räubern, die auf aktiver Nahrungssuche sind. Auch das Aufsuchen feindarmer Biotope dient der Feindvermeidung.

Eine Reihe Amphibienarten laicht in temporären, nur zeitweilig wasserführenden Kleinstgewässern, z. B. Pfützen, Wagenspuren und dergleichen. In solchen Extrembiotopen finden sich nicht allzu viele Fressfeinde, die sich über Laich oder Larven hermachen können. Beispiele in Mitteleuropa sind Kreuzkröte und Gelbbauchunke. Allerdings zahlen sie dafür auch einen Preis. Die Gefahr, dass die Pfützen austrocknen, bevor die Larven ihre Metamorphose vollzogen haben, ist groß. Daran sind sie allerdings angepasst, indem sie nach Wiederbefüllung des Mini-Gewässers (nach starken Regenfällen) erneut ablaichen.

Eine andere Strategie ist die Tarnung. Viele Amphibien und ihre Larven haben oberseits eine Färbung, die sich gut in die der Umgebung einfügt. Vor allem in Kombination mit Ruhigverhalten wird so ein visuelles Entdecken durch potenzielle Feinde erschwert. Europäische Laubfrösche (Gattung *Hyla*) sitzen oft stundenlang regungslos auf einem Blatt im Gebüsch. Oberseits sind sie fast genauso grün gefärbt wie das Blatt. Viele Wasserschildkröten, vor allem die Erwachsenen, sind oberseits sehr dunkel. Beim notwendigen Sonnen am Ufer, auf Schlammuntergrund oder dunklen Baumstämmen können sie nicht so gut entdeckt werden als wenn sie auffallende Farbmuster aufweisen würden (was häufig auf der Unterseite der Fall ist). Chamäleons verhalten sich im Geäst von Büschen sehr ruhig, fallen aber auch farblich meist wenig auf. Werden sie jedoch entdeckt, können sie nur sehr langsam fliehen und

sind schnell dem Tode geweiht. Wüstenreptilien haben häufig eine sandfarbene Oberseite.

Der Tarnfärbung entgegengesetzt ist eine Warnfärbung. Häufig werden kontrastreiche Färbungen, oft unterseits, dem Feind gezeigt, offenbar um ihm zu bedeuten: „Ich bin giftig, lass es lieber sein, mich zu fressen". Unken (Gattung *Bombina*) nehmen bei Feindkonfrontation oder Störung eine merkwürdig anmutende Haltung an, indem sie den Rücken durchbiegen, dabei Vorder- und Hinterbeine hochbiegen und die kontrastreich gefärbten Innenflächen ihrer Füße zeigen (□ Abb. 10.2). Diese Haltung wird auch als „Unkenreflex" oder „Kahnstellung" bezeichnet. Sie wird begleitet von einer vermehrten Sekretion starker Hautgifte. Auf Schleimhäuten von Säugetieren einschließlich des Menschen bewirken sie ein unangenehmes Brennen. Geringe Mengen intravenös injiziertes Unkengift ist für eine kleine Maus tödlich. Es wundert deshalb nicht, dass erwachsene Unken nur wenige Feinde haben. Junge, frisch umgewandelte Unken, die die Kahnstellung noch nicht zeigen und auch noch kein kontrastreiches Farbmuster der Unterseite aufweisen, werden dagegen häufig erbeutet, z. B. von Amseln, Rabenvögeln, Graureihern und Lachmöwen.

In bestimmten Fällen ahmen ungiftige Tiere die Färbung giftiger nach, um einen Warneffekt beim potenziellen Räuber zu erzielen. Dieses Phänomen wird als „Mimikry" bezeichnet. Das bekannteste Beispiel bei den Reptilien sind die neuweltlichen Korallenschlangen (Gattungen *Micrurus* und *Micruroides*). Sie selbst sind sehr giftig. Ihre z. T. auffälligen Färbungsmuster werden von verschiedenen ungiftigen Schlangen täuschend ähnlich nachgeahmt.

Eine andere Form, um Feinde zu täuschen, ist das Sich-Totstellen. Bekannt dafür sind z. B. Wassernattern, so Ringel- (*Natrix natrix*) und Würfelnatter (*Natrix tessellata*). Die Schlange dreht sich dabei teilweise oder fast zur Gänze auf den Rücken. Dabei wird das Maul geöffnet und die Zunge herausgestreckt. Im Extrem tritt sogar etwas Blut aus. Das Verhalten wird aber eher als selten bezeichnet und scheint vor allem bei längerer Beunruhigung aufzutreten. Ob es gegenüber Feinden tatsächlich wirkt, ist nicht ganz klar.

Wichtige Mechanismen der Feindabwehr sind dagegen Drohgebärden, häufig in Kombination mit Warnlauten. Schlangen und Echsen öffnen bei Bedrohung oft sehr weit das Maul, nicht selten verbunden mit hörbarem Fauchen oder Zischen. Das Aufrichten und Breitmachen des Vorderkörpers, verbunden mit Zischlauten, z. B. bei den Kobras (Gattung *Naja*), ist hier zu nennen. Die Tiere erscheinen hierdurch größer und sollen beim Feind Furcht auslösen. Scheinangriffe sollen der Drohung besonderes Gewicht verleihen. Klapperschlangen (Gattungen *Crotalus* und *Sistrurus*) richten ihren Vorderkörper S-förmig auf und rasseln dabei laut vernehmbar mit einer speziellen Differenzierung des Schwanzendes, der Klapper. Dabei handelt es sich um eine Reihe ineinandergreifender Segmente aus Keratin, die beim Hin- und Herbewegen aneinander gerieben werden (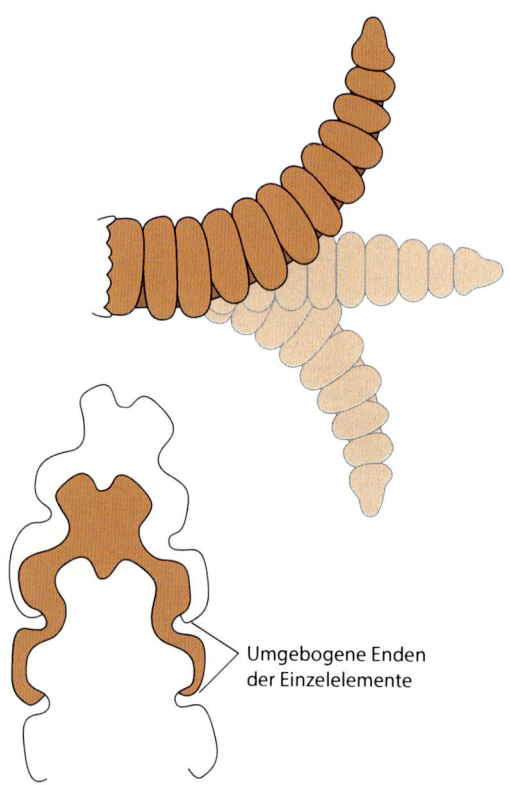 Abb. 10.3). Das harte Material führt dabei zu dem laut hörbaren Klappern. Eine alte, aber umstrittene Hypothese besagt, dass sich die Klapper bei dieser Schlangengruppe in den großen Ebenen Nordamerikas parallel zu den großen Huftierherden, besonders den Bisons, entwickelt hat. Das warnende Rasseln soll die Schlangen davor bewahren, versehentlich von den Bisons zertreten zu werden.

Eine imposante Drohgebärde unter den Echsen ist die des Bärtigen Krötenkopfs (*Phrynocephalus mystaceus*), einer vom Kaspischen Meer bis Innerasien vorkommenden Agamenart. Vor allem die Männchen sind ausgesprochen territorial. Rivalen gegenüber wird der Schwanz ein- und ausgerollt, und der Körper wird durch Strecken der Beine hochgerichtet. Eindrucksvoll ist das gleichzeitige Vorklappen von Hautlappen in den Mundwinkeln bei aufgerissenem Maul.

Weit verbreitet sind Mechanismen der chemischen Abwehr. Manche Amphibienlarven können

Umgebogene Enden
der Einzelelemente

Abb. 10.3 Klapperschlangen (Gattung *Crotalus*) weisen an der Schwanzspitze eine stark verhornte Bildung (Klapper) auf, mit der sie durch Aneinanderreiben laute Warntöne von sich geben. (Verändert nach Pough et al. 1998)

toxische Stoffe abgeben, die Feinde, wenn sie einmal die Erfahrung damit gemacht haben, abschrecken. Krötenlarven, vor allem die der Erdkröte, geben bestimmte Toxine ab, die auf Schleimhäuten anderer Wirbeltiere, z. B. Fische, unangenehme Eindrücke hinterlassen. Krötenlarven schmecken schlecht. Grasfroschlarven schmecken dagegen besser, wie ich in Experimenten mit Stichlingen zeigen konnte. Trotz Hunger fraßen die Stichlinge bevorzugt Grasfroschlarven und deutlich weniger die der Erdkröte.

Adulte Individuen verschiedener Amphibien produzieren ausgesprochen starke Hautgifte mit z. T. tödlicher Wirkung auf Räuber. Bestimmte Arten aus der Familie der Pfeilgiftfrösche oder Baumsteiger (Dendrobatidae) produzieren starke Hautgifte. Die Gifte von *Phyllobates terribilis* sind auch für den Menschen gefährlich. Sie wurden von den Chocó-Indianern Kolumbiens benutzt, um mit ihrem Hautgift Blasrohrpfeile zu imprägnieren. Auch andere Vertreter der Familie dienten verschiedenen indigenen Völkern Südamerikas zur Pfeilspitzenbehandlung.

Unter den Reptilien sind es vor allem die Vipern (Familie Viperidae) und Giftnattern (Familie Elapidae), die Gift produzieren. Vorzugsweise werden diese, wie in ▶ Kap. 9 dargelegt, zur Tötung von Beutetieren eingesetzt, aber bei Bedrohung werden auch Feinde attackiert. Die größte und vielleicht gefährlichste Giftschlange ist die 4 m und länger werdende Königskobra (*Ophiophagus hannah*). Sie lebt bevorzugt in Dschungelgebieten Indiens, Südchinas und Südostasiens und erbeutet fast ausschließlich andere Schlangenarten. Ihr Gift ist hochwirksam, ein Mensch kann nach 15 Minuten, ein Elefant nach 3–4 Stunden daran sterben.

Schwarmbildung, das Zusammenballen von Individuen derselben Art, dürfte ebenfalls einen Schutz vor Feinden bieten. Erdkrötenlarven bilden oft mehrere Meter lange und mehrere Dezimeter breite Schwärme, die sich wie dicke Würste durch das Laichgewässer wälzen.

10.2 Autotomie oder Selbstverstümmelung

Eine bemerkenswerte Strategie, um Feinden zu entkommen, ist die Autotomie oder Selbstverstümmelung. Sie kommt bei Wirbellosen vor, z. B. bestimmten Weichtieren, Krebsen und Stachelhäutern, aber auch bei Wirbeltieren. Bei Letzteren ist es vor allem der Schwanz, der hierdurch verloren geht. Diese Caudalautotomie findet sich bei verschiedenen Salamandern, bei der Brückenechse (*Sphenodon*), bei vielen Echsen, einigen Schlangen und bestimmten Nagern.

Im Folgenden sollen die Salamander und Echsen näher betrachtet werden. Der Schwanz ist für diese Tiere ein besonders wichtiges Organ für die Fortbewegung und das Sozialverhalten. Er dient zudem als Fettspeicher. Aus diesen Gründen wird er nicht leichtsinnig abgeworfen. Nur wenn ernste Gefahr droht, vor allem durch einen Feind (z. B. eine Schlange oder einen Vogel), und es um Leben und Tod geht, wird er geopfert. Auch wenn man im Gelände unvorsichtig beim Fang der Tiere ist, kann der Schwanz abgeworfen werfen.

Der frisch abgeworfene Schwanz oder Schwanzteil beginnt sofort durch intensive Muskelkontraktionen heftig zu schlagen, erregt dabei die Aufmerksamkeit des Feindes oder des Beobachters und lenkt diese regelrecht ab. Prädatoren beschäftigen sich damit, häufig fressen sie den zappelnden Schwanz auf. Immerhin: Das Ablenkungsmanöver ermöglicht den bedrängten Salamandern oder den Echsen in vielen Fällen, ihren Feinden zu entkommen.

Bei Urodelen findet sich Caudalautotomie vor allem bei Vertretern aus der Gruppe der Lungenlosen Salamander (Plethodontidae). Wake und Dresner (1967) haben gezeigt, dass es dabei unterschiedliche Grade der Spezialisierung gibt. Die höchste Ausprägung findet sich bei in Mittel- und Südamerika lebenden Arten der Gattung *Bolitoglossa*, z. B. bei *Bolitoglossa subpalmata*. Bei ihnen wird der Schwanz an der Basis, zwischen dem 1. und 2. Schwanzwirbel, abgestoßen.

Bei vielen Echsen weisen die meisten Wirbelkörper des Schwanzes (mit Ausnahme einiger nahe der Schwanzbasis) eine Sollbruchstelle auf, die entweder in der Mitte oder in der vorderen Hälfte der Wirbelkörper liegt. Dabei handelt es sich um einen nicht verknöcherten Spalt. Durch spezielle Muskelkontraktionen wird ein relativ leichtes Abwerfen eines Teils des Schwanzes ermöglicht (◨ Abb. 10.4). Bemerkenswert ist, dass es nach dem Abwerfen kaum zu Blutungen oder Flüssigkeitsverlusten kommt. Zu betonen ist: Bei den Salamandern gibt es keine Sollbruchstelle in den Wirbelkörpern, die Autotomie findet stets zwischen zwei Wirbeln statt.

Angesichts der großen Bedeutung des Schwanzes nimmt das schwanzlose Tier in der Folgezeit einige Nachteile in Kauf. Bei manchen Arten sinkt der Paarungserfolg. Der Verlust des Fettspeichers führt zu geringerer Reproduktionsleistung. Andererseits kann der autotomierte Schwanzteil bemerkenswerterweise regeneriert werden.

10.3 Verblüffende Fähigkeiten – Regeneration

Unter „Regeneration" versteht man die Wiederherstellung relativ komplexer Organe oder Strukturen, die z. B. aufgrund einer Bedrohung durch Feinde oder andere Auslöser verloren gegangen sind. Hier-

◻ Abb. 10.4 Viele Echsen (hier die Westliche Smaragdeidechse, *Lacerta bilineata*) können bei Gefahr über eine Sollbruchstelle der Wirbelsäule den hinteren Schwanzteil abwerfen. Dabei kommt es kaum zu Blutungen. Das abgeworfene Schwanzende zappelt noch eine Weile und lenkt hierdurch Feinde ab. (Foto: B. Trapp)

von zu unterscheiden sind meist kleinere Verletzungen, z. B. der Haut, die durch Wundheilung wieder verschlossen werden. Über ausgeprägte regenerative Fähigkeiten verfügen die Amphibien, insbesondere die Larven der Urodelen. Vor allem Molchlarven dienten schon früh in der experimentellen Entwicklungsforschung zu zahlreichen experimentellen Studien. Auch der mexikanische Axolotl, der eine geschlechtsreif gewordene Urodelenlarve darstellt (Neotenie), verfügt über erstaunliche Fähigkeiten der Regeneration und wurde in neuerer Zeit geradezu zu einem Modellorganismus der Regenerationsforschung.

Bei Freilandfängen von Molchen und ihren Larven findet man immer wieder natürliche Verletzungen, z. B. fehlen Zehen oder Füße, ausnahmsweise auch mal Unterschenkel oder ganze Beine. Vor allem Schwanzverletzungen sind eine häufige Erscheinung. Sie rühren von aquatischen Feinden, z. B. Gelbrandkäfern, her. Bei Untersuchungen an Teichmolchlarven von vier Populationen im Raum Münster (Westfalen) fand ich mittlere Verletzungsquoten (inklusive unvollständiger Regenerate) zwischen 11 und 44 %.

Die verlustig gegangenen Strukturen werden durch Neubildung relativ zügig wiederhergestellt. Die Untersuchungen am „Forschungszentrum für Regenerative Therapien" in Dresden (Arbeitsgruppe von E. Tanaka) am Axolotl ergaben, dass die für die Regenerationsleistung verantwortlichen Zellen nicht völlig zu „Alleskönner-Zellen" (sog. pluripotente Stammzellen) rückprogrammiert werden, sondern dass nach Amputation verschiedene Zelltypen des verbliebenen Stumpfes auf ihre eigene Gewebeidentität beschränkt bleiben. Als sehr flexibel erwies sich Hautgewebe, das neben Haut auch noch Knorpel und Sehnen produzieren kann, aber keine Muskelzellen. Knorpel dagegen bildet meistens wieder Knorpel, und auf Muskel programmierte Zellen beschränken sich ganz auf die Bildung von Muskeln.

Die Arbeitsgruppe von E. Tanaka hat in weiteren Experimenten herausgearbeitet, welche Gene zu welchen Zeitpunkten des Regenerationsprozesses angeschaltet bzw. abgeschaltet werden, damit eine koordinierte Regeneration stattfindet („progressive Spezification", Roentsch et al. 2013).

■ **Schwanzregeneration bei Echsen**

Große Bedeutung hat nach einer Caudalautomie die Regeneration, die an Echsen besonders gut untersucht wurde. Sie beginnt sehr rasch nach der Autotomie, und zwar zunächst mit einer Wundheilung. Hierdurch wird eine neue Oberhaut (Epidermis) gebildet. Darunter entwickelt sich sodann ein Blastem, d. h. ein undifferenziertes Gewebe aus embryonalen Zellen, das sich durch intensive Zellteilungen auszeichnet. Erst dann, etwa 10 bis 15 Tage nach der Autotomie, beginnt das Längenwachstum, verbunden mit einer sukzessiven Herausbildung des Ersatzschwanzes. Anfangs ist das Regenerat noch

■ **Abb. 10.5** Anfangs ist ein regenerierender Schwanz noch schuppenlos. Abgebildet ist ein Regenerat des Europäischen Halbfingergeckos (*Hemidactylus turcicus*). (Foto: B. Trapp)

■ **Abb. 10.6** Ältere Schwanzregenerate haben Schuppen, unterscheiden sich aber zeitlebens vom ursprünglichen Schwanzteil. Abgebildet ist ein Regenerat des Ägäischen Bogenfingergeckos (*Mediodactylus kotschyi*). (Foto: B. Trapp)

schuppenlos (■ Abb. 10.5). Schuppen werden erst spät, nach vorangegangener Verdickung der Haut, gebildet. Allerdings sind sie von anderer Gestalt und Farbe, weshalb sich ein regenerierter Schwanz deutlich von der heil gebliebenen Schwanzbasis abhebt (■ Abb. 10.6). Deshalb lassen sich bei Freilandstudien leicht Schwanzregenerations-Quoten bestimmen. Von vielen Autoren wurden diese als Ausmaß des Feinddrucks, der auf eine bestimmte Population einwirkt, interpretiert, doch hat Arnold (1988) betont, dass dies nicht ganz so einfach ist. So können bei manchen Echsenarten durch innerartliche Auseinandersetzungen oder beim Klettern Schwänze verloren gehen.

Ein wesentlicher Unterschied zwischen einem primären, unverletzten Schwanz und einem Regenerat bei Echsen ist, dass in Letzterem keine Wirbelkörper mehr gebildet werden. Das Regenerat wird vielmehr durch eine hohle knorpelige Röhre gestützt. Ganz anders bei den Salamandern. Nach Autotomie wird ein vollständiger, äußerlich nicht anders aussehender Schwanz gebildet, der im Inneren eine knöcherne Wirbelsäule aufweist.

10.4 Parasiten und Krankheiten

Als „Parasitismus" wird ein einseitiges Nutznießertum bezeichnet, im Gegensatz zur Symbiose, einem Verhältnis von beiderseitigem Nutzen. Von Ausnahmen abgesehen nutzen Parasiten ihre Wirtsorganismen, ohne sie zu töten. Wirbeltiere als relativ langlebige, „verlässliche" Wirte werden in hohem Maß von Parasiten heimgesucht. Dies gilt auch für Amphibien und Reptilien.

Unter den Ektoparasiten, die sich außen auf dem Wirt festsetzen, sind besonders Milben und Zecken verbreitet. Echsen und Schildkröten sind häufig von Zecken befallen, meist an bestimmten Körperstellen, wo sie Blut saugen. Auch die Larven der Milbenfamilie Trombiculidae (im Englischen als „Chiggers" bezeichnet) saugen auf der Haut sitzend das Blut ihrer Wirte. Manche Amphibien scheinen Hautsekrete abzusondern, die die Milben fernhalten, und sind kaum befallen, andere dagegen stark.

Unter den Endoparasiten, die im Körperinneren der Wirtstiere leben, sind Einzeller (Protozoen) häufig und weit verbreitet, z. B. *Opalina ranarum*, ein Geißeltierchen, das im Darm zahlreicher Amphibienarten vorkommt. Dabei lebt ein Entwicklungsstadium (mit sexueller Fortpflanzung) in der Kaulquappe, ein anderes Stadium (mit asexueller Vermehrung) im metamorphosierten Lurch.

In Reptilien (neben Vögeln und Säugern) warmer Länder finden sich Sporozoen (Sporentierchen) der Gattung *Plasmodium*, die z. B. beim Menschen die Malariaerkrankungen hervorrufen. Auf einer Karibik-Insel wurden in der Echse *Anolis gingivinus* Plasmodien gefunden, die anscheinend Einfluss auf die interspezifische Konkurrenz zu einer anderen *Anolis*-Art (*A. wattsi*), die meist nicht infiziert wird, hat. Dort, wo auf der Insel *A. gingivinus* infiziert ist, findet sich auch die andere *Anolis*-Art. Wo Erstere aber nicht infiziert ist, fehlt *A. wattsi*. Anscheinend sind nicht infizierte *A. gingivinus* vitaler und vertreiben die andere *Anolis*-Art.

Besonders häufig sind bestimmte Fadenwürmer (Nematoda). Bei einer Untersuchung verschiedener mitteleuropäischer Froschlurche (Erdkröte, Grasfrosch, Wasserfrösche) erwiesen sich bestimmte Nematodenarten als die mit Abstand häufigsten Parasiten (Spieler 1990). Manche Kröten oder Frösche zeigten Massenbefall einer Nematodenart in Darm oder Lunge. Auch wenn sich in Einzelfällen Schädigungen nachweisen ließen, hatten selbst hohe Befallsraten keinen augenfällig negativen Einfluss auf die körperliche Konstitution der untersuchten Lurchindividuen.

Vor allem bei Amphibien, aber auch bei aquatischen und semi-aquatischen Reptilien, finden sich viele Saugwürmerarten (Trematoda). Meist handelt es sich um Vertreter der Digenea. Das sind Saugwürmer mit einem obligaten Generations- und Wirtswechsel. Bestimmte Frühstadien (Miracidien, Redien) leben in Schnecken. In metamorphosierten Amphibien finden sich späte Larvenstadien (Metacercarien) und vor allem geschlechtsreife Saugwürmer.

Von den Monogenea, den Saugwürmern ohne Wirtswechsel, ist vor allem *Polystoma integerrimum* ein interessantes Lehrbuchbeispiel. Diese Art lebt in der Harnblase von Fröschen, z. B. Grasfröschen. Sie hat sich in ihrem Entwicklungszyklus ganz an den der Frösche angepasst. Die Eiablage findet während der Laichzeit der Frösche im Frühjahr statt. Über deren Kloake gelangen die Eier nach außen. Erste Stadien schlüpfen zeitgleich mit dem Schlüpfen der Kaulquappen, so sie sich an deren Kiemen festheften. Wenn die Quappen im Sommer die Metamorphose vollenden, suchen die Saugwürmer die Harnblasen der Jungfrösche auf. Die Entwicklung der Saugwürmer bis zum geschlechtsreifen Tier dauert ca. drei Jahre, so wie bei den Fröschen.

▪ Tod durch Krötengoldfliegen

In Ausnahmefällen können Parasiten regelmäßig den Tod der Wirtstiere verursachen. Dies ist bei Froschlurchen der Fall, die von der Krötengoldfliege (*Lucilia bufonivora*) heimgesucht werden. Am häufigsten werden Erdkröten von ihr befallen. Die Fliegen legen ihre Eier auf deren Körperoberseite ab. Nach 2–3 Tagen schlüpfen die Larven (Maden), die sich in den Nasenhöhlen der Kröten festsetzen und beginnen, deren Gewebe aufzehren. Nach und nach zerfressen sie Kopf und weitere Körperregionen, was unweigerlich zum Tode der Kröten führt (❏ Abb. 10.7).

Ebenfalls tödlich verläuft unter bestimmten Voraussetzungen der Befall mit Hautpilzen der Gattung *Batrachochytrium*. Hierauf wird in ▶ Kap. 12 eingegangen, da dieser Pilz regional zu massiven Bestandsrückgängen von Amphibienpopulationen geführt hat und weiter führt.

▪ Krankheiten

Es gibt eine Fülle an Erkrankungen bei Amphibien und Reptilien. Vor allem die terraristische Literatur ist voll davon. Hier soll nur kurz auf eine Gruppe auch freilandherpetologisch relevanter Viren eingegangen werden, die zu erheblicher Mortalität führen können. Es sind die Viren der Gattung *Ranavirus*. Sie sind wahrscheinlich weltweit verbreitet und befallen Fische, Amphibien und Reptilien. Nicht immer führt der Befall zu einer Erkrankung, wenn aber doch, dann können ernste blutige Schädigungen der Haut, inneren Organe und Muskulatur

Abb. 10.7 Befall einer bereits verendeten Erdkröte mit den länglich-weißen Larven (Maden) der Krötengoldfliege (*Lucilia bufonivora*). Auf dem Kopf sitzt noch eine Krötengoldfliege. Näheres siehe Text. (Foto: S. Meyer)

festgestellt werden. Hautschädigungen sind schon äußerlich durch große Löcher erkennbar.

Die Auswirkungen der Erkrankung können für den Bestand einer Population gravierend sein. In England wurde beim Grasfrosch ein Massensterben beobachtet, das zum Rückgang einer Population von über 80 % führte. Aus Dänemark wurde ein Massensterben bei Teichfröschen (*Pelophylax „esculentus"*) nachgewiesen, dem ca. 1200 adulte Tiere zum Opfer fielen. Aus Spanien wurde von Massenmortalität unter Larven der Nördlichen Geburtshelferkröte (*Alytes obstetricans*) berichtet. Eine Übersicht findet sich bei Duffus und Cunningham (2010).

Literatur

Verwendete Literatur

Arnold EN (1988) Caudal Autotomy as a Defense. In: Gans C, Huey RB (Hrsg) Biology of the Reptilia, Bd. 16. Alan R. Liss, New York, S 235–273

Duffus ALJ, Cunningham AA (2010) Major disease threats to European amphibians. Herpetological Journal 20:117–127

Green H (1988) Antipredator Mechanisms in Reptiles. In: Gans C, Huey RB (Hrsg) Biology of the Reptilia, Bd. 16, Ecology B, 1. Alan R. Liss, New York, S 1–152

Pough FH et al (1998) Herpetology. Prentice-Hall, Upper Saddle River, New Jersey

Roensch K, Tazaki A, Chara O, Tanaka EM (2013) Progressive Specification Rather than Intercalation of Segments During Limb Regeneration. Science 342:1375–1379

Spieler M (1990) Parasitologische Untersuchungen an einheimischen Froschlurchen. Jahrbuch für Feldherpetologie, Beiheft 2. Verlag für Ökologie und Faunistik, Duisburg

Wake DB, Dresner IG (1967) Functional Morphology and Evolution of Tail Autotomy in Salamanders. Journal of Morphology 122:265–306

Weiterführende Literatur

Bellairs AA, Bryant SV (1985) Autotomy and Regeneration in Reptiles. In: Gans C, Billett F (Hrsg) Biology of the Reptilia, Bd. 15, Development B, 5. J. Wiley, New York, S 301–410

Meisterhans K, Heusser H (1970) *Lucilia*-Befall an vier Anuren-Arten (Dipt. Tachinidae). Mitteilungen der Schweizerischen Entomologischen Gesellschaft 8(1):41–44

Weddeling K, Kordges T (2008) *Lucilia bufonivora*-Befall (Myia-sis) bei Amphibien in Nordrhein-Westfalen – Verbreitung, Wirtsarten, Ökologie und Phänologie. Zeitschrift für Feld-herpetologie 15:183–202

Wärme- und Wasserhaushalt

Dieter Glandt

D. Glandt, *Amphibien und Reptilien*,
DOI 10.1007/978-3-662-49727-2_11, © Springer-Verlag Berlin Heidelberg 2016

Temperatur und Feuchtigkeit sind zwei dominante und alles bestimmende Umweltfaktoren im Leben der Amphibien und Reptilien. Keine Art der beiden Gruppen kann in der eisigen Umgebung der Antarktis überleben, und für die meisten Amphibien sind trockene Wüsten kein geeigneter Lebensraum. Die höchsten Artenzahlen beider Gruppen finden sich deshalb in den warm-feuchten Innertropen (siehe ▶ Kap. 17).

11.1 Wesentlicher Unterschied: ektotherm – endotherm

Alle Stoffwechselprozesse sind temperaturabhängig. Andererseits erzeugen sie auch Wärme. Die meisten Tiere, so auch die Amphibien und Reptilien, sind außenwarm (= ektotherm), d. h. sie beziehen die Hauptwärmemenge durch direkte Sonneneinstrahlung oder durch Kontakt mit aufgewärmten Substraten. Aquatisch lebende Arten oder Entwicklungsstadien nehmen die Wärme durch aufgewärmtes Umgebungswasser auf. Die Körperbedeckung verfügt über keine nennenswerte Wärmeisolation. Bei niedriger oder fallender Umgebungstemperatur kommt es deshalb zur Wärmeabstrahlung und Abkühlung. Dies wird bei ihnen kompensiert durch Aufsuchen einer anderen, wärmeren Umgebung, d. h. durch thermoregulatorisches Verhalten. Ist dies nicht möglich, kommt es zu nachlassender lokomotorischer Aktivität. Der herbstliche Temperaturrückgang in unseren Breiten zwingt sie zum Einwintern in frostsicheren Winterquartieren. Die Körpertemperatur ektothermer Tiere ist grob betrachtet klar korreliert mit der Außentemperatur (▣ Abb. 11.1). Sie regulieren ihre Körpertemperatur innerhalb eines größeren Schwankungsbereiches.

Anders verhält es sich bei den innenwarmen (= endothermen) Wirbeltieren, zu denen die Vögel und Säuger zählen. Die durch Stoffwechselprozesse (innere Verbrennungsvorgänge) erzeugte Wärme wird durch ein isolierendes Feder- oder Haarkleid (auch eine dicke Fettschicht wirkt isolierend) zurückgehalten. Bei Endothermen bleibt die Körpertemperatur über einen weiten Bereich der Umgebungstemperatur konstant (▣ Abb. 11.1), sie regulieren ihre Köpertemperatur innerhalb sehr

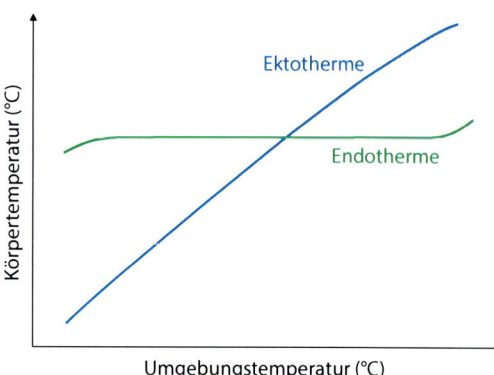

▣ **Abb. 11.1** Bei ektothermen Wirbeltieren wie Amphibien und Reptilien wird die Körpertemperatur weitgehend durch die Außentemperatur bestimmt. Endotherme Wirbeltiere können dagegen in hohem Maße ihre Innentemperatur durch Regulationsmechanismen konstant halten. (Verändert nach Eckert et al. 2000)

enger Grenzen. Endotherme müssen deshalb nicht zwangsläufig einwintern, jedenfalls nicht aus thermischen Gründen. Wenn sie es tun, dann wohl eher aus Nahrungsmangel im Winter. Zugvögel suchen nahrungsreiche Gefilde in südlichen Breiten auf, Bären überwintern in Höhlen. Wildschweine überwintern nicht, sie müssen bei uns den ganzen Winter über Nahrung suchen und wühlen dabei häufig den Waldboden um.

11.2 Vielfalt der Thermoregulation

Der vorstehende Vergleich wurde bewusst stark vereinfacht, um den Unterschied der beiden thermobiologischen Hauptstrategien zu verdeutlichen. In der Realität stellen sich die thermischen Beziehungen erheblich komplexer dar. ▣ Tab. 11.1 nennt beispielhaft verschiedene Mechanismen der Thermoregulation bei Amphibien und Reptilien. Beeindruckend ist die Vielfalt der Möglichkeiten. Ektothermie bedeutet keine „sklavische Abhängigkeit" von der Außentemperatur. Sie ist vielmehr evolutionsökologisch gesehen eine andere Art des Überlebens in einer bestimmten oder sich wandelnden Umwelt als die Endothermie. Beide Strategien haben Vor-, aber auch Nachteile, wie Eckert et al. (2000) nach einem eingehenden Vergleich zusammenfassend feststellen.

> ▣ **Tab. 11.1** Beispiele für morphologische, verhaltensbiologische und physiologische Möglichkeiten, die den Wärmeaustausch bei Amphibien und Reptilien beeinflussen. (In Anlehnung an Vitt und Caldwell 2009)

1. Veränderungen in der Haut

Farbwechsel, z. B. bei Laubfröschen und Chamäleons

2. Verhalten

Heliotaktisches Verhalten, d. h., sich direkt sonnen, z. B. auf sonnenexponierten Sitzwarten (Laubfrösche, Eidechsen); Rücken Breitmachen durch Rippenspreizen, Beispiel: Kreuzotter

Tigmotaktisches Verhalten: Wärmeaufnahme durch Körperkontakt mit aufgewärmten flachen Steinen, Müllteilen etc. Beispiele: Blindschleichen, Schlangen an kühlen Tagen

Zeitliche Einnischung der Aktivität, z. B. im Sommer frühmorgens und spät nachmittags; Aufsuchen frostfreier Winterquartiere in gemäßigten Breiten

Aufsuchen unterschiedlicher Kleinlebensräume (Mikrohabitate)

Körperkontakt beim gemeinsamen Sich-Sonnen („Wärmeanlehnung"), z. B. Zauneidechse in der Paarungszeit

Eingraben in lockeren Boden, vor allem bei Wüstenreptilien

3. Physiologische Mechanismen

Erzeugung von Verdunstungskälte durch evaporativen Wasserverlust, z. B. durch Hecheln bei Echsen

Steuerung der Herzaktivität, Verengung der Blutgefäße, Beispiel: Meerechsen beim Tauchvorgang

Wärmeproduktion durch Steigerung des Zellstoffwechsels

Synthese von „Frostschutzmitteln" zu Beginn der Überwinterung, Beispiel: Waldeidechse

- **Thermobiologische Methoden:
  nicht unproblematisch**

Vor allem, um Vergleiche zwischen verschiedenen Arten bzw. Gruppen durchzuführen, werden häufig markante Kennwerte ermittelt. In der Anfangsphase der Thermobiologie war dies häufig die „bevorzugte Außentemperatur", die im Labor ermittelt wurde. An einem Ende eines langgestreckten ringförmigen Beckens (sog. „Temperaturorgel") wurden Luft und Substrat aufgewärmt, am anderen wurde gekühlt. Das Ergebnis war ein Temperaturgradient, in welchem sich die Tiere ihren Vorzugsbereich aussuchen konnten. Diese Methode und die damit erhaltenen Werte erwiesen sich aber als problematisch. Auch eine verbesserte Labormethode, die *shuttle box*, in der verschiedene Verhaltensweisen der Tiere mit berücksichtigt werden sollten, hatte ihre Probleme.

Aus diesen Gründen wurde hiervon abgerückt, und stattdessen wurden Temperaturen im Körperinneren, meist Kloaken-Temperaturen, ermittelt. Diese lassen sich mit einem Thermometer auch direkt im Gelände messen. Doch auch hier gibt es Fehlerquellen. Vor allem beim Hantieren mit den Tieren werden die tatsächlichen Temperaturen durch Wärmeübertragung vom Untersucher auf das Tier verfälscht. Dies will die Radiotelemetrie (Biotelemetrie) vermeiden. Hierbei wird dem Tier ein Sender eingepflanzt, oder es muss den Sender vorübergehend schlucken („Schlucksender"). Regelmäßig wird sodann mittels einer Peilantenne der Ort des Tieres ermittelt und gleichzeitig die Magentemperatur gemessen und gespeichert.

In den Niederlanden wurde mit dieser Methode an der Schlingnatter (*Coronella austriaca*) gearbeitet (de Bont et al. 1986). Es zeigte sich, dass die Körpertemperaturen (KT) an sonnigen und bewölkten Tagen unterschiedlich streuten. An sonnigen Tagen folgte sie weitgehend der Außentemperatur, an wolkigen Tagen streute die KT dagegen stark. An sonnigen Tagen stieg die KT morgendlich rasch an, erreichte über Mittag eine stabile Phase zwischen 29 und 33 °C, um gegen Abend wieder abzusinken.

Es wundert nicht, dass auch diese Methode Probleme mit sich bringt. Die zumeist benutzten Schlucksender werden nicht selten von den Schlangen wieder ausgespien. D. Käsewieter (2002) hat im unteren Lechtal (Süddeutschland) für die Schlingnatter hohe „Regurgitationsraten" (Wiederausspei-Raten) ermittelt, teilweise an die 50 %. Manchmal lief der Autor mit der Peilantenne hinter Sendern her, deren zugehörige Schlangen längst auf und davon waren.

Heute lassen sich mit der Methode der Thermografie feinere und tierschonendere Analysen durchführen. Mithilfe von Wärmebildkameras können die aktuellen und wechselnden Temperaturen unterschiedlicher Körperteile und Organe fein abgestuft ermittelt werden.

Aufgrund der geschilderten methodischen Probleme und Einschränkungen wird darauf verzichtet, Tabellen zu thermobiologischen Kennwerten zu bringen. Eine sehr umfassende Wertetabelle für Amphibien findet sich in dem Buch von Feder und Burggren (1992).

▪ Thermoregulatorisches Verhalten: Beispiel Waldeidechse

Will eine typische Eidechse wie die Waldeidechse (*Zootoca vivipara*) eine bestimmte innere Temperatur einhalten, reguliert sie dies vor allem über Verhaltensweisen. Besonders schön lässt sich dies im Frühjahr nach dem Auswintern beobachten. Um sich aufzuwärmen, zeigen die Tiere ein typisches Sich-Sonnen-Verhalten. Sie liegen gern auf wärmendem Untergrund, z. B. auf trockenem Totholz, wobei sie den Rücken breit der Sonne zukehren. Wenn es ihnen auf dem Untergrund zu heiß wird, werden die Füße hochgehalten. Allerdings darf eine bestimmte interne Temperatur nicht längere Zeit überschritten werden, da sonst Hitzeschäden drohen, z. B. Kreislaufkollaps, Denaturierung der Eiweißmoleküle, stärkere Wasserverluste trotz Schuppenkleid. Deshalb wechselt sie nach einer gewissen Zeit den Aufenthaltsort, geht gewissermaßen auf Wanderschaft innerhalb ihres Lebensraumes. An einem radioaktiv markierten Männchen konnten Buschinger und Verbeek (1970) zeigen, dass dieses in einem heterogenen Lebensraum mit unterschiedlichen Mikrohabitaten ein relativ großes Gebiet durchstreifte und dabei Tagesstrecken von 70–90 m zurücklegte. Gerade an heißen Tagen im Juni war das Tier selten zu sehen, konnte aber dank der Markierung im dichten Gras wandernd geortet werden. Bei kühlem Wetter im Mai wanderte ein anderes Männchen dagegen weniger als 13 m pro Tag.

Die verschiedenen Arten bevorzugen unterschiedliche Temperaturbereiche, innerhalb derer sie aktiv sind. Die Grenzen bilden die untere und die

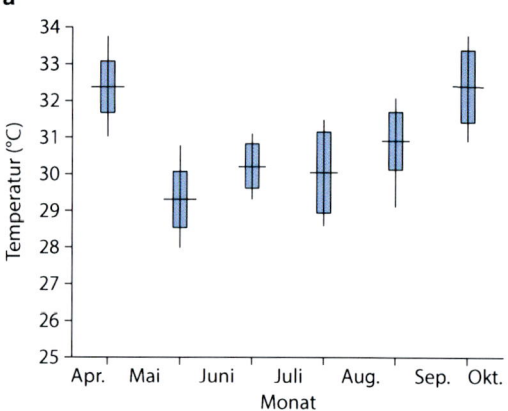

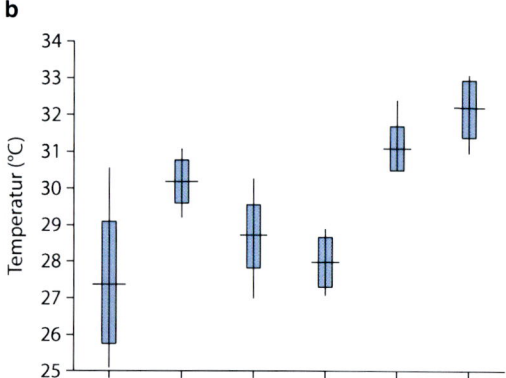

▪ Abb. 11.2 Vorzugs-Körpertemperaturen männlicher **a** und weiblicher **b** Waldeidechsen im Verlaufe der Saison. *Horizontale Linien*: Mittelwerte; *Rechtecke*: 95-%-Konfidenzintervalle; *senkrechte Linien*: Wertespannen. (Verändert nach Glandt 2001)

obere Letaltemperatur. Für die Waldeidechse scheinen diese Werte noch nicht ermittelt. Häufig wurde dagegen die mittlere bevorzugte Körpertemperatur bestimmt. Diese ist jedoch keine Konstante. So gibt es unterschiedliche Werte bei den Geschlechtern und je nach Jahreszeit (▪ Abb. 11.2). Zumindest teilweise scheinen die Werte für Anpassungen im Zusammenhang mit unterschiedlichen biologischen Aktivitäten zu sprechen. Die deutlich höheren Werte bei den Männchen im April gegenüber den Weibchen könnten mit der ausgedehnten Suche nach Letzteren zusammenhängen.

Ein thermisch kritischer Wechsel ist der herbstliche Abfall der Außentemperaturen. Dem begegnet die Waldeidechse zwar auch – wie andere Reptilien der gemäßigten Breiten – mit dem Aufsuchen frostsicherer Winterverstecke. Doch bemerkenswerterweise überwintert sie, soweit man bisher festgestellt hat, in relativ geringer Bodentiefe. Untersuchungen in Frankreich ergaben nur 2–8 cm. Allerdings liegt im Winter an den untersuchten Standorten häufig eine mächtige Schneelage darüber, die isolierend wirkt. Dennoch ist flaches Überwintern nicht ungefährlich. Doch verfügen Waldeidechsen über eine bemerkenswerte physiologische Anpassung. Sie erhöhen sukzessive ihren Blutzuckergehalt, bis zum Ende des Winters auf etwa das Vierfache gegenüber dem herbstlichen Wert. Hierdurch werden die osmotischen Eigenschaften der Zellen verändert, was zu einer Gefrierpunktserniedrigung führt. Der Blutzucker wirkt hier gewissermaßen als Frostschutzmittel. Hierdurch können sie für einige Zeit Temperaturen von bis zu −3,5 °C ertragen, ohne zu erfrieren.

■ Beispiel Meerechse

Auf den zu Ecuador gehörenden Galapagosinseln lebt die weltweit einzige marine Echsenart, die Meerechse (*Amblyrhynchus cristatus*). Sie lebt von Meeresalgen, hauptsächlich von Meersalat (*Ulva lactuca*), die unter Wasser abgeweidet werden. Die Tauchgänge dauern bis zu einer halben Stunde und führen bis in 10–15 m Tiefe. Dort aber ist das Wasser sehr kühl, die Körpertemperatur der Echsen sinkt. Die Herzschlagfrequenz sinkt bei Tauchbeginn zunächst sehr rasch, bleibt dann aber trotz weiter fallender Körpertemperatur zunächst auf gleichbleibendem Niveau, was für einen physiologischen Regulationsmechanismus spricht (■ Abb. 11.3). Nach dem Auftauchen müssen sich die Echsen ausgiebig auf den Felsen über der Brandung sonnen, um sich wieder aufzuwärmen, denn ihre bevorzugte Körpertemperatur liegt bei 35–36 °C. In dieser Pose kennt man die Tiere aus vielen Naturfilmen über die Inselgruppe.

11.3 Wärme und Wasser: die Gratwanderung der Amphibien

Alle Lebensprozesse laufen in wässriger Lösung ab. Wasser ist deshalb eine lebensnotwendige Voraussetzung für die Existenz von Organismen. Der Körper der Amphibien und Reptilien besteht zu ca. 70–80 % aus Wasser, wodurch dessen große

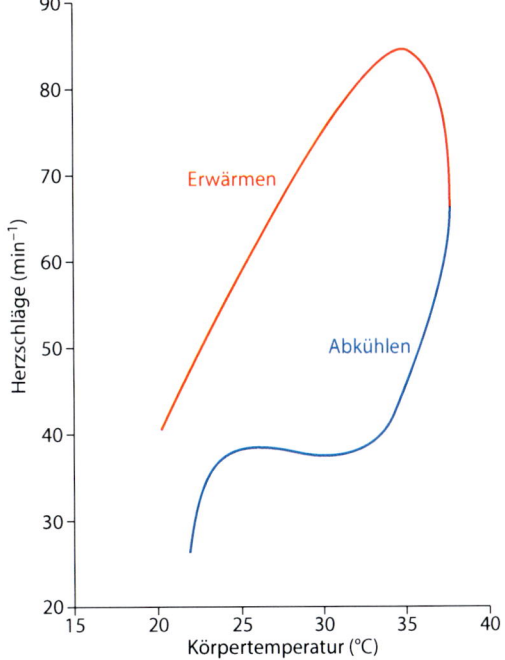

■ **Abb. 11.3** Herzfrequenz von Galapagos-Meerechsen (*Amblyrhynchus cristatus*) beim Aufwärmen und Abkühlen während des Tauchvorgangs. In einer bestimmten Spanne der Körpertemperatur während des Tauchens wird die Herzfrequenz konstant gehalten, was für einen physiologischen Regulationsmechanismus spricht. (Verändert nach Eckert et al. 2000)

Bedeutung unterstrichen wird. Da Vertreter beider Gruppen auch in wasserarmen Regionen und Biotopen leben, ist die ständige Aufnahme von Wasser ein wichtiger Vorgang, zumal es auf verschiedenen Wegen zu Wasserverlusten kommt.

Wasser wird über die Nahrung und Stoffwechselprozesse, durch Trinken (nur Reptilien, nicht Amphibien) und über die Haut aufgenommen. Wasserverluste resultieren durch Ausscheidung flüssiger oder fester Stoffe (Urin, Kot), durch die Haut (Verdunstung), während der Atmung und bei der Ausscheidung von Salzen über spezielle Drüsen.

Reptilien haben einen entscheidenden Vorteil: Ihre stark verhornte Oberhaut schützt sie vor allzu hohen Wasserverlusten. Anders sieht es bei den Amphibien mit ihrer dünnen, wasserdurchlässigen Haut aus. Dennoch müssen auch sie Wärme von außen aufnehmen. Wie schaffen sie diese Gratwanderung?

Amphibien, vor allem die Urodelen, haben geringere Vorzugs-Körpertemperaturen als z. B. die

Echsen. Sie kommen mit geringerer Wärmezufuhr von außen aus. Ihr Stoffwechsel läuft auf geringerem Intensitätsniveau. Für Lungenlose Salamander (Plethodontidae) des gemäßigten Nordamerika werden mittlere Körpertemperaturen von 11,3–13,5 °C angegeben, für Echte Eidechsen (Lacertidae) eine solche von 38,4 °C.

Urodelen leben typischerweise in feucht-kühlen Lebensräumen. In trocken-warmen Gebieten sind sie am Lande nachtaktiv, nur bei aquatischer Lebensphase (Molche) auch tagaktiv.

Die meisten Anuren leben in warmen, (sub-) tropischen Gebieten. Hier ist die Wärmezufuhr von außen groß, der Stoffwechsel kann auf höherem Niveau laufen. Für Laubfrösche (Familie Hylidae) werden mittlere Körpertemperaturen von 23,7 °C angegeben.

▪ Beispiel Laubfrosch

Laubfrösche, auch unsere einheimische Art *Hyla arborea*, sonnen sich gerne ausgiebig in der direkten Sonne. Warum vertrocknen sie nicht? Die Rückenfarbe wird maximal aufgehellt zu einem extremen Hellgrün, um eine zu starke Wärmeabsorption zu vermeiden. Auffallend ist zudem die Körperhaltung: Die Tiere machen in Seitenansicht betrachtet einen Buckel, die Vorderbeine werden soweit wie möglich unter den Körper geschoben. Damit nehmen sie näherungsweise die Gestalt einer Halbkugel an. Hierdurch wird die verdunstungsrelevante Oberfläche klein gehalten, denn die Kugel weist die kleinste Oberfläche aller Körper gleichen Volumens auf. Außerdem wird unter dem Körper ein Wasserfilm festgehalten. Nimmt man Laubfrösche von breiten Blättern in der prallen Sonne hoch, kann man diesen Wasserfilm sehen. Dazu kommt noch eine weitere Möglichkeit der Reduzierung von Wasserverlusten: Die in der Haut gelegenen Schleimdrüsen verfügen über einen Schließapparat, bestehend aus Schließzellen und Nebenzellen, die den Sekretaustritt regulieren können. Außerdem können mittels spezieller Muskelfasern die Drüsenausführgänge geschlossen werden.

▪ Spektakulär: Kokons

In manchen Regionen der Erde können die Anpassungen der Amphibien gegen drohende Wasserverluste geradezu spektakuläre Formen annehmen.

Bestimmte Arten, vorwiegend Anuren, können Trockenperioden durch Bildung eines weitgehend wasserundurchlässigen Kokons überdauern. In dieser „Verpackung" harren sie eingegraben im Bodenschlamm aus, bis einsetzende Niederschläge wieder Feuchtigkeit bieten. Die Kokons bestehen aus zahlreichen, stark verhornten Lagen des Stratum corneums der Oberhaut. Diese werden in rascher Folge gebildet. Beim in NO-Australien lebenden Gestreiften Grabfrosch (*Cyclorana alboguttata*) wurden im Laborexperiment innerhalb von 21 Tagen 24 Lagen angelegt.

Auch die in temporären Gewässern Südamerikas lebende Art *Lepidobatrachus llanensis* (Familie Ceratophryidae) überdauert die Trockenzeit, indem sie sich in den Bodenschlamm zurückzieht. Rechtzeitig wird ein Kokon aus zahlreichen Lagen gebildet, eine Lage pro Tag. Der Kokon reduziert die Wasserverluste um etwa 90 %. Derart gewappnet können die Tiere bis zu 150 Tage überleben.

Literatur

de Bont RG, van Gelder JJ, Olders JHJ (1986) Thermal ecology of the smooth snake, *Coronella austriaca* Laurenti, during spring. Oecologia 69:72–78

Buschinger A, Verbeek B (1970) Freilandstudien an Ta-182-markierten Bergeidechsen (*Lacerta vivipara*). Salamandra 6:26–31

Eckert R et al. (2000) Tierphysiologie, 3. Aufl. Georg Thieme, Stuttgart

Feder ME, Burggren WW (Hrsg) (1992) Environmental Physiology of the Amphibians. The University of Chicago Press, Chicago, London

Glandt D (2001) Die Waldeidechse. Laurenti, Bielefeld

Käsewieter D (2002) Ökologische Untersuchungen an der Schlingnatter (*Coronella austriaca*). Dissertation Universität Bayreuth

Vitt LJ, Caldwell JP (2009) Herpetology, 3. Aufl. Academic Press, San Diego

Amphibien und Reptilien in Gefahr – Schutzmaßnahmen sind dringend notwendig

Dieter Glandt

D. Glandt, *Amphibien und Reptilien*,
DOI 10.1007/978-3-662-49727-2_12, © Springer-Verlag Berlin Heidelberg 2016

Amphibien und Reptilien sind gefährdet, sowohl national, als auch international und global. Besonders die Amphibien sind aufgrund ihrer empfindlichen frühen Entwicklungsstadien (Laich, Larven), aber auch wegen der dünnen, für Schadstoffe permeablen Haut der metamorphosierten Tiere, von vielfältigen Negativeinflüssen der modernen Welt betroffen. Auch die Reptilien werden negativ beeinflusst, wie sich beispielsweise an den Meeresschildkröten aufzeigen lässt.

Mittlerweile existiert eine umfangreiche Literatur über die Gefährdungsfaktoren, tatsächliche oder mögliche Ursachen des Artenrückganges und über vorgeschlagene Schutzmaßnahmen. Hierüber ließe sich ein eigenes Buch schreiben. Das vorliegende Kapitel kann nur einige ausgewählte Gesichtspunkte behandeln und anhand exemplarischer Vertiefungen die Problematik verdeutlichen. Auch werden Möglichkeiten und erforderliche Maßnahmen der Gefahrenabwehr vorgestellt sowie praktische Tipps für Hilfs- und Schutzmaßnahmen gegeben.

12.1 Bedenklich – die Situation in Deutschland

Der Gefährdungsgrad von Tier- und Pflanzenarten wird in Deutschland bereits seit den 1970er-Jahren in sog. Roten Listen angegeben. Sie basieren zum einen auf dem aktuellen Bestand bzw. der Verbreitung der Arten innerhalb einer Bezugsregion (z. B. Staat, Bundesland), zum anderen auf längerfristigen Bestandstrends (gleichbleibend oder abnehmend, ggf. zunehmend). Die Einstufungen der Arten in die verschiedenen Gefährdungskategorien sind in einem gewissen Grade subjektiv. Da die Listen aber von erfahrenen Spezialisten erstellt und von den Umweltämtern der Bundesländer sowie dem Bundesamt für Naturschutz (BfN) herausgegeben werden, sind sie eine hilfreiche Grundlage für die naturschutzpolitische Arbeit geworden. Zudem ist man sehr bemüht, die methodischen Grundlagen der Roten Listen sukzessive zu verbessern, wie die aktuelle Liste für Deutschland aus dem Jahre 2009 zeigt.

Die wesentlichen Gefährdungskategorien sind in abnehmender Reihenfolge der Gefährdung:

- **ausgestorben oder verschollen.** Hierzu zählen Arten, die im Bezugsgebiet verschwunden sind oder von denen trotz längerer Suche keine freilebenden, bodenständigen (= autochthonen) Populationen mehr bekannt wurden. In Deutschland ist keine Art in dieser Kategorie vertreten (◘ Tab. 12.1, ◘ Tab. 12.2).

- **vom Aussterben bedroht.** Hierzu gehören Arten, die so stark bedroht sind, dass sie bei Fortbestehen der Gefährdungsursachen in absehbarer Zeit aussterben könnten. Ein Überleben im Bezugsgebiet (hier Deutschland) erfordert die Beseitigung der Gefährdungsursachen, zumindest wirksame Schutzmaßnahmen. Amphibienarten in dieser Kategorie sind in Deutschland nicht zu beklagen, wohl aber mehrere Reptilienarten (◘ Tab. 12.2). Eine Art ist die Europäische Sumpfschildkröte. Diese findet sich zwar immer wieder verteilt über ganz Deutschland. Doch gehen die Funde in aller Regel auf ausgesetzte, nicht bodenständige (sog. allochthone) Tiere zurück, die meist aus dem südeuropäischen Raum stammen. Bodenständige Restvorkommen mit geringen Tierzahlen finden sich nur noch lokal in Ostdeutschland.

- **stark gefährdet.** Hierzu gehören Arten, die spürbar zurückgegangen und durch menschliche Einwirkungen erheblich bedroht sind. Wenn nicht ernsthaft gegengesteuert wird, könnten sie in die vorangegangene Kategorie aufsteigen. In der Gruppe der Amphibien sind die beiden Unkenarten (Gattung *Bombina*) betroffen, bei den Reptilien die Westliche Smaragdeidechse.

- **gefährdet.** Hierzu gehören Arten, die im Großteil des Bezugsgebietes noch gut vertreten sind. Regional sind jedoch Bestandsverluste zu verzeichnen, die sogar recht stark sein können wie bei der Knoblauchkröte in Nordrhein-Westfalen. In solchen Teilgebieten sind umfassende Schutzmaßnahmen angelaufen oder dringend geboten. Unter den Amphibien finden sich sechs Arten in dieser Kategorie, unter den Reptilien eine Art.

- **Vorwarnliste.** In dieser Kategorie werden Arten geführt, die derzeit noch nicht gefährdet sind. Jedoch können sie bei Fortbestehen bestandsreduzierender Einwirkungen in die Kategorie „gefährdet" aufsteigen. Diese

▣ **Tab. 12.1** Artenliste der Amphibien Deutschlands und ihr Gefährdungsstatus gemäß der „Roten Liste" von 2009 (Bundesamt für Naturschutz 2009). Sowohl der Gefährdungsgrad als auch die Kommentare beziehen sich auf das deutsche Staatsgebiet. In benachbarten Ländern kann die Gefährdungssituation eine andere sein, z. B. beim Alpensalamander

Art	Gefährdungsgrad	Kommentar
Alpensalamander, *Salamandra atra*	ungefährdet (evtl. zu hinterfragen!)	sehr selten, beschränkt auf südlichstes Bayern und südöstlichsten Teil Baden-Württembergs
Feuersalamander, *Salamandra salamandra*	ungefährdet	
Teichmolch, *Lissotriton vulgaris*	ungefährdet	
Fadenmolch, *Lissotriton helveticus*	ungefährdet	
Bergmolch, *Ichthyosaura alpestris*	ungefährdet	
Kammmolch, *Triturus cristatus*	Vorwarnliste	deutlicher Rückgang wird angenommen
Geburtshelferkröte, *Alytes obstetricans*	gefährdet	mäßiger Rückgang, regional starker Rückgang
Rotbauchunke, *Bombina bombina*	stark gefährdet	
Gelbbauchunke, *Bombina variegata*	stark gefährdet	starker Rückgang, vor allem an der nördlichen Arealgrenze (Mittelgebirgsschwelle)
Knoblauchkröte, *Pelobates fuscus*	gefährdet	starker Rückgang an der westlichen Arealgrenze (Nordrhein-Westfalen)
Erdkröte, *Bufo bufo*	ungefährdet	
Kreuzkröte, *Epidalea calamita* (früher *Bufo calamita*)	Vorwarnliste	
Wechselkröte, *Bufotes viridis* (früher *Bufo viridis*)	gefährdet	eventuell handelt es sich um zwei Arten: *Bufotes viridis* im Westen und Süden Deutschlands und *Bufotes variabilis* im Ostseeraum
Laubfrosch, *Hyla arborea*	gefährdet	
Moorfrosch, *Rana arvalis*	gefährdet	
Grasfrosch, *Rana temporaria*	ungefährdet	
Springfrosch, *Rana dalmatina*	ungefährdet	
Kleiner Wasserfrosch, *Pelophylax lessonae* (früher *Rana lessonae*)	gefährdet	
Teichfrosch, *Pelophylax „esculentus"* (früher *Rana esculenta*)	ungefährdet	Hybridform, die aus der voranstehenden und der nachfolgenden Art entstanden ist
Seefrosch, *Pelophylax ridibundus* (früher *Rana ridibunda*)	ungefährdet	
Summe der Rote-Liste-Arten und Prozentsatz an der Gesamtartenzahl	10 von 20 Arten (50 %)	

▫ **Tab. 12.2** Artenliste der Reptilien Deutschlands und ihr Gefährdungsstatus gemäß der „Roten Liste" von 2009 (Bundesamt für Naturschutz 2009). Sowohl der Gefährdungsgrad als auch die Kommentare beziehen sich auf das deutsche Staatsgebiet. In benachbarten Ländern kann die Gefährdungssituation eine andere sein, z. B. bei der Würfelnatter

Art	Gefährdungsgrad	Kommentar
Europäische Sumpfschildkröte, *Emys orbicularis*	vom Aussterben bedroht	nur noch kleine Restvorkommen ursprünglicher (autochthoner) Bestände in Ostdeutschland
Blindschleiche, *Anguis fragilis*	ungefährdet	
Zauneidechse, *Lacerta agilis*	Vorwarnliste	
Westliche Smaragdeidechse, *Lacerta bilineata*	stark gefährdet	
Östliche Smaragdeidechse, *Lacerta viridis*	vom Aussterben bedroht	
Mauereidechse, *Podarcis muralis*	Vorwarnliste	
Waldeidechse, *Zootoca vivipara*	ungefährdet	
Schlingnatter, *Coronella austriaca*	gefährdet	
Ringelnatter, *Natrix natrix*	Vorwarnliste	
Würfelnatter, *Natrix tessellata*	vom Aussterben bedroht	isolierte Reliktvorkommen
Aspisviper, *Vipera aspis*	vom Aussterben bedroht	isoliertes Reliktvorkommen
Äskulapnatter, *Zamenis longissimus*	stark gefährdet	isolierte Reliktvorkommen
Summe der Rote-Liste-Arten und Prozentsatz an der Gesamtartenzahl	10 von 12 Arten (83 %)	

Arten sollten deshalb unter Beobachtung bleiben, und es sollten Maßnahmen durchgeführt werden, die den Bestandsrückgängen entgegenwirken. Zwei Amphibien- und drei Reptilienarten werden in dieser Kategorie geführt.

– **ungefährdet**. Zum Glück gibt es einige Arten, die auf ganz Deutschland bezogen als „nicht gefährdet" bezeichnet werden können. Das Paradebeispiel ist die Erdkröte, die trotz vieler Straßenopfer auf ihren jährlichen Laichplatz-Wanderungen in der Fläche immer noch bemerkenswert gut vertreten ist. Man sollte dennoch wachsam sein. So werden die Schwanzlurche mit Ausnahme des Kammmolches in der Liste von 2009 noch alle als „ungefährdet" bezeichnet. Vor dem Hintergrund des kürzlich entdeckten, sehr aggressiven Hautpil-

zes *Batrachochytrium salamandrivorans* könnte sich die Situation dieser Artengruppe jedoch sehr rasch verschlechtern.

Insgesamt werden für Deutschland nicht weniger als 50 % der Amphibienarten, bei den Reptilien sogar 83 % in der Roten Liste geführt. Das ist erschreckend hoch! Eine Bestandszunahme ist in den letzten Jahrzehnten bei keiner Art zu verzeichnen gewesen. Lediglich unerwünschte Zunahmen nach künstlichen Ansiedlungen sind zu beklagen, z. B. bei dem in der Liste nicht berücksichtigten Nordamerikanischen Ochsenfrosch (*Lithobates catesbeianus*). Wenn dieser Trend anhält, werden weitere Arten in zukünftige Roten Listen aufgenommen werden müssen und manche Arten, die jetzt schon in der Liste enthalten sind, rücken in der Gefährdungseinstufung weiter nach oben!

12.2 Auch nicht besser: die weltweite Situation

Für die Amphibien gibt es eine weltweite, fortschreitend aktualisierte Liste, die durch die IUCN (= International Union for Conservation of Nature and Natural Resources) geführt wird. Für 2008 lassen sich folgende Schlussfolgerungen ziehen:

- Nahezu ein Drittel aller bislang beschriebenen Amphibienarten (32 %) sind gefährdet oder bereits ausgestorben.
- Wenigstens 42 % aller Arten gehen in ihrem Bestand zurück. Hierdurch ist zu befürchten, dass der Anteil gefährdeter Arten in Zukunft weiter ansteigen wird.
- Nicht weniger als 159 Arten sind in jüngerer Zeit ausgestorben oder verschollen. Definitiv sind 38 Arten ausgestorben, eine kommt in freier Natur nicht mehr vor. Wenigstens 120 Arten konnten in neuerer Zeit nicht mehr wiedergefunden werden und sind wahrscheinlich ebenfalls ausgestorben.
- Die größte Zahl an gefährdeten Arten lebt in Lateinamerika, vor allem in Kolumbien, Mexiko und Ecuador sowie ganz besonders in der Karibik. In Letzterer sind mehr als 80 % der Amphibienarten gefährdet oder ausgestorben, den traurigen Rekord hält Haiti mit 92 %.

Seit Kurzem gibt es eine erste weltweite Gefährdungseinschätzung für Reptilien (Böhm et al. 2013). Diese basiert auf einer Stichprobe von 1500 Arten, das sind knapp 15 % der derzeit bekannten Reptilien. Zu berücksichtigen ist, dass die quantitativen Bestände der Reptilien meist schlechter bekannt sind als die der Amphibien. Methodische Schwierigkeiten der Erfassung, z. B. bei den Schlangen, dürften ein Grund dafür sein (Näheres siehe ▶ Kap. 14). Insofern lassen sich die Prozentsätze der beiden großen Gruppen (Amphibien – Reptilien) nur bedingt miteinander vergleichen.

Die Spezialisten kommen in ihrer ersten Einschätzung zur Auffassung, dass 19 % der Reptilienarten gefährdet sind, weitere 7 % sind nahezu gefährdet, würden somit nach der deutschen Definition in die „Vorwarnliste" fallen. Diese Arten könnten in eine Gefährdungskategorie „aufsteigen", falls

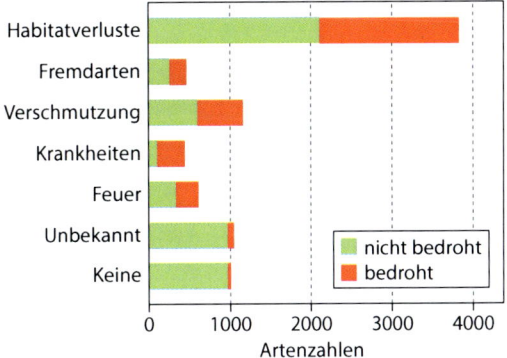

● **Abb. 12.1** Weltweite Ursachen der Bestandsgefährdung von Amphibien. (Nach IUCN = International Union for Conservation of Nature and Natural Resources)

nicht die auf sie einwirkenden Gefährdungsfaktoren abgestellt werden.

Die am stärksten gefährdeten Reptiliengruppen sind die Krokodile (75 %) und Schildkröten (51 %). Für Schlangen wird mit knapp 12 % eine deutlich geringere Gefährdung angegeben.

Bezogen auf die biogeografischen Großregionen sind die in der ozeanischen Region lebenden Reptilien mit fast 43 % am stärksten gefährdet. Ebenfalls stark gefährdet sind die Reptilien des tropischen Afrikas (25 %). Der geringste Gefährdungsgrad (12 %) wird für die Paläarktis (Europa und das nördliche Asien umfassend) angegeben.

Die meisten Reptilienarten leben terrestrisch, d. h. in Landlebensräumen. Für sie gilt der Wert 19 %. Jedoch kommen die Autoren für marine sowie in und an Süßwasserlebensräume gebundene Arten auf einen Gefährdungsgrad von 30 %.

12.3 Ursachen der Gefährdung

Die Ursachen der Gefährdung der Amphibien und Reptilien sind vielfältig und noch nicht in allen Einzelheiten geklärt. Eine quantitative weltweite Einschätzung (allerdings nur für Amphibien) hat die IUCN veröffentlicht (● Abb. 12.1). Ganz ähnlich ist die Einstufung für die Reptilien (Böhm et al., 2013).

In ● Tab. 12.3 sind die wichtigeren Faktoren aufgelistet und kurz kommentiert. Nachfolgend wird auf einige der genannten Faktoren näher eingegangen.

□ Tab. 12.3 Auf Amphibien und Reptilien einwirkende Gefährdungsfaktoren (Auswahl) mit möglichen Auswirkungen.
→ bedeutet nachgewiesene oder wahrscheinliche Auswirkungen, die noch nicht immer bis ins Detail geklärt sind

Faktor	Wirkungen auf Amphibien	Wirkungen auf Reptilien
Biotopvernichtung	Lokales Aussterben	Lokales Aussterben
Nährstoffanreicherung (Eutrophierung)	Sauerstoffmangel → Absterben von Embryonen und Larven → Bestandsrückgang → lokales Aussterben	Überwachsen vegetationsarmer Flächen, Zuwachsen mit hochwüchsigen Pflanzen, z. B. mit Brennnesseln → Verschlechterung der Sonneneinstrahlung → Bestandsrückgang → lokales Aussterben
Landschaftszerschneidung, vor allem durch Straßen	Straßentod → Fragmentierung der Biotope und Populationen	Straßentod → Fragmentierung der Biotope und Populationen
Entwässerung, Drainierung	Absenken des Grundwasserstandes → Gewässeraustrocknung → Bestandsrückgang → lokales Aussterben	Austrocknung von Feuchtgebieten → Bestandsrückgang → lokales Aussterben
Abholzen von Wäldern, z. B. tropische Regenwälder	→ Bestandsrückgang → regionales Aussterben	→ Bestandsrückgang → regionales Aussterben
Temperaturerhöhung, globale Erwärmung	Gewässeraustrocknung → Bestandsrückgang → lokales Aussterben	→ Rückgang von Arten kühler Gebirgsregionen; Ausbreitung wärmeliebender Arten in kühle Klimate?
Erhöhte UV-B-Einstrahlung	→ Schädigung der Eier und Embryonen einzelner Arten in bestimmten Regionen	
Pestizide (Biozide)	Absterben von Embryonen und Larven → Bestandsrückgang bis zu lokalem Aussterben	Insektizide → Verminderung der Nahrungsgrundlage (Insekten) → Bestandsrückgang
Vermüllung, z. B. Plastikmüll	Belastung oder Vernichtung von Kleingewässern → Bestandsrückgang → lokales/regionales Aussterben	Meeresverschmutzung durch Plastikmüll → Aufnahme durch Meeresschildkröten → Bestandsrückgang
Gewässerversauerung	Absterben und Verpilzung von Laich/Embryonen → Bestandsrückgang → lokales Aussterben	Meeresversauerung → Rückgang der Nahrungsgrundlage für Meeresschildkröten und Seeschlangen?
Krankheiten, z. B. Hautpilze, Viren	Hautpilze: *Batrachochytrium dendrobatidis* (Bd) und *B. salamandrivorans* (Bsal) → Bestandsrückgang bis zu regionalem oder großflächigem Aussterben; *Ranavirus* → Massensterben bei Froschlurchen und deren Larven (z. T. auch Molche)	
Ausbreitung von Wildschweinen	→ Bestandsrückgang → lokales/regionales Aussterben	→ Bestandsrückgang → lokales/regionales Aussterben
Künstliche Ansiedlung	Aga-Kröte → Verdrängung ursprünglicher Amphibienarten	Aga-Kröte → Schädigung (Hautgifte) ursprünglicher Schlangen und Warane
Handel	→ Bestandsrückgang → lokales/regionales Aussterben in Herkunftsgebieten; Verschleppung von Krankheitserregern in andere Länder/Kontinente → Infizieren von Gefangenschaftstieren → Übertragung auf Freilandtiere → Bestandsrückgang → lokales/regionales Aussterben	→ Bestandsrückgang → lokales/regionales Aussterben in Herkunftsgebieten; Verschleppung von Krankheitserregern in andere Länder/Kontinente? → Infizierung von Gefangenschaftstieren → Übertragung auf Freilandtiere → Bestandsrückgang → lokales/regionales Aussterben

Faktor	Wirkungen auf Amphibien	Wirkungen auf Reptilien
Nahrungserwerb durch Menschen	Wegfang von Wildfängen, z. B. für Froschschenkel	Wegfang von Süßwasser- und Meeresschildkröten → Bestandsrückgang bis zu lokalem/regionalem Aussterben
Lederindustrie		Gewinnung und Vermarktung von Häuten → Bestandsrückgänge
Pharmazeutische Industrie		Gewinnung von Schlangengift, z. B. zur Antiserumherstellung → Wegfang von Wildfängen → Bestandsrückgänge

◻ Tab. 12.3 *(Fortsetzung)*

■ **Oben an: Beeinträchtigung und Verlust des Lebensraumes**

Die mit Abstand größte Gefährdung erleiden Amphibien und Reptilien durch die Beeinträchtigung oder Vernichtung ihrer Lebensräume. Dies gilt für Deutschland und Europa als auch weltweit. Alle größeren Baumaßnahmen, z. B. die Erschließung von Gewerbe- und Wohngebieten, der Bau von Straßen sowie der Abbau von Steinen und Erden führen zur Entwertung oder Vernichtung von Lebensräumen. Hinzu kommt die anhaltende Intensivierung der landwirtschaftlichen Bodennutzung, die zur Beseitigung vieler Lebensräume (Biotope) führt. Als Beispiele seien genannt: das Verfüllen kleiner Stillgewässer (Tümpel, kleine Weiher), die Beseitigung von Hecken und Feldgehölzen sowie der Umbruch von Feuchtgrünland und seine Umwandlung in Ackerland (z. B. Maisäcker).

In den Tropen führt das ständig voranschreitende Abholzen der Regenwälder zum Rückgang der waldbewohnenden Arten. Für terrestrische Reptilien ist dies der Hauptgefahrenfaktor (74 %). In den trockenen Randtropen bedingen Überweidung und Wüstenbildung die Fragmentierung (Zerstückelung) von Lebensräumen und Populationen.

Am Beispiel der Verluste kleiner Stillgewässer ist das erschreckende Ausmaß der Biotopvernichtung erkennbar. Kleine Stillgewässer (im Folgenden meist als „Kleingewässer" bezeichnet) sind als Laich- und Larvengewässer für die meisten Amphibienarten zwingend erforderlich. Kartenauswertungen, Luftbildanalysen und Geländebegehungen haben für viele mitteleuropäische Gebiete Verlustraten zwischen 50 und 80 % in den letzten 50 bis 100 Jahren

ergeben. Für Italien, England, Frankreich und die Niederlande wurden Kleingewässer-Verlustraten zwischen 8 und 82 % ermittelt, ebenfalls innerhalb ähnlicher Zeiträume wie in Deutschland.

Das Netz der Kleingewässer ist somit stark ausgelichtet worden, wodurch auch die Vernetzung der Populationen nicht mehr so intensiv ist wie noch vor Jahrzehnten. Der Austausch von Erbfaktoren (Genaustausch) wird durch solche Prozesse erschwert oder unmöglich gemacht. Dies führt letztlich zu Inzuchteffekten und kann somit zum Aussterben lokaler Populationen führen. Zu berücksichtigen ist dabei, dass Amphibien einen begrenzten Wanderradius haben. Grob lässt sich für mitteleuropäische Arten sagen, dass Amphibiengewässer möglichst nicht weiter als 2–4 km auseinanderliegen sollten.

■ **Nährstoffbelastung (Eutrophierung)**

Generell leiden heute unsere Landschaften und Biotope unter einer zu starken Anreicherung mit Nährstoffen (Phosphate, Nitrate u. a.), die vor allem aus einer übermäßigen Düngung der Landwirtschaft herrührt (◻ Abb. 12.2). Nährstoffe werden aus Ackerflächen und stark gedüngtem, intensiv genutztem Grünland in Kleingewässer eingeschwemmt oder gelangen über das Grundwasser in die Oberflächengewässer. Aber auch die Einträge über die Niederschläge aus der Luft sind beachtlich.

Eine übermäßige Nährstoffanreicherung führt in den Gewässern zu überhöhter Pflanzenproduktion (Algen, höhere Pflanzen). Beim Absterben der Pflanzen kommt es zur Sauerstoffzehrung, die zum Tod von Tieren, z. B. Amphibienlarven, führen kann. Durch Nährstoffanreicherung wach-

☑ **Abb. 12.2** Übermäßiger Nährstoffeintrag in ein Gewässer führt zu starker Pflanzenproduktion am Ufer und im Extrem zu einer geschlossenen Decke aus Algenwatten auf der freien Wasseroberfläche. Bei deren Absterben kommt es zu starker Sauerstoffzehrung. (Foto: D. Glandt)

sen vegetationsarme Flächen zu, die für Pionierbesiedler unter den Amphibien, z. B. Kreuzkröte und Gelbbauchunke, sowie für verschiedene Reptilien, z. B. Zaun- und Smaragdeidechsen, wichtig sind. Für diese Eidechsenarten sind vegetationsarme Flächen als Eiablageorte zwingend notwendig. Wachsen diese Flächen zu, verschwinden die Echsen.

Die Intensivierung der Landwirtschaft äußert sich auch in einer Vergrößerung der Ackerschläge, wodurch die Heckendichte abnimmt. Grünlandflächen werden zudem umgebrochen und in Ackerflächen verwandelt, was zu einer tiefgreifenden Veränderung der Flora und Fauna führt.

- **Der unsichtbare Feind: Pestizide**

Zu den nicht sofort ins Auge fallenden Gefährdungen für Amphibien gehören Pestizide, auch „Biozide" genannt. Dies sind künstlich hergestellte Substanzen, die vom Menschen nicht gewünschte Lebewesen abtöten, z. B. Pilze, höhere Wasser- und Landpflanzen und Insekten. Leider treten bei ihrer Anwendung häufig Nebeneffekte auf, wodurch auch andere Lebewesen, z. B. Amphibien, geschädigt oder abgetötet werden.

Die Wirkung von Pestiziden ist vielfältig. Die Beseitigung von Wasserpflanzen durch Anwendung von Herbiziden („Unkrautvernichtungsmittel") nimmt den Amphibien das notwendige Ablaichsubstrat. Insektizide wirken oft tödlich auf Laich bzw. Embryonen, was z. B. für Gelbbauchunke und Moorfrosch nachgewiesen ist.

Wie komplex die Wirkungen sein können, zeigt das Insektizid Carbaryl. Es erwies sich als 46-mal gefährlicher für das Überleben von Kaulquappen des Nordamerikanischen Ochsenfrosches, wenn gleichzeitig Fressfeinde (Wassermolche) zugegen waren. Vielleicht „vertrugen" die Quappen in Gegenwart der Molche das Insektizid schlechter, weil sie hierdurch besonders gestresst waren.

Viele Reptilien, z. B. Eidechsen (Familie Lacertidae), leben in hohem Maße von Insekten. Die Anwendung von Insektiziden dürfte zur Verschlechterung ihrer Nahrungssituation führen.

◘ Abb. 12.3 Der Laich des Moorfrosches (*Rana arvalis*) entwickelt sich bei günstigen pH-Verhältnissen (leicht sauer bis neutral) normal **a**. Bei ungünstigen pH-Werten (unter 5) sterben dagegen viele Eier und Embryonen ab, erkennbar an dem weißen Belag aus mikroskopischen Schimmelpilzen **b**. (Fotos: D. Glandt)

■ Gewässerversauerung

Durch Industrie und Verkehr werden große Mengen säurebildender Gase (Schwefeldioxid, Ammoniak) in die Atmosphäre ausgestoßen, welche über Niederschläge in Böden und Gewässer gelangen und dort zu einer Übersäuerung führen. Messbar ist dies an einer Absenkung des sog. pH-Wertes. Die meisten Amphibienarten haben ihr pH-Optimum im Bereich neutraler Werte (um pH 7). Eine geringe Versauerung bis pH 5 vertragen sie wohl, doch sind pH-Werte unter 4 für Embryonen und Larven meist tödlich.

Relevant ist dies dort, wo Amphibien-Laichgewässer auf kalkarmen Böden liegen, z. B. in den Mooren und Sandgebieten Nordwestdeutschlands, wo Faden- und Teichmolch, Moorfrosch und Kleiner Wasserfrosch negativ betroffen sind. Kalkarme Gewässer können saure Niederschläge nicht neutralisieren, d. h. den pH-Wert wieder in Richtung 7 anheben.

Durch den hohen Säuregrad sterben die Embryonen in den Eihüllen ab. Häufig siedeln sich dann mikroskopisch kleine Wasserschimmelpilze (z. B. solche der Gattung *Saprolegnia*) auf den abgestorbenen Embryonen an und bilden einen mit bloßem Auge erkennbaren weißen Saum (◘ Abb. 12.3).

■ Vermüllung der Landschaft und der Meere

Die Vermüllung unserer Landschaft und der Meere stellt ein wachsendes, bedeutendes und lange Zeit unterschätztes Umweltproblem dar. Erst in jüngster Zeit ist dies innerhalb der Europäischen Union (EU) ins Bewusstsein gelangt, und der Vermüllung mit Plastiktüten wurde der Kampf angesagt.

Nicht selten werden kleine Stillgewässer als wilde Müllkippen missbraucht, wodurch viele Amphibienlaichgewässer beeinträchtigt werden oder verschwinden. Daneben werden Weg- und Waldränder mit Schutt belastet. Dies führt zur Nährstoffanreicherung und zum Verschwinden nährstoffarmer Wald- und Wegsäume mit lückiger Vegetation, die für Reptilien (Schlangen, Echsen) große Bedeutung haben. Aufgegebene Abgrabungen werden oft mit Bauschutt und anderem Müll verfüllt, wodurch wichtige Lebensräume für Amphibien, z. B. Gelbbauchunke, Kreuz-, Wechsel- und Geburtshelferkröte, sowie für Reptilien, z. B. Zauneidechse, Blindschleiche, Ringel- und Schlingnatter, verloren gehen.

Sehr viel unseres Plastikmülls landet früher oder später in den Ozeanen. Vor allem Plastiktüten werden von Meeresschildkröten (besonders Lederschildkröte, die in hohem Maße von ähnlich aussehenden Quallen lebt) für Nahrung gehalten und gefressen. Das führt zur Magen- und Darmblockade, woran die Tiere zugrunde gehen. 55 % der an der französischen Atlantikküste tot gestrandeten Lederschildkröten enthielten Plastikmüll in ihren Mägen.

■ Fischbesatz

Viele Amphibienarten sind auf kleine und kleinste Gewässer spezialisiert. Diese sind von Natur aus meist fischfrei. Werden räuberische Fische, z. B. Karauschen, Rotaugen, Goldfische oder Flussbarsche, eingesetzt, kann der Amphibienbestand innerhalb kurzer Zeit dezimiert oder sogar ausgerottet werden. Fische sind schnelle und sehr effiziente Räuber und erbeuten gerne Laich und Larven von

◘ Abb. 12.4 Viele Amphibien, hier eine Erdkröte, müssen auf ihrer Wanderung zum Laichgewässer Straßen überqueren und werden dabei häufig überfahren. (Foto: D. Glandt)

Amphibien. Am ehesten sind Erdkröten vor ihnen sicher, da ihre Larven Bitterstoffe produzieren, die die Fische nicht mögen. Molche, Grasfrösche, Kleiner Wasserfrosch, Teichfrosch und andere haben dagegen nur eine geringe oder keine Chance, sich erfolgreich fortzupflanzen.

■ **Gravierend: Straßentod und Landschaftszerschneidung**

In den dichter besiedelten Regionen der Erde und ganz besonders in den Ballungsräumen Europas wird die Zunahme der Straßendichte, aber auch der Verkehrsdichte zu einem wachsenden Umweltproblem. Straßen zerschneiden die Landschaft und stellen ein Wanderhindernis für bodengebundene Tiere, z. B. für Amphibien bei ihren Laichplatzwanderungen, dar. Auch durch die Zerschneidung der Sommerlebensräume sind Tiere betroffen. Durch Straßentod stirbt jährlich eine beträchtliche Anzahl an Amphibien und anderen Tieren (◘ Abb. 12.4). Unter den Reptilien sind vor allem Schlangen betroffen, wenn die Männchen im Frühjahr auf der Suche nach Weibchen sind oder die Weibchen im Sommer geeignete Eiablageplätze aufsuchen. Straßentod führt häufig zu Bestandsrückgängen, örtlich sogar zum kompletten Aussterben.

Das Ausmaß der Mortalität kann im Einzelfall beträchtlich sein. An einer Kreisstraße in Brandenburg wurden 2000/2001 nachts die lebenden und toten (überfahrenen) Amphibien gezählt. Bei 17 nächtlichen Zählungen wurden auf einer 2250 m langen Untersuchungsstrecke 1985 Amphibien festgestellt, von denen 1418 (= 71,4 %) überfahren worden waren.

Straßen tragen somit in hohem Maße zur Fragmentierung von Lebensräumen und Populationen bei. Hierdurch wird der Austausch von Erbgut zwischen den lokalen Populationen eingeschränkt, was zu Inzuchteffekten führen kann. Inzuchteffekte können die Lebensfähigkeit der Tiere einschränken, im Extremfall sterben hierdurch lokale Populationen aus. Die Barrierewirkung erschwert auch eine Wiederbesiedlung ehemals bewohnter sowie eine Erstbesiedlung neu entstandener oder geschaffener Biotope.

■ **Faunenverfälschungen**

Biologen warnen seit Langem davor, fremdländische Arten in Gebieten auszusetzen, in denen sie vorher niemals vorkamen, und dies aus gutem Grund. Bei Ansiedlung fremdländischer Tiere spricht man von sog. Faunenverfälschungen. Die Warnung, solche Ansiedlungen vorzunehmen, gründet sich vor allem auf der Befürchtung, dass hierdurch das ökologische Gleichgewicht in den Ansiedlungsgebieten durcheinandergerät und schließlich „die Geister, die man rief, nicht mehr los wird".

Das Paradebeispiel einer unglücklichen Ansiedlung ist der Fall der Aga-Kröte (*Rhinella marina*, früher *Bufo marinus*, ◘ Abb. 12.5). Die über 20 cm Länge erreichende Art kam ursprünglich nur vom Amazonasgebiet und Peru über Mittelamerika bis ins südliche Texas vor, wo sie vor allem tropische Regenwälder und subtropische Wälder in Wasser-

◘ Abb. 12.5 Die vielerorts ausgesetzte Aga-Kröte (*Rinella marina*) hat sich häufig zum Problemfall für die heimische Fauna erwiesen. Vor allem das aus den sehr großen Ohrdrüsenpaketen abgesonderte Sekret spielt dabei eine Rolle. Näheres siehe Text. (Foto: B. Trapp)

nähe besiedelt. Doch ist die Art sehr anpassungsfähig und kann eine Vielzahl weiterer Lebensräume besiedeln, z. B. offenes Grasland, landwirtschaftlich genutzte Flächen, Feuchtgebiete aller Art sowie Siedlungsbereiche mit Gärten und Parks.

Leider ist die Aga-Kröte durch den Menschen in zahlreiche andere wärmere Regionen der Erde eingeführt worden, z. B. Australien, Papua-Neuguinea, Taiwan, Japan, Florida, Puerto Rico sowie Hawaii, die Fidschi-Inseln, die Philippinen eine Reihe kleinerer Karibik-Inseln und Mauritius.

Das Hauptmotiv für diese Ansiedlungen war die Hoffnung, dass Aga-Kröten bei der Bekämpfung landwirtschaftlicher Schädlinge erfolgreich eingesetzt werden könnten. Vor allem sollten die Kröten zur Bekämpfung der Larven des Käfers *Lepidoderma albohirtum*, einer der gefürchtetsten Schädlinge des Zuckerrohrs, beitragen. Diese Hoffnung hat sich aber nicht erfüllt. Die Kröten jedoch

blieben den neuen Ländern erhalten, wo sie sich stark vermehrten und ausbreiteten.

Besonders gut ist die Ausbreitung der Aga-Kröte in Australien dokumentiert. Ausgehend von Queensland im Nordosten des Kontinents im Jahre 1935 kam es zu einer explosionsartigen Ausdehnung des Verbreitungsgebietes bei einer geschätzten Geschwindigkeit von 40 Kilometern pro Jahr und einer jährlichen Bestandszunahme von ca. 25 %. Der Bestand von *R. marina* dürfte heute die gesamte Individuenzahl aller 200 in Australien heimischen Froschlurcharten übersteigen.

Verheerend sind die Auswirkungen der Ansiedlung und Ausbreitung der Aga-Kröte auf die ursprüngliche Wirbeltierfauna Australiens. Hiervon sind nicht nur Amphibienarten betroffen, sondern auch Schlangen und Warane. Beim Arguswaran (*Varanus panoptes*) wurden lokale Bestandseinbrüche von bis zu 90 % verzeichnet, nachdem die Aga-

Kröte in seinen Lebensraum einwanderte. Auch sind verschiedene Schlangenarten (*Acanthophis antarcticus, Pseudechis guttatus, Pseudechis porphyriacus*) in Regionen mit Aga-Krötenbeständen sehr selten geworden. Ursache sind die sehr starken Hautgifte, die beim Erbeuten der Kröten von diesen abgegeben werden.

- ### Ausverkauf der Natur: Handel, Verzehr und Verarbeitung zu Luxusgütern

Der Wegfang von Wildtieren und der Handel mit ihnen (legal wie illegal) gilt in bestimmten Regionen der Erde als bedeutende Ursache des Rückganges von Amphibien und Reptilien. In den Ländern des südlichen Asiens sind z. B. Schildkröten stark betroffen. Mittlerweile gehört die im südlichen China und nördlichen Vietnam beheimatete Dreistreifen-Scharnier-Schildkröte (*Cuora trifasciata*) zu den am meisten gefährdeten Süßwasser-Schildkröten Asiens. Durch exzessiven Wegfang ist sie in Vietnam inzwischen fast ausgerottet. Die chinesische Medizin schreibt vor allem ihrem Panzer heilende Kräfte zu. Der Verzehr von Schildkrötenprodukten soll angeblich gegen Krebsleiden helfen. Die Anreize zum Wildern sind angesichts des Preises von 1000 US-Dollar und mehr pro Tier sehr hoch, die Strafen beim Erwischtwerden dagegen sehr gering. Trotz Nachzucht in zahlreichen chinesischen Schildkrötenfarmen ist die Wildentnahme offenbar immer noch nicht spürbar eingedämmt.

Einige Amphibienarten dienen besonders dem Verzehr durch den Menschen. Dabei kann das quantitative Ausmaß der dem Freiland entnommenen und gehandelten Tiere beträchtlich sein. So wird für den Nordamerikanischen Ochsenfrosch der Fang von über 4 Mio. Tieren zu Nahrungszwecken (vor allem Froschschenkel) für den Zeitraum 1998–2002 angegeben.

Auch die Entnahme von Wildtieren und der Export in andere Länder zu Liebhaberzwecken (Aquarien- und Terrarienhaltung) haben beträchtliche Ausmaße angenommen. Zwischen 2001 und 2009 wurden mehr als 2,3 Mio. aus dem östlichen Asien stammende Feuerbauchmolche (*Cynops orientalis*) in die USA importiert. Diese hübschen und leicht zu haltenden Molche sind beliebte Aquarientiere. Laut Statistischem Bundesamt wurden im Zeitraum von 2006–2011 jährlich zwischen 440.000 und 850.000

Reptilien nach Deutschland eingeführt. Derzeit dienen hierzulande etwa 800.000 Terrarien der Haltung von Reptilien, Amphibien und Wirbellosen.

Die Massenimporte müssen letztlich zu Bestandsrückgängen in den Herkunftsländern führen. So wird der Rückgang der Griechischen Landschildkröte (*Testudo hermanni*), die jahrzehntelang aus dem ehemaligen Jugoslawien importiert wurde (hauptsächlich nach Deutschland), darauf zurückgeführt.

Auch der Handel mit Reptilien, um die Häute zu Lederprodukten u. ä. zu verarbeiten, hat ein großes Ausmaß angenommen. Die jährlichen Zahlen gehen je nach Art in die Hunderttausende bis über 1 Million. Krokodile werden zwar auch in Farmen nachgezüchtet, um den hohen Bedarf für die Lederindustrie zu decken, doch gibt es immer noch Wildentnahmen, z. B. beim Mississippi-Alligator.

Der Handel mit Amphibien und Reptilien hat sich zu einem blühenden Wirtschaftszweig entwickelt, und es kann ohne Übertreibung von einem „Ausverkauf der Natur" gesprochen werden.

- ### Tückische Krankheiten

Krankheiten gehören auch bei Reptilien und Amphibien – wie beim Menschen – zum normalen Leben. Beide Gruppen wären schon ausgestorben, wenn sich nicht im Laufe der Evolution Mechanismen der Gefahrenabwehr (über das Immunsystem) und der Selbstheilung, z. B. Regeneration nach Verletzungen, entwickelt hätten. Aber alle Schutzmechanismen versagen, wenn, gefördert durch die Globalisierung des Handels, Krankheitserreger über große Distanzen in Gebiete, in denen sie vorher nicht vorkamen, verschleppt werden. Dann können verheerende Massenmortalitäten die Folge sein.

Der mittlerweile schon klassische Fall ist die sog. Chytridiomykose. Es handelt sich hierbei um eine vom Chytridpilzen (*Batrachochytrium dendrobatidis*, kurz auch „Bd" genannt) hervorgerufene Erkrankung, die die Haut von Fröschen und Kröten sowie die verhornten Mundpartien der Kaulquappen befällt. Der Ursprung des mikroskopischen, im Wasser und feuchter Umgebung lebenden Pilzes ist bis heute unklar. Einigkeit besteht aber, dass auf mehreren Kontinenten der starke Bestandsrückgang verschiedener Amphibien, z. T. sogar das Aussterben, auf Bd zurückgeführt werden kann. Für mehr als

350 Amphibienarten konnte Bd mittlerweile nachgewiesen werden. Dabei sind Arten bzw. Populationen in feucht-kühlen Gebirgsregionen besonders betroffen, da sich Bd hier besonders gut entwickelt.

Die Wirkung des Pilzes ist allerdings nicht einheitlich. Während z. B. aus Mittelamerika starke Amphibienrückgänge auf Bd zurückgeführt werden konnten, ist die Wirkung in Europa nur lokaler Natur, obwohl der Pilz hier mittlerweile weit verbreitet ist. In einem Nationalpark im Hochgebirge Zentralspaniens verschwanden Nördliche Geburtshelferkröten (*Alytes obstetricans*) an 86 % der Kleingewässer, in denen sie sich zuvor erfolgreich fortpflanzten. Als wahrscheinlichste Ursache hierfür gilt der Befall von frisch metamorphosierten Jungtieren mit Bd.

Kürzlich wurde ein neuer Pilz beschrieben, der sich als besonders aggressiv erwies, nämlich *Batrachochytrium salamandrivorans* (kurz als „Bsal" bezeichnet). Er wird dafür verantwortlich gemacht, über 90 % des in den südlichen Niederlanden ursprünglich vorkommenden Bestandes des Feuersalamanders hinweggerafft zu haben. Befallen wird die Haut, die relativ schnell zerfressen wird, es entstehen beträchtliche Wunden, an denen die Tiere innerhalb weniger Tage sterben. Bsal erwies sich in Labortests als spezifisch für Schwanzlurche (Urodela), dabei wurden auch Molche (z. B. Kammmolche) befallen. Der Pilz stammt höchstwahrscheinlich aus Ostasien, wo die dortigen Urodelen weitgehend immun gegen ihn sind. Durch Importe, z. B. von Feuerbauchmolchen, wurde er anscheinend nach Europa eingeschleppt. Hier aber sind die Urodelen meist nicht immun gegen ihn, was fatale Folgen haben könnte, dann nämlich, wenn sich der Pilz im Freiland weiter ausbreitet.

12.4 Dringend nötig: Schutz- und Hilfsmaßnahmen

Ohne ein spürbares und nachhaltiges, d. h. langfristig wirksames Gegensteuern wird sich die Situation der Amphibien und Reptilien (wie auch anderer Organismengruppen) weiter verschlechtern. Die vorrangigsten Forderungen, um dies zu verhindern, sind:

- Erhalt und Optimierung noch vorhandener, wertvoller Lebensräume (Biotope),
- Neuschaffung (soweit möglich) zwecks Verdichtung des Biotopnetzes,
- Pflegemaßnahmen in alten und neuen Biotopen zwecks Erhalt ihrer Artenschutzfunktion,
- Vernetzung der verbliebenen Lebensräume durch Landschaftskorridore,
- Reduzierung der Düngermengen und des Einsatzes von Pestiziden,
- Verzicht von Straßenneubau-Maßnahmen, die durch wertvolle Landschaftsräume, z. B. durch zusammenhängende Komplexe aus naturnahen Wäldern, gehen sollen,
- Bei unabdingbaren Straßenbauten Installierung wirkungsvoller, d. h. funktionierender Präventionsmaßnahmen zwecks Verhinderung von Straßenopfern,
- Strikter Verzicht auf Ansiedlung von Arten in Gebieten, in denen sie zuvor nicht vorkamen,
- Spürbare Eindämmung des Handels mit Wildfängen von Amphibien und Reptilien,
- Aufbau eines wirkungsvollen Quarantänesystems zur Vermeidung der Einschleppung von gefährlichen Krankheitserregern („pathogenfreier Import"),
- Sicherung bedeutender Sandstrände als Eiablageplätze der Meeresschildkröten; „Gelegemanagement" in bewachten Aufzuchtstationen.

▪ Biotope erhalten und pflegen

Die vordringlichste Maßnahme ist der Erhalt und die Pflege bestehender Biotope, in denen sich noch nennenswerte Amphibien- und Reptilienbestände finden. Für Amphibien sind besonders Kleingewässer wichtig, da sie für einen erheblichen Teil der Arten als Laichgewässer zwingend benötigt werden. Aber auch die umliegenden Landlebensräume gehören dazu.

Es gibt verschiedene Möglichkeiten des Biotoperhaltes. So können mit Grundstückseigentümern, z. B. Landwirten, naturschonende Bewirtschaftungsmaßnahmen vereinbart werden. Dies gelingt am besten, wenn finanzielle Mittel (z. B. Landes- und/oder EU-Mittel) zur Kompensation der Nutzungsminderung zur Verfügung stehen. Dies wird in Deutschland z. B. bei Gründlandprogrammen praktiziert. Eine andere Möglichkeit ist der Erwerb wertvoller, für den Artenschutz bedeutsamer Flächen, z. B. durch Naturschutzverbände

---

Tipp 1

Pflegemaßnahmen an Kleingewässern (Auswahl)

- Entrümpelung. Der anfallende Müll ist ordnungsgemäß zu entsorgen.
- Zurückschneiden von Röhricht (Herbst/Winter), dabei stets nur einen Teil entfernen.
- Alternativ einen Teil der Uferregion mit Rindern beweiden.

- Dafür ist ein Teil der Ufer abzuzäunen.
- Abschieben des Oberbodens an flachen, wechselfeuchten Ufern zur Förderung von Pionierbesiedlern (z. B. Kreuzkröte).
- Entkrautung bei übermäßig starkem Pflanzenwuchs (möglichst erst im Spätsommer

durchführen). Das anfallende Pflanzenmaterial einige Tage am Ufer lagern, anschließend die Pflanzen kompostieren.
- Abfischen, z. B. Karpfen, Flussbarsche, Hecht, Goldfische, Sonnenbarsche, Kobold-Kärpflinge. Örtlichen Angelsportverein mit einbinden!

---

und -stiftungen. Schließlich besteht in besonderen Fällen die Möglichkeit der Unterschutzstellung (Naturschutzgebiete) durch die zuständigen Behörden. Zwar sollte man bemüht sein, möglichst erst die anderen Wege zu beschreiten, jedoch gibt es Fälle, in denen nur die „rechtliche Keule" hilft, z. B. beim Erhalt letzter Eiablagestrände für die Meeresschildkröten.

- **Pflegemaßnahmen**

Viele ältere Amphibien-Laichgewässer müssen von Zeit zu Zeit gepflegt werden, um nicht völlig zuzuwachsen und schließlich zu verlanden. Hierzu sollten Fachleute hinzugezogen werden. In jedem Einzelfall ist abzuwägen, was zu tun und wie technisch vorzugehen ist. Wer Mitglied in einem der großen Naturschutzverbände (z. B. BUND, NABU) ist, kann sich hier Rat holen. Wer nicht in einem Naturschutzverband ist, sollte sich an eine Orts- oder Kreisgruppe der Verbände wenden, um Fachleute genannt zu bekommen. Auch sind alle Maßnahmen mit der zuständigen Naturschutzbehörde abzustimmen. Da man meist nicht der Grundstückseigentümer ist, ist mit diesen Kontakt aufzunehmen und ein Einverständnis einzuholen.

In ▶ Tipp 1 sind einige konkrete Pflegemaßnahmen stichwortartig zusammengestellt.

- **Kleingewässer neu anlegen**

Was für Pflegemaßnahmen bereits betont wurde, gilt auch für die Anlage neuer Kleingewässer. Sorgfältig geplantes Vorgehen unter Einbeziehung erfahrener Fachleute ist besonders wichtig.

In der Übersicht in ▶ Tipp 2 sind einige Prinzipien zusammengestellt.

- **Extensivierung der Agrarnutzung**

Unter „Extensivierung" versteht man die Umkehr der Intensivierung der Landnutzung. Um dies z. B. in Europa großflächig leisten zu können, müsste eine völlig andere Agrarpolitik als die seit Jahrzehnten unter dem Dach der Europäischen Gemeinschaft (EU) geförderte Einzug halten. Nur dann ließe sich der Rückgang zahlreicher Tier- und Pflanzenarten aufhalten. Die für Amphibien und Reptilien bedeutsamen Maßnahmen sind in ▶ Tipp 3 stichwortartig zusammengefasst.

- **Häufig nicht im Fokus: Schutz und naturnahe Bewirtschaftung der Wälder**

Der Naturschutz konzentriert sich in Mitteleuropa auf Maßnahmen in der Agrarlandschaft. Das ist nicht verkehrt, da hier besonders viele Biotop- und Artenverluste zu beklagen sind. Auch sind die Auswirkungen auffallend gut zu sehen, z. B. wenn eine Grünlandfläche in einen Maisacker umgewandelt wird. Jedoch sollte dabei nicht übersehen werden, dass auch die Waldnutzung sehr intensive Formen angenommen hat. Eine gezielte Förderung, z. B. in Hinblick auf die Amphibien und Reptilien, ist deshalb geboten. Hierzu gehören besonders die in ▶ Tipp 4 aufgeführten Maßnahmen (in Auswahl).

- **Was tun bei Straßentod?**

Eine Herausforderung des Amphibien-, teilweise auch des Reptilienschutzes, stellt die Verhinderung der Straßenmortalität dar. Bis heute gibt es jedoch keine ideale Standardlösung, neben Vorteilen und Stärken haben alle Methoden auch Nachteile. Die beste Lösung wäre, keine neuen Straßen mehr zu

Anlage neuer Amphibiengewässer

Lage: In gebührendem Abstand von intensiv genutzten Äckern (mindestens mehrere 10 m) und viel befahrenen Straßen (Faustregel: 1–2 km). Untergrund: Möglichst von Natur aus wasserhaltend (lehmig-tonig). Nur in Ausnahmefällen, z. B. bei

Gartenteichen, Abdichtung mit Kunststofffolien (■ Abb. 12.6a). Größe: Je nach Zielarten zwischen wenigen und 10.000 m² Wasseroberfläche. Umriss: Eine vielgestaltige Uferlinie ist vorteilhaft.

Tiefe: Je nach Zielarten zwischen 20–40 cm und bis zu 2 m. Ein besonderer Mangel besteht an temporären, zeitweilig trockenfallenden Kleingewässern.

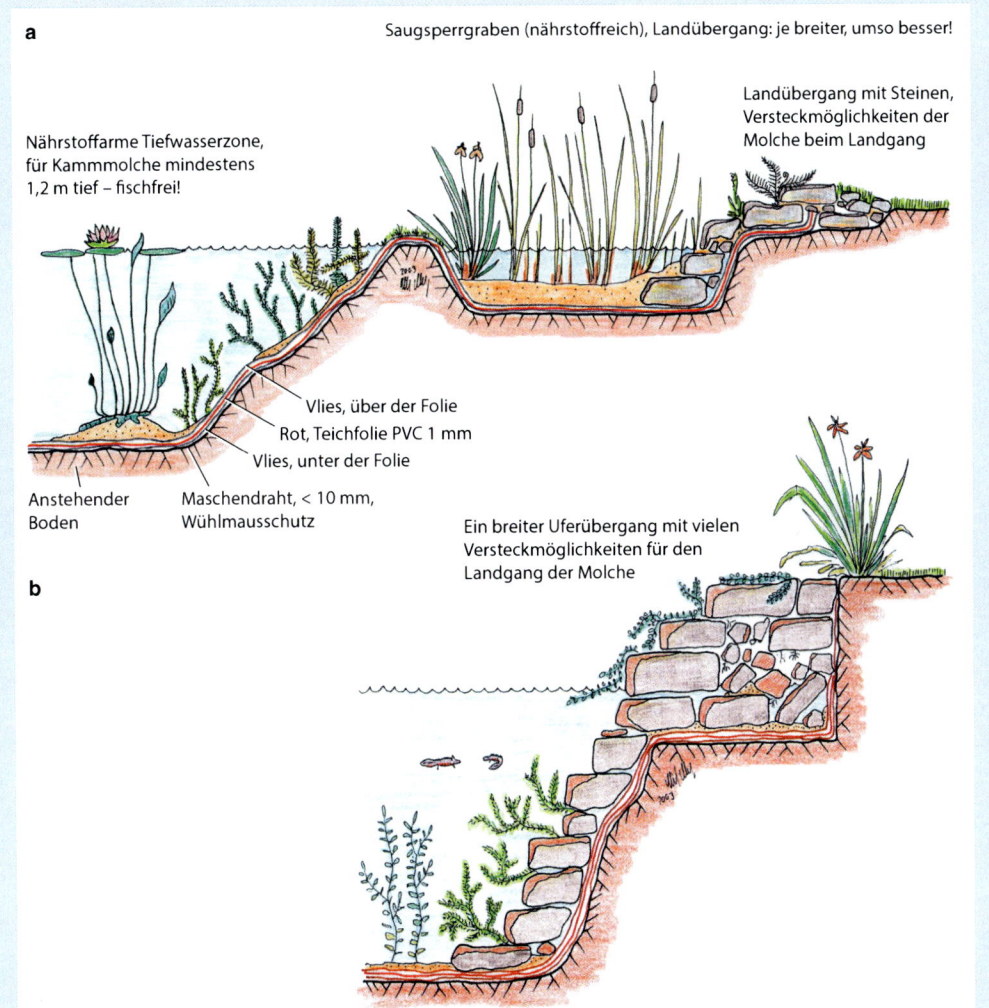

a

Saugsperrgraben (nährstoffreich), Landübergang: je breiter, umso besser!

Landübergang mit Steinen, Versteckmöglichkeiten der Molche beim Landgang

Nährstoffarme Tiefwasserzone, für Kammmolche mindestens 1,2 m tief – fischfrei!

Vlies, über der Folie
Rot, Teichfolie PVC 1 mm
Vlies, unter der Folie

Anstehender Boden

Maschendraht, < 10 mm, Wühlmausschutz

Ein breiter Uferübergang mit vielen Versteckmöglichkeiten für den Landgang der Molche

b

■ **Abb. 12.6a–b** Ein ökologisch gestalteter Gartenteich für Amphibien, z. B. Wassermolche, kann sehr ansprechend aussehen. Eine gute Abdichtung und naturnahe Strukturelemente sind wichtige Voraussetzungen. Auch gute Ausstiegsmöglichkeiten, z. B. für frisch metamorphosierte Jungtiere, sind nötig. (Zeichnungen: S. Meyer)

Tipp 2 (Fortsetzung)

Ufergestalt: Bei ganz kleinen Gewässern durchgehend flach, bei größeren teils steil, teils flach. Bei tieferen Gewässern empfiehlt sich eine flache

Ufer- und eine zentrale Tiefenzone (Stockwerkbau, ◨ Abb. 12.6b). Bepflanzung: Von Ausnahmen abgesehen, z. B. bei Gartenteichen,

besser keine; eine standortgerechte Vegetation stellt sich meist innerhalb weniger Jahre von allein ein.

Tipp 3

Amphibien- und Reptilienschutz durch Extensivierung der Agrarlandschaft

- Umwandlung von Ackerflächen in Dauergrünland
- Ausweisung von Bracheflächen mit Selbstbegrünung
- Wiedervernässung drainierter Flächen
- Reduzierung der Dünger- und Pestizidmengen

- Wiederherstellung zugeschütteter Kleingewässer an ihren ursprünglichen Standorten
- Ausweisung von Pufferzonen in Gewässerrandbereichen von mindestens 5–10 m Breite
- Verminderung der Zahl der Schnitte für Mähwiesen auf 2-mal jährlich

- Kleintierschonende Mahdtechniken auf Wiesen und an Straßenböschungen, vor allem: Einsatz von Balken-Mähern anstelle der heute üblichen Rotations-Mähwerke, z. B. Kreiselmäher
- Erhalt eines engmaschigen Heckensystems

Tipp 4

Förderung von Amphibien und Reptilien durch naturnahe Waldbewirtschaftung

- Erhalt der letzten Auwälder und unverbauter Flüsse Europas als besonders artenreiche Lebensräume
- Erhalt der letzten Primärwälder in den feuchten Tropen
- Standortgerechte naturnahe Gehölzauswahl bei Aufforstungen
- Kleinkahlschlagswirtschaft: Offenlassen kleiner Lichtun-

gen nach Absterben einzelner Bäume
- Belassen und Auslegen von Totholz
- Keine Unterhaltungsmaßnahmen an Waldbächen
- Verzicht auf Entwässerungsmaßnahmen, vor allem in bodennassen Wäldern

- Schutz und Pflege von Staugewässern (wassergefüllte Wagenspuren, Falllaubtümpel)
- Erhalt und Entwicklung breiter, gegliederter, nährstoffarmer Waldränder und Innensäume an Waldwegen

bauen, was politisch und gesellschaftlich nicht durchsetzbar ist.

In einem Bund/Länder-Arbeitskreis wurde ein „Merkblatt zum Amphibienschutz an Straßen" (kurz: MAmS) erarbeitet, das aus dem Jahre 2000 stammt (erhältlich beim FGSV Verlag, Konrad-Adenauer-Straße 13, 50996 Köln). Dieses Merkblatt ist allerdings in die Jahre gekommen, und eine Aktualisierung unter Berücksichtigung neuerer Forschungsergebnisse ist sehr geboten. Es wird auch bereits daran gearbeitet (A. Geiger, mündl.).

Grundsätzlich zielen die Maßnahmen darauf ab, zu verhindern, dass die Tiere die Straße überqueren und dabei überfahren werden. Wenn z. B.

an einer neugebauten Straße kurzfristig das Problem auftaucht, können rasch wirksame mobile, schnell aufbaubare Fangzäune installiert werden. Diese sollen die Amphibien davon abhalten, über die Straße zu laufen. Ein Beispiel für ein solches System wird häufig vom Naturwissenschaftlichen Verein Bielefeld eingesetzt, das kurz beschrieben sei. Nähere Informationen sind auf der Homepage des Vereins (▶ www.nwv-bielefeld.de/arbeitsgruppen/amphibien/amphibien-schutzzaeune) zu erhalten.

Ein Kunststoffgeflecht geringer Maschenweite wird oben gut gespannt von Metallstäben gehalten und zwar im spitzen Winkel (nicht senkrecht) von der Straße weg (◨ Abb. 12.7). Hierdurch wird das

Abb. 12.7 Kurzfristig aufbaubarer Fangzaun zur Vermeidung von Straßentod bei wandernden Amphibien. Der Zaun soll im spitzen Winkel von der Straße wegweisen, damit keine Amphibien darüber klettern können. (Foto: B. Bender)

Übersteigen durch Amphibien erschwert. Beim Entlangwandern am Zaun geraten sie in zu dieser Zeit geöffnete Eimerfallen, die regelmäßig gewartet und geleert werden müssen. Auf dem Boden soll eine feuchte Moosschicht liegen, die Stöcke (■ Abb. 12.8) helfen, hineingefallenen Kleinsäugern den Ausstieg zu ermöglichen. Die Eimer müssen gut an der Zauninnenseite angepasst werden. An beiden Enden sollen die Fangzäune im Bogen geführt werden.

Generell ist sorgfältiges Arbeiten beim Aufbau der Anlage geboten. Regelmäßige Kontrollen (während der Wanderphasen mindestens einmal täglich) von Zäunen und Eimern sind erforderlich. Löcher im Zaunmaterial (z. B. durch Kleinsäuger entstanden) müssen umgehend geschlossen werden, da sonst die zu schützenden Kleintiere durchschlüpfen und dann doch über die Straße laufen.

■ **Dauermaßnahmen**

Erhöhte Anforderungen stellen dauerhaft installierte Fang- und Leiteinrichtungen. Für diese gibt das MAmS ein detailliertes Anforderungsprofil. Eine diese Kriterien berücksichtigende Bewertung unterschiedlicher Baumaterialien für Sperr- bzw. Leitwände hat das Büro amphitec-bioConsult, München, vorgenommen (▶ www.amphitec-bioconsult.de).

Abb. 12.8 In bestimmten Abständen müssen Sammeleimer an der Außenseite des Fangzaunes (weggewandt von der Straße) eingegraben und regelmäßig geleert werden. Angefeuchtetes Moos auf dem Eimerboden soll ein Vertrocknen der Amphibien verhindern, die Stöckchen sollen Kleinsäugern ein Entkommen ermöglichen. (Foto: B. Bender)

Als Regelfall wird vom MAmS ein großdimensionierter Durchlass aus Beton, der nach unten offen ist (sog. Stelztunnel), propagiert. Durch diesen sollen die Tiere in beide Richtungen wandern können (Doppelweg-System). In der Praxis haben sich diese Durchlässe nur bedingt bewährt. Viele Amphibien finden den Eingang nicht und wandern daran vorbei. Wenn sie im Durchlass sind verharren sie oft darin, graben sich ein oder kehren wieder um.

Eine Alternative könnten sehr weit dimensionierte Durchlässe sein, auch als „Herpetoducte" bezeichnet, wie sie derzeit in den Niederlanden erprobt werden. Doch lassen sich derart große Durchlässe (in einem Falle 3 m breit und 1,75 m hoch) nicht immer realisieren.

Ein mehrjähriges aktuelles Forschungsprojekt sollte den möglichen Ursachen der Akzeptanzprobleme kleindimensionierter Durchlässe nachgehen. Dabei wurden vor allem der Einfluss der Laufsohlenbeschaffenheit und des Mikroklimas vor und in Durchlässen von Amphibienschutzanlagen auf die erfolgreiche Durchquerung untersucht. Ziel war eine Verbesserung der Gestaltung und Unterhaltung derartiger Straßenbauwerke.

Das Ergebnis ist eine sehr umfassende Studie, die sich von der Homepage der Bundesanstalt für Straßenwesen, Brüderstraße 53, 51427 Bergisch Gladbach, E-Mail-Kontakt: info@bast.de, Telefon: 02204/43-0, herunterladen lässt. Der Titel lautet: „Annahme von Kleintierdurchlässen – Einfluss der Laufsohlenbeschaffenheit und des Kleinklimas auf die erfolgreiche Durchquerung".

Die Versuchstiere liefen vor den Durchlasseingängen häufig hin und her, ein Teil versuchte (erfolglos) durch Hochstellen und Klettern an Leit- und Sperreinrichtungen das Schutzanlagensystem zu umgehen. Die meisten Tiere hielten sich dicht an der Sperrwand oder unmittelbar vor den Durchlasseingängen auf, während nur ein geringer Anteil tatsächlich hineinwanderte. An Durchlässen mit einem schrägen Einfallschacht, in welchen sie hineinfallen und nur in eine Richtung die Straße unterqueren können (Einweg-Doppelröhren-System) sowie beim Versuchsaufbau mit einer Kombination aus Ein- und Zweiwege-Durchlässen wanderten die Tiere dagegen nahezu vollständig durch den Tunnel. Das bedeutet: Grundsätzlich wandern Amphibien ungern durch Tunneldurchlässe, werden sie aber durch die technische Konstruktion dazu gezwungen, tun sie es schließlich doch.

Als Konsequenz wird empfohlen, neue Anlagen als sog. Einweg-Doppelröhren-Systeme zu bauen sowie bestehende Stelztunnel-Anlagen durch zusätzlichen Einbau solcher Röhren (sog. „Hybrid-Tunnel") nachzurüsten.

- **Wirksam, aber teuer: Grünbrücken**

In zunehmendem Maße werden, vor allem in den Niederlanden, Deutschland und Belgien, spezielle Brückenbauwerke über Autobahnen oder vielbefahrene andere Straßen gebaut, über die Tiere gefahrlos die Straße überqueren können. Ursprünglich wurden diese recht kostenaufwendigen Bauwerke (Baukosten je nach Breite und anderen Merkmalen 2–4 Mio. Euro!) zumeist für große Wildtiere (vor allem Hirsche, Rehe, Wildschweine) gebaut, aber zunehmend zeigt sich, dass viele Kleintiere, z. B. Kleinsäuger, Reptilien und Amphibien, hiervon ebenfalls profitieren.

Das Prinzip ist die Überbrückung der Straße durch eine besonders breite Brücke, die aus einer Betonwanne mit Bodenmaterial besteht, sodass sich darauf Vegetation entwickeln kann. Einige haben auch Gewässer, in denen z. B. Amphibien laichen können. Für Rothirsche müssen sie 50 Meter breit sein, für Rehe reichen 15 Meter (S. Bogaerts, briefl.). Die Brücken sind so konstruiert, dass seitlich keine Tiere auf die Straße fallen können. In Deutschland heißen sie „Grünbrücken", in den Niederlanden und Belgien „Ecoducte".

12.5   Rettet die Meeresschildkröten!

Schildkröten gehören weltweit zu den gefährdetsten Reptiliengruppen. Besonders negativ betroffen sind die Süßwasser- und Meeresarten. Letztere, von denen es heute nur sechs noch lebende (rezente) gibt, sind vor allem durch folgende Faktoren gefährdet:

- Bedrohung der wenigen noch verbliebenen ungestörten Sandstrände als zwingend notwendige Eiablageplätze durch Gelegeräuber (Mensch, wildernde Hunde, Füchse, Warane etc.), Sandabbau und Tourismus.
- Der Beifang wird zu einer immer größeren Bedrohung. Nach Schätzungen sollen sich jährlich mehr als 250.000 Tiere ungewollt in

Abb. 12.9 Eiablage einer Suppenschildkröte (*Chelonia mydas*) auf Borneo. (Foto: S. Meyer)

den Netzen der Fangflotten verheddern sowie an den Ködern der Langleinen-Fischerei festbeißen und verenden, weil sie nicht mehr auftauchen können.

– Vermüllung der Meere mit Plastikmüll. Vor allem betroffen: Lederschildkröten, die ihre Hauptnahrung (Quallen) nicht von durchsichtigen Plastiktüten unterscheiden können und daran verenden.

– Kollision mit Schiffsschrauben, die häufig zu tödlichen Verletzungen führen.

– Nutzung der Schildkrötenpanzer („Schildpatt" der Echten Karettschildkröte).

– Nutzung als Nahrung des Menschen (besonders Suppenschildkröte).

Manche der genannten Faktoren lassen sich nur schwer und nur über längere Zeiträume abstellen, dann könnte es schon zu spät sein. Andere ließen sich durch guten Willen (und Geld) schon jetzt beseitigen. So wäre es ein Gewinn, wenn Schiffsschrauben generell mit seitlichen Schutzblechen abgeschirmt würden, sodass sich daran keine gro-

ßen Meerestiere wie Schildkröten tödlich verletzen können. Eine private Initiative gibt es an der türkischen Westküste, aber dies müsste noch viel mehr propagiert werden.

Eine aufwendige, aber sehr wirksame Maßnahme ist das „Gelegemanagement". Darunter verstehe ich die Entnahme von frisch abgelegten Eiern (■ Abb. 12.9), welche in vorgefertigte Höhlen einer geschützten Aufzuchtstation gebracht werden (■ Abb. 12.10). Nach dem Schlupf werden die Schlüpflinge (■ Abb. 12.11) an den Herkunftsorten ins Meer entlassen. Hierdurch wird die hohe Anfangsmortalität, vor allem durch Gelegeräuber, verringert.

Auch die Unterschutzstellung von für Eiablagen besonders bedeutsamen Sandstränden (Sperrung, Verbot von Sandabbau) ist ein wirksamer Beitrag zum Schutz der Meeresschildkröten, wenn auch politisch nicht immer leicht durchsetzbar. Die Probleme Plastikmüll und Beifänge durch Langleinen-Fischerei hingegen stellen eine Herausforderung dar, die – wenn überhaupt – schwer und nur bei konsequenter internationaler Abstimmung in den Griff zu bekommen ist.

◾ **Abb. 12.10** Gelegemanagement für die Suppenschildkröte auf Borneo. In einer Aufzuchtstation werden Löcher vorbereitet, in die am Eiablage-Strand ausgegrabene Eier gelegt und mit Sand bedeckt werden. (Foto: S. Meyer)

◾ **Abb. 12.11** Schlüpflinge der Suppenschildkröte in einer Aufzuchtstation auf Borneo. Die Tiere werden zum Meeresstrand gebracht und freigelassen, wodurch die Anfangsmortalität der Jungen maßgeblich gesenkt wird. (Foto: S. Meyer)

Literatur

Böhm M et al. (2013) The conservation status of the world's reptiles. Biological Conservation 157:372–385

Bundesamt für Naturschutz (2009) Rote Liste gefährdeter Tiere, Pflanzen und Pilze Deutschlands. Band 1: Wirbeltiere. Bonn. Naturschutz und Biologische Vielfalt 70(1):1–386

Sympathie, Unkenntnis, Abneigung – Verhältnis des Menschen zu Amphibien und Reptilien

Dieter Glandt

D. Glandt, *Amphibien und Reptilien,*
DOI 10.1007/978-3-662-49727-2_13, © Springer-Verlag Berlin Heidelberg 2016

Es gehört für mich zu den Merkwürdigkeiten, dass der Mensch eine ausgesprochen ambivalente Haltung zu den Amphibien und Reptilien hat. Viele Zeitgenossen ekeln sich immer noch vor der „ach so hässlichen Kröte" und haben eine instinktive Angst vor der beinlosen Schlange. Auf der anderen Seite gibt es eine große Zahl von Menschen, die sich für diese Tiere geradezu begeistern können. Ich selbst ordne mich nicht völlig eindeutig zu. Natürlich bin ich von diesen Tieren begeistert, sonst hätte ich mich nicht ein halbes Jahrhundert mit ihnen beschäftigt. Kröten empfinde ich gar nicht als hässlich und nehme sie auch spontan in die Hand. Zum Aussehen der Kröten wurde mir ein nachdenklicher Beitrag aus einem Schulbuch des Jahres 1910 zugeleitet (siehe ▶ Exkurs 13.1). Aber vor bestimmten tropischen Fröschen mit starken Hautgiften, wie wir sie in unserem „Schutzzentrum für behördlich beschlagnahmte Tiere" in Metelen vom Zoll erhielten, nahm ich mich in Acht. Vor Schlangen, vor allem in südlichen Ländern, habe ich immer Respekt. Die instinktive Sorge, gebissen zu werden (vor allem von einer Giftschlange), spielt dabei sicherlich eine Rolle. Ich kenne Kollegen, die ergreifen Kreuzottern mit der bloßen Hand, das halte ich für leichtsinnig. Aber diese Kollegen sind so geschickt, dass sie offenbar noch nie gebissen wurden, irgendwie bewundernswert!

Es gibt ungemein viele Aspekte bei der Behandlung des Themas, ein ganzes Buch ließe sich darüber schreiben. Hier können nur einige Beispiele kurz behandelt werden.

13.1   Die alten Ägypter

Großen Respekt, durchaus auch Angst, hatten die alten Ägypter vor dem Nilkrokodil (*Crocodilus niloticus*). Für den Menschen und seine Haustiere war es das meist gefürchtete Tier seiner Zeit, das damals viel verbreiteter und häufiger war als heute. Es erreicht(e) immerhin 4–5 m Länge, manche Exemplare wurden offenbar noch größer. Deshalb wurden viele von ihnen erschlagen, in der Regel wurde aber nicht deren Fleisch verzehrt. Krokodilfleisch gilt als fett und soll fade schmecken. Andererseits wurden die Krokodile verehrt und häufig als Grab-beigaben (Krokodilmumien) von den Archäologen vorgefunden.

Die lange Verfolgung und das Abschlachten hatten ihren Preis, denn heute kommt das Nilkrokodil in Ägypten nur noch im Süden, am Nasser-Stausee, vor.

Ganz anders schmeckt das Fleisch der Nil-Weichschildkröte (*Trionyx triunguis*). Es gilt allgemein als schmackhaft und wurde in den Küchen des alten Ägyptens häufig verarbeitet. Ursprünglich im ganzen Niltal und im Nildelta vorkommend, hatte auch dies seinen Preis, indem die Art heute in Ägypten fast nur noch im Nasser-Stausee vorkommt.

Weitere Beispiele der Beziehungen der alten Ägypter zu Amphibien und Reptilien finden sich in dem Buch von Boessneck (1988).

13.2   Amphibien und Reptilien als Nahrung

Weltweit betrachtet essen viele Menschen Amphibien und Reptilien. Sie sind meist leicht zu fangen (häufig mit Fallen) und stellen eine willkommene Eiweißquelle dar. Für die lokale einheimische Bevölkerung vor allem ärmerer Länder spielt dies eine nicht unwichtige Rolle. So sind Suppenschildkröten (*Chelonia mydas*) eine zusätzliche Nahrungsquelle in vielen Ländern, vor allem in Asien.

Zumeist aber werden bestimmte Amphibien und Reptilien in große Mengen gefangen und exportiert. Sie landen in wohlhabenden Ländern als Delikatesse auf dem Teller. Das betrifft vor allem Frösche, deren Schenkel begehrt sind. Im Jahre 1976 wurden allein in die USA mehr als 2,5 Mio. kg Froschschenkel importiert, die meist aus Japan oder Indien stammten. Der jährliche Froschschenkelbedarf in Frankreich wird mit 3000 bis 4000 Tonnen geschätzt, die meist aus Bangladesch oder Indonesien importiert werden.

Von den Reptilien sind besonders Schildkröten begehrt, speziell Wasserschildkröten. Große Mengen davon werden andernorts gefangen (vor allem in SO-Asien) und nach China importiert, wo sie als Delikatesse im Kochtopf landen. Hin und wieder liest man in der Zeitung, dass Zöllner mal wieder eine Wagenladung dieser illegalen Transporte beschlagnahmt haben.

Exkurs 13.1

„Wie die Kröte sich verteidigt"

Auszug aus: Lesebuch für die katholischen Volksschulen Württembergs. II. Theil. Viertes bis siebtes (achtes) Schuljahr. Muthsche Verlagshandlung, Stuttgart 1910, S. 529–530: „Welchen Grund könnt ihr Menschen haben, mich zu hassen und zu verfolgen? Daß ich nicht sehr anmutig von Gestalt bin? Ei nun, wir haben uns nicht selbst geschaffen! Unter den Blumen ist auch nicht alles Rosen und Nelken. Betrachtet euch selbst gefälligst im Spiegel! Ihr seht auch nicht alle so aus, daß jeder von euch über seine Photographie besonders glücklich sein könnte. Überdies ist der Geschmack verschieden."

13.3 Geliebte Heimtiere

Ebenfalls große Tierzahlen summieren sich durch die Entnahme von Wildtieren für die Heimtierhaltung. Mittlerweile ist dieser Markt zu einem umsatzstarken Geschäft geworden. Dabei spielt die EU eine unrühmliche Rolle. Sie ist global zum bedeutendsten Importeur lebender Reptilien geworden (2005: 7 Mio. Euro legales Handelsvolumen, nach Engler und Parry-Jones 2007). Zum legalen kommt ein schwer kalkulierbares illegales Handelsvolumen. Auch hier ist die EU eine besonders wichtige Zielregion (Altherr 2014).

Es fragt sich, welche Motive letztlich der Heimtierhaltung zugrunde liegen (könnten). Lantermann (1998) ist in einem lesenswerten Beitrag dieser Frage nachgegangen. Er kommt zum Resümee, dass es sich aus sozialwissenschaftlicher Sicht dabei fast durchweg um Ersatzfunktionen handelt, „die helfen sollen, psychosoziale, individuelle oder gesellschaftliche Defizite im Leben der Tierhalter zu kompensieren". Der Beitrag wurde zunächst als Vortrag auf einer Fachtagung zum internationalen Artenschutz in Metelen gehalten und dort sehr lebhaft diskutiert. Auch wenn die Argumentation von Lantermann in einem gewissen Grade zutreffen dürfte, darf man nicht verkennen, dass von seriösen Terrarianern mit geradezu wissenschaftlicher Akribie Vieles zur Kenntnis des Verhaltens und der Fortpflanzungsbiologie der Pfleglinge zusammengetragen und oft auch publiziert wurde, was wir sonst nicht wüssten. Faszination an diesen Tieren ist sicherlich auch ein Motiv.

Entscheidender für mich ist das Problem der großen Tierzahlen. Natürlich ist es hilfreich und wichtig, dass Nachzuchttiere im Binnenland weitergegeben werden, dies geschieht ja auch. Dennoch verbleiben für manche Arten hohe Zahlen legaler und illegaler Frischimporte.

13.4 Wozu Souvenirs?

Zu Beginn der Sommerferien wird in Deutschland gern von Behörden und Politikern darauf verwiesen, dass man tunlichst keine Souvenirs aus dem Urlaub mitbringen solle, die aus Reptilien hergestellt sind. Häufig handelt es sich dabei nämlich um nach dem Washingtoner Artenschutzübereinkommen (WA) geschützte Arten, deren Einfuhr in die EU verboten ist. Gerade wer außerhalb der EU, z. B. in Nordafrika, Urlaub macht, findet solcherlei Produkte oft reichlich auf Märkten und in Läden angeboten. Ganz verrückte Dinge werden da angeboten, z. B. junge Krokodile, die als Ständer eines Aschenbechers dienen, den sie mit den Vorderbeinen halten, Kröten, die Poolbillard spielen usw.

Gerne werden auch Krokodilhaut-Produkte, z. B. Handtaschen und Schuhe, erworben. Viele Menschen machen sich nicht klar, welche Unmengen an Tieren im Laufe der Zeit dafür verarbeitet werden. Selbst Nachzuchten (in Krokodilfarmen) können den Bedarf nicht decken. Hier sollte mal das Käuferverhalten kritisch hinterfragt werden!

Manche Verhaltensweisen des Menschen könnten für Psychologen sehr interessant sein. Warum z. B. werfen die Besucher eines Zoos Kleingeld in das Gehege eines Alligators (◘ Abb. 13.1)?

■ **Abb. 13.1** Mississippi-Alligator (*Alligator mississippiensis*), manchmal auch „Hechtalligator" genannt, in einem Zoo. Die Besucher werfen gerne Kleingeld ins Gehege, warum? (Foto: S. Meyer)

13.5 Schlangen in religiösen Riten

Im christlichen Glauben sind Schlangen verpönt, schließlich spielte eine Schlange beim ersten Sündenfall eine unrühmliche Rolle. Dennoch gibt es Ausnahmen, in denen Schlangen sogar verehrt werden. So werden Nattern, vor allem Vierstreifennattern (*Elaphe quatuorlineata*, ■ Abb. 13.2) und Äskulapnattern (*Zamenis longissimus*), bei einer jährlich im Mai stattfindenden Prozession in Cucullo, einem Bergdorf in den Abruzzen (Mittelitalien) mit knapp 250 Einwohnern etwa 20 km von Sulmona entfernt, zu Ehren des Heiligen Dominikus von Sora auf dessen Standbild lebend herumgetragen. Der Eremit und Wandermönch galt als wundertätig, wobei die Wunder mit der Abwehr von Bären, Wölfen und vor allem Schlangen zu tun hatten.

Die jungen Männer und Mädchen des Dorfes sammeln für die Prozession, zu der Tausende Touristen aus ganz Italien anreisen, in den umliegenden Bergen zahlreiche Schlangen, mit der die Statue zu Beginn der Prozession behängt wird. Eine Vielzahl von ihnen wird auch von den *serpari* (Schlangenfängern) beim Gottesdienst und bei der Prozession um Hals und Arme getragen. Nach der Prozession werden die Tiere heutzutage (glücklicherweise) wieder freigelassen.

Ein eher seltenes Beispiel für eine positive Einstellung zu Schlangen wird von der Insel Kefallinia (Griechenland) berichtet (Gittenberger und Hoogmoed 1985). Dort findet jeweils am 15. August (Mariä Himmelfahrt) ein Gottesdienst zu Ehren der Jungfrau Maria statt. Die Einheimischen sammeln hierzu an den vorangehenden Tagen Katzennattern (*Telescopus fallax*, ■ Abb. 13.3), halten sie in Gläsern hinter dem Standbild der Madonna und lassen sie am Festtag wieder frei. Gläubige lassen sich durch Berühren oder Kopfauflegen der Schlange segnen. Obwohl die Art mit ihrer senkrechten Pupille an eine Viper erinnert, sind die Gläubigen offenbar überzeugt, dass die Tiere um Mariä Himmelfahrt ungiftig sind.

🔹 **Abb. 13.2** Bei der jährlichen Schlangenprozession in Cucullo (Abruzzen, Mittelitalien) werden Vierstreifennattern (*Elaphe quatuorlineata*) mit dem Standbild des Heiligen Dominikus von Sora herumgetragen. (Foto: B. Trapp)

🔹 **Abb. 13.3** Auf der griechischen Insel Kefallinia werden Katzennattern (*Telescopus fallax*) beim jährlichen Gottesdienst zu Mariä Himmelfahrt zwecks Segnung der Gläubigen eingesetzt. Obwohl eine Natter, hat die Art eine senkrechte Pupille. (Foto: Benny Trapp)

13.6 Medizinische Bedeutung

Aus der modernen Medizin nicht mehr wegzudenken ist die Gewinnung von Schlangengiften als Grundlage der Antiserumgewinnung. Viele von Giftschlangen (▶ Exkurs 13.2) gebissene Menschen würden ihr Leben verlieren, wenn wir keine Möglichkeit der Antiserumbehandlung hätten.

Zur Antiserumgewinnung werden Tiere, meist Pferde, Schafe oder Kaninchen, mit dem jeweiligen Antigen beimpft. Ein Antigen ist ein körperfremdes Eiweiß (Protein), z. B. ein Gift, welches das Immunsystem als potenziellen Fremdkörper erkennt und bekämpft. Bei Giften (beispielsweise von Giftschlangen, Skorpionen oder Spinnen) wird mit einer kleinen Dosis begonnen, die man langsam steigert. Das Immunsystem der beimpften Tiere bildet dabei Antikörper, ohne daran selbst zu erkranken. Antikörper, die beim Menschen eingesetzt werden sollen (z. B. gegen Schlangengift), werden noch speziell be-

Exkurs 13.2

Rund ums Thema Giftschlangen

Generell gilt: Die nachfolgenden Hinweise beziehen sich auf Europa. Für Außereuropa, insbesondere tropische Länder, sollten vor einer Reise spezifische Informationen und Ratschläge eingeholt werden. In Deutschland gibt es z. B. Tropeninstitute, deren Kontakte über das Internet aufgerufen werden können (unter „Adressen von Tropeninstituten"). Auch die großen Naturkundemuseen (z. B. Senckenberg-Museum, Frankfurt/Main; Museum Alexander Koenig, Bonn; Zoologische Staatssammlung München, Museum für Naturkunde, Berlin) haben kompetente Ansprechpartner, die zumindest weitervermitteln können.
Die nachfolgenden Tipps sind zusammengetragen nach einschlägigen Standardwerken (z. B. Kreiner 2007; Gruber 2009).
Eine Haftung gegenüber dem Autor ist ausgeschlossen!

Vorbeugen ist besser als heilen!
Grundsätzlich sollte man alles tun, um möglichst gar nicht erst gebissen zu werden. Hierzu gehören:
- Umsichtiges Verhalten, besonders den Boden, über den man läuft, beobachten.
- Solides Schuhwerk tragen (hohe Schuhe oder Stiefel), niemals barfuß.
- lange kräftige, aber nicht eng anliegende Hosen tragen, die bis über die Schuhe oder in die Stiefel reichen.
- Nicht mit bloßen Händen in dichtes Gras hineingreifen. Beim Umdrehen von Totholz, Steinen oder auf dem Boden liegenden Müllteilen, vor allem in Südeuropa, kräftige Handschuhe tragen.

- Beim Beerenpflücken in Schlangengebieten besonders aufpassen; Kinder nicht barfuß oder in Sandalen laufen lassen, vorher instruieren und generell im Auge behalten.
- In Schlangengebieten nicht auf dem Boden lagern.
- Keine Schlange, die man nicht kennt, anpacken, auch nicht, wenn sie einem tot erscheint.
- Nicht versuchen, Schlangen zu fangen oder sie gar zu erschlagen. Schlangenfang für wissenschaftliche oder ähnliche Zwecke ist Sache erfahrener Profis mit entsprechender Ausrüstung, und diese sind selbst manchmal schon gebissen worden.
- Schlangen nicht in die Enge treiben und nicht anfassen. Durch „Spielen" und Anfassen kommt es zu den meisten Unfällen.
- Bei Drohgebärden der Schlange sich langsam zurückziehen und ihr die Flucht ermöglichen.

Was tun bei einem Giftschlangenbiss?
Grundsätzlich ist zu empfehlen, Giftschlangen-Exkursionen möglichst nicht alleine, sondern mindestens zu zweit vorzunehmen. Im Falle eines Bisses ist dann immer jemand direkt dabei, der Hilfe leisten oder organisieren kann.
Zur Kontrolle, ob man von einer ungiftigen oder giftigen Schlange gebissen wurde, gilt: Ungiftige Schlangen hinterlassen auf der Haut einen halbkreisförmigen Abdruck ihres Zahnkranzes im Oberkiefer (sog. Bissmal). Giftschlangen hinterlassen lediglich einen oder zwei Einstichpunkte der langen Giftzähne.

Im zweiten Falle wird folgendes Vorgehen empfohlen:
- Ruhe bewahren, nicht in Panik verfallen; Aufgeregtheit stimuliert den Kreislauf und sorgt für eine raschere Verteilung des Giftes im Körper.
- Den Betroffenen beruhigen und möglichst in den Schatten setzen oder legen.
- Auf keinen Fall mit einem scharfen Gegenstand (Messer, Rasierklinge) die Wunde erweitern oder gar mit dem Mund aussaugen! Durch Erweiterung der Wunde steigt die Infektionsgefahr. Durch Aussaugen kann es beim Helfenden selbst zur Vergiftung kommen (über feine Blutgefäße im Mundbereich).
- Hilfreich ist das Ruhigstellen des betroffenen Gliedes. Hierzu wird mit einem Stock oder einer Schiene ein elastischer Druckverband angelegt.
- Das Wichtigste überhaupt: so bald wie möglich einen Arzt bzw. ein Krankenhaus aufsuchen. In dünn besiedelten Gebieten kann das ein Problem sein. Im Vorfeld einer Exkursion sollte man recherchieren, wo die nächste medizinische Betreuung möglich ist. Für den Arzt wichtig sind die Angabe des genauen Ortes des Bissunfalles und die präzise Beschreibung der Schlange (am besten sind Digitalfotos!).

Gift-Notrufzentralen
Es gibt zahlreiche Gift-Notrufzentralen, gerade in Deutschland, Österreich und der Schweiz. Die Kontaktdaten sollte man sich vor einer Reise aus dem Internet besorgen, unter: „Giftnotrufliste (lang)".

■ **Abb. 13.4** Der Laubfrosch (*Hyla arborea*) wird von Laien gerne als „Wetterfrosch" betrachtet, der durch sein Verhalten das Wetter vorhersagen könne. Dies ist wissenschaftlich nicht bewiesen! (Foto: S. Meyer)

handelt, um eine Immunreaktion gegen diese Proteine zu verhindern. Das fertige Immunserum wird in Forschungseinrichtungen, Klinikabteilungen und Tropeninstituten bereitgehalten bzw. eingesetzt.

13.7 Von Wetterfröschen und anderen Märchen

Über Amphibien und Reptilien werden viele Dinge verbreitet, die nicht wissenschaftlich bewiesen sind, und halten sich oft bemerkenswert hartnäckig. Eine der Irrmeinungen ist, dass Laubfrösche (*Hyla arborea*, ■ Abb. 13.4) durch ihr Verhalten das Wetter vorhersagen können, sog. Wetterfrö-

sche. Ein großer Fernsehsender nutzte diese Mär in seinem Vorspann häufig zur allabendlichen Wettervorhersage.

Laubfrösche wurden früher häufig in Einmachgläsern o. ä. gehalten (natürlich völlig inadäquat), in denen eine kleine Leiter nach oben führte. Je nach Verhalten des Tieres sollte sich das Wetter dann in eine bestimmte Richtung entwickeln. Dieser Zusammenhang ist niemals wissenschaftlich untersucht worden, ein Beweis wurde folglich nicht erbracht.

Auch Kröten (meist wohl der Erdkröte) wird manches nachgesagt. So sollen sie angeblich, wenn man sie in die Hand nimmt, zur Warzenbildung auf den Händen beitragen, was natürlich Unsinn

Abb. 13.5 Eine Kletterwand mit Bildern des Feuersalamanders (*Salamandra salamandra*) lädt zum Krackseln ein. (Foto: S. Meyer)

ist. Richtig ist, dass sie (aber auch Frösche) manchmal als Abwehrreaktion ihre Harnblase entleeren, was für die Haut unschädlich ist. Wenn allerdings Giftsekrete der Kröte abgegeben werden, sollte man sich gut die Hände waschen, jedenfalls nicht an Schleimhäute damit kommen. Schon gar nicht darf man Kröten in den Mund nehmen!

Ausgesprochen positiv wird der Feuersalamander (*Salamandra salamandra*) in der Werbung einer bekannten Schuhmarke eingesetzt. Ich habe früher gerne die entsprechenden Bücher über den „Lurchi" gelesen, die es beim Schuhkauf als Beigabe gab. Er setzt sich mit Erfolg immer für das Gute ein, und zum Dank erklingt es abschließend stets: „Lange schallt's im Walde noch: Salamander lebe hoch!" Ohne dieses positive Image würde wohl kaum jemand eine Salamander-Kletterwand benutzen (◘ Abb. 13.5).

Besonders viele Legenden haben sich seit alters her um die Schlangen gebildet, häufig im Zusammenhang mit Schöpfungsgeschichten und dies in zahlreichen Religionen (siehe ausführlich Fourcade in Bauchot 1996). In der jüdisch-christlichen Re-

ligion des Alten Testaments war es eine Schlange, die Adam und Eva im Paradies überredete, von den Früchten des Baums der Erkenntnis zu essen. Damit hat sie beide zur Erbsünde verführt, was zur Vertreibung aus dem Paradies führte.

Natürlich stehen alle solche und ähnliche Legenden jenseits naturwissenschaftlicher Erklärung, aber es gibt rationale Anhaltspunkte für ihre Entstehung, wie P. Fourcade dargelegt hat. Die beinlose Gestalt, die trotzdem eine rasche Fortbewegung ermöglicht, der starre Schlangenblick, der uns unheimlich vorkommt, die regelmäßige komplette Häutung mit abgestreiftem, liegengebliebenem „Hemd", all das sind Aspekte, die die Phantasie des Menschen aller Kulturen angeregt und beflügelt haben. Dabei wurde diesen Tieren nicht nur „böse" Eigenschaften zugeschrieben, sondern auch manche „gute".

Literatur

Altherr S (2014) Stolen Wildlife. Why the EU needs to tackle smuggling of nationally protected species. *Report by Pro*

Wildlife, Munich, Germany

Boessneck J (1988) Die Tierwelt des Alten Ägypten. C. H. Beck, München

Fourcade P (1996) Mythen und Legenden. In: Bauchot R (Hrsg) Schlangen. Evolution, Anatomie, Physiologie, Ökologie und Verbreitung, Verhalten, Bedrohung und Gefährdung, Haltung und Pflege, 2. Aufl. Naturbuch, Weltbild, Augsburg, S 184–193

Gittenberger E, Hoogmoed MS (1985) Notizen zum christlichen Schlangenkult auf der ionischen Insel Kefallinia (Cephalonia). Salamandra 21:90–94

Gruber U (2009) Die Schlangen Europas. Alle Arten Europas und des Mittelmeerraums. Kosmos-Naturführer, Franckh-Kosmos, Stuttgart

Kreiner G (2007) The Snakes of Europe. All species from west of the Caucasus Mountains. Chimaira, Frankfurt/M.

Lantermann W (1998) Die stille Sehnsucht nach der Natur? Deutsche Heimtierliebhaber im Spannungsfeld zwischen Tierliebhaberei, Kommerz und der Suche nach „Ersatz". In: Glandt D, Münch S (Hrsg) Internationaler Artenschutz in Deutschland. Unterbringung und Vermittlung beschlagnahmter Tiere. Melener Schriftenreihe für Naturschutz, Heft 8. Biologisches Institut, Metelen, S 13–19

Parry-Jones R, Engler M (2007) Opportunity or threat: The role of the European Union in global wildlife trade. TRAFFIC Europe, Brussels, Belgium

Rüstzeug für die Geländearbeit – wann, wo, wie?

Dieter Glandt

D. Glandt, *Amphibien und Reptilien,*
DOI 10.1007/978-3-662-49727-2_14, © Springer-Verlag Berlin Heidelberg 2016

14.1   Wann lassen sich Amphibien und Reptilien beobachten?

In Mitteleuropa nördlich der Alpen lassen sich Amphibien und Reptilien in der Regel nur in der wärmeren Jahreszeit beobachten, meist von Februar/März bis September/Oktober. Die kalte Jahreszeit verbringen die Tiere in frostfreien Winterquartieren. Wer in Kellern oder Schuppen überwinternde Amphibien oder Reptilien findet, sollte sie tunlichst dort belassen und nicht stören. Sie finden im Frühjahr ihren Weg in der Regel wieder von allein hinaus.

Am besten können Amphibien und Reptilien in der Paarungszeit, im Frühjahr oder Frühsommer, beobachtet werden. Aber auch im Herbst lassen sich viele Beobachtungen durchführen und z. B. Jungtiernachweise erbringen. Auch sind dann Erwachsene und Halbwüchsige an Land verstärkt aktiv.

◻ Tab. 14.1 und 14.2 informieren über Beobachtungsmöglichkeiten der in Deutschland vorkommenden Arten. Zu diesen Tabellen muss angemerkt werden:

1. Es gibt viele Ausnahmen, häufig regional oder durch die Witterung bedingt. Amphibien und Reptilien sind stark von Witterungseinflüssen (Temperatur und Luftfeuchtigkeit) abhängig und reagieren entsprechend flexibel. In milden Wintern können auch im Dezember/Januar aktive Amphibien, manchmal auch Reptilien beobachtet werden. Vor allem Mauereidechsen liegen in milden Wintermonaten gern tagsüber in der Sonne.
2. Bei verschiedenen Amphibien überwintern manchmal die Larven. Regelmäßig ist dies bei der Geburtshelferkröte der Fall. Aber auch bei Molchen (Teichmolch, Kammmolch) kommt dies vor.
3. Um die Tabelle übersichtlich zu halten wurde bei den metamorphosierten Amphibien nicht zwischen Land- und Wasserbeobachtungen unterschieden. Im Frühjahr sind dies normalerweise Gewässerbeobachtungen, im Sommer und Herbst Landbeobachtungen. Bei den Wasserfröschen (Kleiner Wasserfrosch bis Seefrosch) ist die aquatische Phase allerdings sehr ausgedehnt, und die Angaben beziehen sich auf Gewässerbeobachtungen.
4. Bei der Europäischen Sumpfschildkröte, von der es kaum noch bodenständige Tiere in Deutschland gibt, beziehen sich die Angaben teilweise auf Gefangenschaftsbeobachtungen an künstlichen Freilandanlagen. Die frühen Jungtierdaten (April bis Juni) beruhen auf im Nest überwinterten Jungtieren des Vorjahres.

14.2   Lebensräume

Die verschiedenen Arten finden sich bevorzugt in ganz bestimmten Lebensräumen. Mehr als 60 Beispiele aus Europa werden mit Fotos im „Grundkurs Amphibien- und Reptilienbestimmung" vorgestellt (Glandt 2011). Einige Beispiele aus Mitteleuropa sind:

- Dünen an Nord- und Ostseeküste und auf den Inseln (◻ Abb. 14.1): Kreuzotter, Zauneidechse, Gras- und Moorfrosch, Kreuzkröte
- Heideflächen auf Binnendünen: Moorfrosch, Kreuzotter, Schling- und Ringelnatter, Zaun- und Waldeidechse, Blindschleiche
- Naturnahe Buchen- und Laubmischwälder im Tiefland und Mittelgebirge (◻ Abb. 14.2): Feuersalamander, Molche in Landtracht, Grasfrosch, Springfrosch, Erdkröte, Waldeidechse, Blindschleiche
- Waldränder mit breiten krautigen Säumen: Grasfrosch, Erdkröte, Blindschleiche, Wald- und Zauneidechse
- Ränder entlang von Waldwegen und kleinere Waldlichtungen: Feuersalamander, Molche in Landtracht, Grasfrosch, Erdkröte, Blindschleiche, Waldeidechse
- Hecken im Grünland (◻ Abb. 14.3): Laubfrosch, Grasfrosch, Blindschleiche, Zaun- und Waldeidechse
- Randbereiche von Hochmooren: Moorfrosch, Waldeidechse, Kreuzotter, Schlingnatter
- Mäßig verbuschte Steinbrüche: Geburtshelferkröte, Blindschleiche, Wald- und Mauereidechse, Schlingnatter
- Sand- und Tongruben mit Kleingewässern, Tümpeln und wassergefüllten Wagenspuren (◻ Abb. 14.4): Gelbbauchunke, Grasfrosch, Teichfrosch, Kleiner Wasserfrosch, Teich- und Bergmolch
- Feuchtwiesen mit flachen, sonnenexponierten Kleingewässern (◻ Abb. 14.5): Teich- und

Tab. 14.1 Auftreten der Amphibienarten Deutschlands (mittelblau hinterlegt) und Hauptbeobachtungszeiten der Erwachsenen (*E*), Larven (*L*) und der „diesjährigen" Jungtiere (*J*). *La* = Laich, hier sind nur die Echten Kröten (Erdkröte bis Wechselkröte) und Echten Frösche (Moorfrosch bis Seefrosch) berücksichtigt. Die Angaben können örtlich/regional und je nach jährlichem Witterungsverlauf deutlich variieren. Bei der Geburtshelferkröte können ganzjährig Larven im Gewässer gefunden werden. Die Tabelle ist kombiniert aus Angaben verschiedener Autoren und eigenen Geländeerfahrungen

Art	Februar	März	April	Mai	Juni	Juli	August	September	Oktober	November
Alpensalamander				E	E	E	E			
Feuersalamander			E	E L	E L	E L J	E J	J	J	
Teichmolch		E	E	E	L J	L J	L J	J		
Fadenmolch		E	E	E	E	L J	L J	L J		
Bergmolch		E	E	E L	E L	L J	L J	J		
Kammmolch		E	E	E	E L	L J	L J	J		
Geburts-helferkröte			E	E L	E L	L	L J	J		
Rotbauchunke				E L	E L	L J	L J	J		
Gelbbauchunke				E	E L	L J	J			
Knoblauchkröte		E	E	E L	L	L J	J	J		
Erdkröte		E	E La L	L	J	J	E	E		
Kreuzkröte				E La	E La L	L J	J			
Wechselkröte			E	E La L	E La L	J	J			
Laubfrosch			E	E L	L J	J L	E J	E J		
Moorfrosch		E La	L	L	J	J	E	E		
Grasfrosch		E La	L	L	J	J				
Springfrosch	E La	E La	L	L	J	J				
Kleiner Wasser-frosch			E	E La	E La L	L J	J			
Teichfrosch			E	E La	E La L	L J	E J	E		
Seefrosch				E La	E La L	L J	E J	E		

Bergmolch, Gras- und Laubfrosch, Teich-frosch, Kleiner Wasserfrosch
- Weiher im Grünland: Wasserfrösche, Gras-frosch, Kamm- und Teichmolch, Knoblauch-kröte (**Abb. 14.6**).
- Quelltümpel und Bachoberläufe sowie ihr Um-feld im Mittelgebirge (**Abb. 14.7**). Feuersala-mander, Bergmolch, Grasfrosch
- Hochgebirgstümpel: Grasfrosch, Erdkröte, Bergmolch

- Almwiesen, durchsetzt mit Steinhaufen: Al-pensalamander, Waldeidechse, Kreuzotter

Zu beachten ist immer, dass nur wenige Arten im größten Teil Mitteleuropas vorkommen, z. B. Erd-kröte, Grasfrosch, Waldeidechse, Blindschleiche. Die meisten Arten finden sich nur in bestimmten Regionen. Verbreitungskärtchen bzw. -angaben finden sich in den Bestimmungsbüchern (siehe ► Kap. 15).

Tab. 14.2 Auftreten der Reptilienarten Deutschlands (mittelblau hinterlegt); bzgl. Europäischer Sumpfschildkröte und Mauereidechse siehe Anmerkungen im Text. Hauptbeobachtungszeiten der Erwachsenen (*E*) und der „diesjährigen" Jungtiere (*J*), *vJ* = vorjährige Jungtiere. Die Angaben können örtlich/regional und je nach jährlichem Witterungsverlauf deutlich variieren. Die Tabelle ist kombiniert aus Angaben verschiedener Autoren und eigenen Geländeerfahrungen

Art	März	April	Mai	Juni	Juli	August	September	Oktober
Europäische Sumpfschildkröte		E vJ	E vJ	E vJ	E	E J	J	
Blindschleiche		E	E	E	E	J	J	J
Zauneidechse	E	E	E	E	E J	E J	E J	
Westliche Smaragdeidechse		E	E				J	J
Östliche Smaragdeidechse			E	E	E		J	
Mauereidechse	E	E	E	E	E J	E J	E J	J
Waldeidechse		E	E	E J	E	E J	J	
Schlingnatter		E	E	E	E	E J	J	
Ringelnatter			E	E	E	E J	J	
Würfelnatter			E	E	E	J	J	
Äskulapnatter			E	E	E	E J	J	
Aspisviper			E	E	E	J	J	
Kreuzotter		E	E			E J	E J	J

Abb. 14.1 In den Küstendünen der Nord- und Ostsee leben ganz bestimmte Amphibien- und Reptilienarten. Charakteristisch sind z. B. Kreuzkröte (*Epidalea calamita*), Zauneidechse (*Lacerta agilis*) und an manchen Stellen die Kreuzotter (*Vipera berus*). Abgebildet ist eine Küstendüne an der Nordsee in Westjütland (Dänemark) mit einem Kreuzotter-Weibchen unten rechts. (Foto: S. Meyer)

Abb. 14.2 Naturnaher Laubwald im Norddeutschen Tiefland mit Buche als dominanter Baumart. Lebensraum von Feuersalamander, Teichmolch, Bergmolch, Erdkröte, Grasfrosch und Blindschleiche. (Foto: D. Glandt)

Abb. 14.3 Brombeerhecken im feuchten Grünland werden gerne vom Laubfrosch besiedelt. (Foto: D. Glandt)

Abb. 14.4 Wassergefüllte Wagenspuren sind Extrembiotope, an die nur wenige Amphibienarten angepasst sind. Besonders gut lebt hier die Gelbbauchunke (*Bombina variegata*), deren Larven eine sehr kurze Entwicklungszeit auszeichnet. (Foto: D. Glandt)

Abb. 14.5 Flache, sonnenexponierte Kleingewässer in feuchtem Grünland dienen vielen Amphibienarten als Laichgewässer, z. B. Laub- und Grasfrosch, Erdkröte, Teich- und Bergmolch. (Foto: D. Glandt)

▫ Abb. 14.7 Das Umfeld kleiner Bachoberläufe im Mittelgebirge nördlich der Alpen ist ein typischer Lebensraum des Feuersalamanders. Daneben kommen weitere Amphibienarten vor, z. B. Bergmolch und Grasfrosch. (Foto: B. Trapp)

▫ Abb. 14.6 Kleine Weiher in wenig genutzter Umgebung und mit Wasserpflanzen ausgestattet können sehr artenreich sein. Abgebildet ist ein Weiher auf der dänischen Insel Seeland (*rechts* im Hintergrund die Ostsee) mit Teich- und Kammmolch, Rotbauchunke, Knoblauchkröte, Teichfrosch und Springfrosch. Außerdem lebt hier die Ringelnatter und im Umfeld die Waldeidechse. (Foto: H. Bringsøe)

Tipp 1

Formalitäten beachten!

Auf die Zutrittsmöglichkeiten zu einem Gewässer ist zu achten. Vor dem Betreten von Gewässern auf fremden Grundstücken ist der Eigentümer in Erfahrung zu bringen und um Erlaubnis zu bitten! Andernfalls kann es Ärger geben.
Der Zugang zum eigenen Gartenteich, zum Schulweiher oder zum Lehrgewässer eines Schulbiologiezentrums oder einer anderen Umweltbildungseinrichtung ist ohne behördliche Formalitäten möglich. Für den Zutritt zu einem Naturschutzgebiet dagegen ist die Genehmigung der zuständigen Behörde (in Deutschland z. B. Stadtverwaltung, Landratsamt, Kreisverwaltung, Bezirksregierung) erforderlich, es sei denn, man bewegt sich nur auf öffentlich zugänglichen Wegen. Manche NSGs sind während der Frühjahrsmonate gesperrt, meist aus Vogelschutzgründen (Brutzeit).

14.3   Nachweismöglichkeiten

Mittlerweile werden in der Feldherpetologie viele Beobachtungs- und Erfassungsmöglichkeiten angewandt. Besonders vielfältig sind die Methoden beim Erfassen der Amphibien und ihrer Entwicklungsstadien (◨ Tab. 14.3). Leider gibt es bis heute kein umfassendes deutschsprachiges Methodenbuch, das einerseits dem Anfänger den Einstieg ermöglicht, andererseits dem Fortgeschrittenen eine aktuelle Übersicht über die Methodenvielfalt bietet. Es gibt aber mehrere Tagungsbände, z. T. sehr spezielle. Für Nordamerika konzipiert existieren mehrere umfangreiche Werke in englischer Sprache (s. ▶ Literaturliste am Kapitelende).

Die elementarste Form des Nachweises ist die Sichtbeobachtung, im einfachsten Falle ohne jedes Hilfsmittel. Wichtig ist eine gewisse Ausdauer. Nur wer sich Ruhe antut und genügend Zeit mitbringt, darf auf gute Beobachtungen hoffen. Schon die Annäherung an ein Gewässer sollte ruhig und vorsichtig erfolgen. Bei ungestümer Annäherung springen Wasserfrösche, die sich am Ufer sonnen, ins Wasser und suchen das Weite.

Wer anfängt, sich mit Amphibien und Reptilien zu beschäftigen, sollte möglichst unvoreingenommen beobachten. Pumpen Sie sich nicht durch Bücherlesen voll und versuchen Sie nicht, bestimmte Beobachtungen „abzuhaken". Beobachten Sie möglichst viel selbst und schreiben alles auf. Besonders Schülerinnen und Schüler sowie Studentinnen und Studenten sollten sich hierin üben.

Manchmal ist ein Fernglas mittlerer Vergrößerung (z. B. 7 × 42, 8 × 40, eventuell 8 × 30) hilfreich. Manche Amphibien- und die meisten Reptilienarten sind recht scheu, vor allem bei der Balz, und man sollte sie tunlichst nicht dabei stören. Dann hilft das Fernglas, um die Tiere aus der nötigen Distanz zu beobachten.

Amphibien lassen sich schon auf der Wanderung zum Laichgewässer beobachten, in der Regel nachts. Dann sind Kröten und andere Arten oft zu Hunderten oder gar Tausenden unterwegs. Mit guten Taschenlampen lassen sie sich auffinden. Wenn sie dabei vielbefahrene Straßen überqueren, werden leider viele von ihnen überfahren. Deshalb Vorsicht vor dem Straßenverkehr, an und im Umfeld von Straßen immer Warnwesten tragen!

Wenn ein Schutzzaun mit Fangeimern aufgebaut ist, setzt man sich am besten mit den Betreuern des Zaunes, z. B. dem örtlichen Naturschutzverein, in Verbindung. Bei der Mitwirkung beim Eimerleeren kann man gut und rasch verschiedene Amphibienarten kennenlernen. Neben Erdkröten wandern oft auch Grasfrösche (in bestimmten Gegenden Moorfrösche oder Springfrösche) und häufig auch die leicht übersehenen Wassermolche (Teich-, Faden-, Berg- und Kammmolch).

Auch bei der Gartenarbeit können Lurche, unter Steinen oder eingegraben im Boden, aufgefunden werden. In meiner Jugendzeit gehörten am Niederrhein Kreuzkröten (*Epidalea calamita*) zum regelmäßigen Erlebnis bei der Gartenarbeit (Bodenlockerung). Auch bei der Bodenbearbeitung in Gewächshäusern lassen sich verschiedene Amphibienarten finden, z. B. Kröten.

Eine gute Möglichkeit zur Beobachtung von Amphibien, aber auch bestimmter Reptilien (z. B. Ringelnatter) bietet ein ökologisch gut gestalteter Gartenteich. Je nach Gestaltung, Größe und Lage

◾ **Tab. 14.3** Nachweis- und Erfassungsmethoden europäischer Amphibien im Freiland. Die Aufstellung erhebt keinen Anspruch auf Vollständigkeit

Bezeichnung	Arten	Kurzbeschreibung	Tipps
Sichtbeobachtung	Alle Arten	Beobachten ohne Hilfsmittel oder mit Fernglas (tagsüber); nachts mittels Taschenlampe, evtl. Nachtsichtglas	Ruhiges, aufmerksames Verhalten, nicht hektisch bewegen
Akustischer Nachweis („Verhören")	Anuren	Entweder Verhören ohne Hilfsmittel oder Aufnahme mittels Mikrophon und Tonbandgerät; neuerdings auch automatische Registrierung ohne Anwesenheit des Beobachters	Zum Vergleich Rufbeispiele auf CDs anhören; Klangattrappen können hilfreich sein; meist nachts, z. T. aber auch tagsüber; manche Arten sehr leise, z. B. Grasfrosch, Springfrosch, Knoblauchkröte (bei ihnen unmittelbar am Ufer stehend verhören)
Handfang	Alle Arten	Zugreifen mit der bloßen Hand oder mit dünnen Handschuhen; Laubfrösche in Brombeergestrüpp schwierig zu fangen, ohne sich selbst an den Dornen zu verletzen (mittelkräftige Handschuhe empfohlen)	Geschicklichkeit ist gefordert, um die Tiere einerseits nicht zu verletzen, andererseits ein Entkommen zu verhindern (Frösche können sich sehr schnell durch Entgleiten aus der Hand entziehen)
Keschern	Larven aller Arten; metamorphosierte Molche	Je nach Keschertyp über den Gewässerboden Schieben (vom Beobachter weg) oder Ziehen (zum Beobachter hin)	Schutz der Ufer- und Unterwasserpflanzen beachten; möglichst wenig Schlamm aufwirbeln
Siebfang	Vor allem Larven, auch junge Entwicklungsstadien	Küchensiebe (z. B. Mehlsiebe, Teesiebe)	
Hochheben potenzieller Versteckplätze, z. B. Steine, Totholz, Müllteile	Metamorphosierte Tiere aller Arten		Alle hochgehobenen Teile wieder vorsichtig in die Ausgangslage zurücklegen! Gefundene Tiere seitlich an den Rand der Teile setzen, damit sie selbstständig wieder darunter kriechen können
Künstliche Versteckplätze (KV)	Metamorphosierte Tiere aller Arten	Auslegen von Brettern, z. B. Schalbrettern, Blechen, Teppichstücken	Eine gewisse Felderfahrung ist vorteilhaft, z. B. bei der genauen Platzierung der KV
Fallenfang: Landfallen	Alle Arten	Senkrecht in den Boden eingegrabene Fanggefäße, z. B. Haushaltseimer, Speiskübel; Kontrollieren von Eimerfallen an Fangzäunen, z. B. Schutzzäune an Straßen, an Einzäunungen von Gewässern, aber auch in Fallenkreuzen fernab von Gewässern	

◻ **Tab. 14.3** (*Fortsetzung*)

Bezeichnung	Arten	Kurzbeschreibung	Tipps
Fallenfang: Wasserfallen	Larven aller Arten; metamorphosierte Molche, mit bestimmten Fallentypen auch metamorphosierte Anuren	Verschiedene Fallentypen, bzgl. der in Mitteleuropa häufiger eingesetzten siehe ◻ Tab. 14.4	Eine gewisse Felderfahrung ist vorteilhaft, z. B. bei der genauen Platzierung der Fallen in einem Gewässer.
Environmental DNA (eDNA)	Grundsätzlich alle Arten, wegen der hohen Kosten aber nur in Sonderfällen zu empfehlen, z. B. beim Kammmolch-Monitoring (gemäß FFH-Richtlinie der EU)	Relativ neue Methode, die erst wenige Jahre angewendet wird; Wasser- oder Schlammproben werden auf artspezifische DNA-Fragmente untersucht, ohne dass die Tiere selbst nachgewiesen werden müssen	Teures Verfahren; sauberes, etwas aufwendiges Arbeiten bei der Probenahme im Gelände und im Labor erforderlich; nur bestimmte Labors/Anlaufstellen kommen infrage: ▶ http://www.environmental-dna.nl/; ▶ http://www.spygen.fr
Individuelle Registrierung	Arten mit auffälligen individuellen Mustern	Erfassen der Muster mittels Digitalfotografie, Beispiele: Feuersalamander (Rückenseite) Kammmolch-Arten (Bauchseite), Unken (Bauchseite)	Für kleine und mittlere Tierzahlen gut anwendbar, aber bei mehr als 500 Individuen wird die Wiedererkennung aufwendig. Eine völlig selbsttätig arbeitende Wiedererkennungs-Software ist nicht bekannt

(Umfeld) des Teiches können beachtliche Artenzahlen zusammenkommen.

Im Gartenteich lassen sich gut das Paarungs- und Ablaichverhalten von Grasfröschen und Erdkröten im zeitigen Frühjahr und von Wasserfröschen (*Pelophylax*) im Frühsommer beobachten. Bei klarem Wasser können zudem umherschwimmende Molche beobachtet werden, mit etwas Glück auch ihr Balzverhalten.

Ein besonderes Erlebnis waren für mich vor einiger Zeit die Beobachtungen an einem sog. Schwimmteich. Dies ist eine Kombination aus einem Swimmingpool und einem diesen umgebenden naturnahen Kleingewässer-Teil. Letzterer dient der biologischen Reinigung des Schwimmteils, es wird keinerlei Chemie eingesetzt! Entsprechend reichhaltig ist das Leben in einem solchen Gewässer. Der in ◻ Abb. 14.8 gezeigte Schwimmteich liegt in Südportugal (Algarve) und gehört einem dort lebenden deutschen Ehepaar, das solche Teiche konzipiert. Es ist schon ein Erlebnis, wenn eine Vipernatter (*Natrix maura*) gemütlich auf einen zu schwimmt und Iberische Wasserfrösche (*Pelophylax*

perezi) oder Mittelmeerlaubfrösche (*Hyla meridionalis*) von der angrenzenden Gartenterrasse aus beobachtet werden können, während man Kaffee und Kuchen zu sich nimmt.

14.4   Akustische Nachweise

Froschlurche lassen sich gut über ihre Lautäußerungen nachweisen („Verhören"). Während der Paarungszeit äußern vor allem die Männchen Rufe, die meist als „Paarungsrufe" bezeichnet werden, obwohl ihre biologische Funktion nicht immer genau bekannt ist. Manche Arten verfügen über sehr laute und weithin hörbare Rufe, vor allem Laubfrösche (*Hyla arborea*), Wasserfrösche (Gattung *Pelophylax*) sowie die Kreuzkröte (*Epidalea calamita*). Andere Arten haben ausgesprochen leise Rufe, z. B. Grasfrosch, Springfrosch und Knoblauchkröte (*Pelobates fuscus*). Die einzelnen Froschlurche verfügen über artspezifische Rufe, was man sich bei der Bestimmung zunutze machen kann. Diese kann der Leser über eine der verfügbaren CDs kennenlernen (siehe ▶ Tipp 2).

Abb. 14.8 Schwimmteiche, das sind ökologisch gestaltete Swimmingpools mit rein biologischer Wasserreinigung, können herpetologisch sehr artenreich sein. Abgebildet ist ein Teich in der Algarve (Südportugal), der zahlreiche Arten beherbergt, z. B. Vipernatter (*Natrix maura*), Iberischer Wasserfrosch (*Pelophylax perezi*) und Mittelmeer-Laubfrosch (*Hyla meridionalis*). (Foto: D. Glandt)

Tipp 2

CDs mit Rufen mitteleuropäischer Froschlurche

- I. Tetzlaff (2007) Froschlurche – Die Stimmen aller heimischen Arten. Musikverlag Edition AMPLE, Germering, 28 Hörbeispiele der mitteleuropäischen Arten. CD und 36-seitiges Begleitheft. Bezug: Musikverlag Edition AMPLE, Melanie Dingler, Untere Bahnhofstr. 58, D-82110 Germering. ▶ www.tierstimmen. de; E-Mail: vertrieb@ample.de,

Tel. (089) 89428390, Fax (089) 89428392
- Begleit-CD zum Buch: D. Glandt (2014) Heimische Amphibien. Bestimmen – Beobachten – Schützen. AULA, Wiebelsheim; 17 Hörbeispiele mitteleuropäischer Arten (Deutschland, Österreich, Schweiz), Bezug: ▶ www. verlagsgemeinschaft.com

- Bioakustik der Froschlurche. Einheimische und verwandte Arten. Begleit-CD zum gleichnamigen Buch von H. Schneider (2005) Bielefeld, Laurenti. 83 Hörbeispiele mitteleuropäischer und einer Auswahl südeuropäischer Arten Bezug: ▶ www.laurenti.de

---

In der Regel rufen die Tiere mit Einbruch der Dämmerung und in den ersten Nachtstunden. Manche Arten rufen aber auch tagsüber oder am Tag und in der Nacht. Zu diesen Arten gehören z. B. der Moorfrosch und die Knoblauchkröte. Auch die Wasserfrösche rufen tagsüber, allerdings nachts besonders intensiv.

Auf dem Gelände des ehemaligen Biologischen Instituts Metelen hatten wir mehrere naturnahe Teiche angelegt, die rasch von Wasserfröschen besiedelt wurden. Diese riefen im Frühsommer nachts häufig so laut, dass unsere Gäste, die im Institut schliefen, manchmal ihre Mühe hatten, Schlaf zu finden.

Wenn im Gelände nichts zu hören ist, kann man die Rufe der CDs über ein Tonbandgerät oder einen MP3-Player, der an einen Lautsprecher angeschlossen ist, abspielen. Oft lassen sich über diese „Klangattrappen" die Männchen stimulieren, mit

Abb. 14.9 Für den Fang geschlechtsreifer Molche im Laichgewässer sind Kescher mit flachen Netzen sehr angebracht, sodass die Tiere schnell gesichtet werden können. (Foto: D. Glandt)

eigenen Rufen zu antworten. Manchmal reicht schon eine Unterhaltung mehrerer Beobachter, um z. B. Wasserfrösche zum Rufen zu bewegen. Andere Arten, vor allem Laubfrösche, sind dagegen sehr scheu und hören auf zu rufen, wenn man sich laut unterhält.

14.5   Kescher und Siebe

Das wichtigste Arbeitsgerät des Amphibienfreundes ist der Kescher. Geeignete Modelle, die strapazierfähig genug wären und die richtige Maschenweite zur Erfassung aufwiesen, werden nur wenige im Handel angeboten. Ein Sortiment robuster Kescher bietet die niederländische Stiftung RAVON (= Reptilen, Amfibieën en Vissen onderzoek) mit Sitz in Nijmegen (Nimwegen) an. Kontakt: ► www.ravon.nl; E-Mail: kantoor.ravon.nl.

Je nach Anforderung sollten unterschiedliche Keschertypen eingesetzt werden:

- Universalkescher mit mitteltief durchhängendem Netz und einer Maschenweite von 4–5 mm sind für den Fang der meisten Amphibien geeignet. Sehr praktisch ist ein Satz mit unterschiedlichen Stiellängen.
- Molchkescher mit flachem Netzsack (Maschenweite 4–5 mm), sodass die Molche schnell gesehen werden können, sog. „Feldmann-Teller" (◘ Abb. 14.9).

- Larvenkescher und Siebe: kleine kurzstielige Kescher, Maschenweite 1–2 mm, z. B. Aquarienkescher und Küchensiebe (Mehl- und Teesiebe, ◘ Abb. 14.10).

■ **Nützliche Utensilien**

Zu empfehlen sind (können z. T. über das Internet bestellt werden):

- Schieblehren (Messschieber).
- Kleine, handliche elektronische Waagen, die mit ins Gelände genommen werden können, z. B. elektronische Briefwaagen.
- Glasröhrchen mit Schnappdeckel, am besten 7,5 cm hoch mit einem Durchmesser von 2,8 cm (Außenmaß). Hierin lassen sich Amphibienlarven im Gelände bestimmen, um sie anschließend wieder freizulassen.
- Hilfreich ist dabei eine 10-fach vergrößernde Handlupe (z. B. Einschlaglupe der Firma Eschenbach).
- Helle, am besten weiße, nicht zu hohe Plastikschlüsseln leisten beim Aussortieren des Kescherinhalts gute Dienste.
- Leinensäckchen oder Stoffbeutel, die oben zugeschnürt werden können zur Zwischenhälterung gefangener Reptilien. Stets nur ein Individuum hineingeben, vor allem bei Schlangen!

14.6   Fallen

In zunehmendem Maße werden zur Erfassung von Amphibien im Laichgewässer Lebendfallen (sog. Wasserfallen) eingesetzt. In der Regel kommen sie im Rahmen von Fachgutachten und wissenschaftlichen Spezialstudien zum Einsatz. Aber auch in der umweltpädagogischen Arbeit können sie nützliche Dienste leisten. Der Nachweis von Lurchen mittels Wasserfallen ist für die Gewässer und ihre Vegetation schonender als das Keschern, denn durch Keschern werden Bodenschlamm aufgewühlt und Pflanzen in Mitleidenschaft gezogen. Außerdem sind sie „selbsttätig fängig". Sie werden abends in ein Gewässer gesetzt und am anderen Morgen geleert. Der Aufwand z. B. für Pädagogen ist deshalb gering, und es ist ein beeindruckendes Erlebnis, gemeinsam mit der Klasse die Fallen zu leeren.

■ **Abb. 14.10** Für den Fang von Amphibienlarven sind Küchensiebe (*links*) und Aquarienkescher (*rechts*) sehr hilfreich. (Foto: D. Glandt)

■ **Abb. 14.11** Eine früh entwickelte Falle ist die sog. BIM-Reuse, die vom Biologischen Institut Metelen entwickelt wurde. Sie ist die fängigste Wasserfalle überhaupt, was vor allem auf die großen seitlichen Öffnungen zurückzuführen ist. Allerdings ist sie recht schwer und nicht im Handel erhältlich, muss demnach selbst gebaut oder in einer Werkstatt in Auftrag gegeben werden. Dafür ist sie lange haltbar. (Foto: D. Glandt)

Mittlerweile gibt es verschiedene Fallentypen (■ Abb. 14.11, 14.12, 14.13 und 14.14), deren Bewertung allerdings sehr unterschiedlich ausfällt (■ Tab. 14.4).

Die Fallen müssen so exponiert werden, dass den Tieren der ungehinderte Zugang zum Luftraum möglich ist, sonst könnten sie ertrinken! Die Expositionsdauer sollte nie länger als eine Nacht betragen. Fallen müssen verantwortungsbewusst eingesetzt werden, in der Regel nur in Schulbiologiezentren, Biologischen Stationen und von Forschungsinstituten bzw. seriösen Planungsbüros. Sie gehören nur in die Hand von kenntnisreichen Pädagogen und Fachleuten mit guten Amphibienkenntnissen.

Ausführlich behandelt der Tagungsband von Kronshage und Glandt (2014) das Thema „Wasserfallen".

◘ **Abb. 14.12** Ähnlich wie die BIM-Reuse arbeitet die Henf-Laer-Reuse. Sie ist im Handel erhältlich, zerlegbar und leichter zu transportieren. Kritisch ist der Klettverschluss zwecks Leeren der Falle am oberen Rand zu werten. (Foto: D. Glandt)

◘ **Abb. 14.13** Kleinfischreusen sind zusammenfaltbar und sehr gut transportabel, zudem preiswert im Handel erhältlich. Die Haltbarkeit ist allerdings nicht groß. Kritisch ist vor allem der Reißverschluss zu bewerten. (Foto: D. Glandt)

◘ **Abb. 14.14** Besonders einfach gebaut und leicht herstellbar sind Flaschenfallen. Allerdings ist die Tierfreundlichkeit zu bezweifeln. Bei vielen gefangenen Molchen pro Nacht wird es sehr eng in den schmalen Fallen. (Foto: D. Glandt)

◘ **Tab. 14.4** Vergleichende Beurteilung der in Mitteleuropa gängigen Wasserfallen-Typen zur Amphibienerfassung (siehe auch ◘ Abb. 14.10 bis 14.14). Die Kriterien sind von oben nach unten in eine gewichtete Rangordnung gebracht. Dies gilt nicht für den Tierschutzaspekt. Hierzu fehlen noch genauere Untersuchungen, die diesbezüglichen Kommentare sind deshalb Vermutungen. BIM = Biologisches Institut Metelen, an welchem die Reuse entwickelt wurde. Henf, Laar und Ortmann sind die Namen der Erfinder der entsprechenden Fallentypen (modifiziert nach Glandt in: Kronshage und Glandt 2014)

Kriterium	BIM-Reuse	Kleinfischreuse	Henf-Laar-Reuse	Eimerfalle (Ortmann)	Flaschenfalle
Fängigkeit der Einzelfalle	sehr gut: Molche, Froschlurche, Amphibienlarven	gut bis befriedigend: Molche, Amphibienlarven	gut: Molche, Froschlurche, Amphibienlarven	gut: Molche, Amphibienlarven	befriedigend: Molche, Amphibienlarven
Einsetzbarkeit	tiefere Gewässer	flache (ohne Schwimmer) und tiefere Gewässer (mit Schwimmer)	tiefere Gewässer	tiefere Gewässer	flache Gewässer sowie Flachufer tieferer Gewässer; montiert an senkrechten Stäben auch tiefere Gewässerpartien
Handhabbarkeit (Setzen, Leeren)	gut	gut	gut	gut	gut
Transport	platzaufwendig, hohes Gewicht, bei längeren Fußwegen anstrengend	sehr platzsparend und leicht	platzsparend, zerlegbar, leicht	Platzaufwendig, aber leicht	platzsparend und leicht
Haltbarkeit	sehr langlebig (> 25 Jahre)	gering, Probleme: Gaze, Reißverschlüsse	evtl. langlebig; Schwachpunkt Klettverschlüsse	langlebig, aber wartungsanfällig; Schwachpunkt Fangtrichter	langlebig

◨ Tab. 14.4 *(Fortsetzung)*

Kriterium	BIM-Reuse	Kleinfischreuse	Henf-Laar-Reuse	Eimerfalle (Ortmann)	Flaschenfalle
Erhältlichkeit, Bau	Eigenbau, aufwendig wegen Schweiß- und Näharbeiten, besser Werkstattmontage	im Handel, Fangtrichterbildung in Selbstmontage mittels Nylonschnur	Bausatz im Handel, Eigenmontage ca. 30 Minuten	Eigenbau, mäßig aufwendig, Ausgangsmaterialien in Baumärkten	Eigenbau sehr einfach, Ausgangsmaterial im Getränkehandel
Kosten	Materialkosten ca. 50 Euro, dazu Schweiß- und Näharbeiten	ab ca. 5 Euro, je nach Modell	ca. 60 Euro je Bausatz	ca. 5 Euro	ca. 50 Cent Flaschenpfand
Tierschutz, Stressphysiologie (hoher Forschungsbedarf!)	unproblematisch	unproblematisch	unproblematisch	problematisch: glatte Wandung, Thermik, Sauerstoff	problematisch: geringes Volumen, glatte Wandung, Thermik, Sauerstoff

14.7   Versteckplätze kontrollieren

Eine bewährte Nachweismethode für Amphibien und Reptilien ist das Aufspüren unter natürlichen Versteckplätzen. Beim vorsichtigen Hochheben von Totholz, z. B. Baumstammstücken in Wäldern und an Waldrändern, können Erdkröten, Molche in Landtracht und in bestimmten Regionen auch Feuersalamander gefunden werden. Auch Blindschleichen lassen sich darunter nachweisen. Das Hochheben von Steinen kann Funde von Blindschleichen, Schlingnattern, Geburtshelferkröten u. a. Arten erbringen.

Auch unter Müll, der leider nicht selten wild in der Landschaft entsorgt wird, lohnt es sich nachzusehen. Diese Erfahrung macht man sich zunehmend durch gezieltes Auslegen von Versteckplätzen, sog. künstlichen Verstecken (KV), zunutze. Schalbretter aus Baumärkten, zurechtgeschnittene flache, besser profilierte Stahlbleche oder auch alte Teppichstücke werden in potenziellen oder bereits bekannten Biotopen ausgelegt und von Zeit zu Zeit durch vorsichtiges Hochheben kontrolliert (◨ Abb. 14.15). Vor allem beinlose Reptilien (Schlangen, Blindschleichen, in Südeuropa auch bestimmte Skinke) lassen sich hervorragend mit ihnen nachweisen. Diese liegen häufig stramm unter den KV und nutzen vor allem bei trübem Wetter durch direkten Körperkontakt die Möglichkeit zur Wärmeaufnahme. Bei warm-trock-nem Wetter mit hoher Sonneneinstrahlung sucht man sie allerdings vergebens unter den Verstecken, da sie sich dann zu stark aufheizen. In meinen Aufzeichnungen finde ich den Eintrag von einer Exkursion an einem Julitag bei bewölktem Himmel und Nieselregen. Dieses Wetter war optimal, innerhalb von 2 Stunden konnten wir unter den ausgelegten KV acht Schlingnattern nachweisen. Eine andere Exkursion im selben Gebiet (warmes, fast heißes, trocknes Wetter) erbrachte keinen einzigen Fund.

Folgende weitere Gesichtspunkte sind zu beachten:

– In strukturreichen Lebensräumen, z. B. in Steinbrüchen mit vielen natürlichen Verstecken, lohnt es nicht, KV auszulegen. Ergiebig sind dagegen strukturarme Biotope, z. B. Grasflächen, lückige Heideflächen und begraste Wegränder.
– Die KV locker, leicht angedrückt auf den Untergrund legen.
– Die KV auf lichter, trockner bis mäßig feuchter Vegetation auslegen. Kommt es während der Liegezeit unter den KV zu Gärprozessen, sollten sie andernorts platziert werden.
– Manchmal werden KV rasch (innerhalb weniger Wochen) von Reptilien angenommen, in anderen Fällen kann es ein Jahr und länger dauern, bis die Tiere sie akzeptieren. Es ist dann Geduld gefordert.

◨ **Abb. 14.15** Zum Nachweis beinloser Reptilien (Schlangen, Schleichen, bestimmte Skinke) eignen sich hervorragend künstliche Versteckplätze (KV), die gezielt ausgelegt werden. *Links*: Profilblech aus Stahl, *rechts*: Schalbrett aus Holz. (Foto: D. Glandt)

▬ Meist reicht es nicht, nur einzelne KV in einem Biotop auszulegen, zehn Stück pro Hektar sollten das Minimum sein. Je nach Reaktion der Tiere müssen die KV umplatziert werden, oder ihre Zahl wird erhöht.

lebende Art *Ichthyophis* cf. *kohtaoensis* in Kokosplantagen, zwischen Reisfeldern und in Gemüsefeldern, oft nahe der Oberfläche unter Kokosnussschalen, Steinen oder Holz. In einem Erdbeerfeld in Nordthailand hat er sie aus dem Boden ausgegraben.

14.8 Nachweise von Schleichenlurchen

Vieles, was für Mitteleuropa gesagt wurde, gilt auch für die Tropen. Schleichenlurche oder Blindwühlen (Gymnophionen) können, wenn es sich um aquatische Arten oder Stadien handelt, auch mit Wasserfallen gefangen werden. Die aquatisch lebende Art *Typhlonectes compressicauda* wurde in Französisch-Guayana (Südamerika) mithilfe von zusammenlegbaren Kleinfischreusen (vgl. ◨ Tab. 14.4) erfolgreich gefangen. Diese Tiere ruhen tagsüber in selbstgegrabenen Röhren im ufernahen Bodenschlamm, um nachts im Freiwasser umherzuschwimmen und nach Beute zu suchen. Mit Fallen, die mit Köderfischen besetzt waren, wurden über Nacht eine Reihe Blindwühlen gefangen. Die Methode könnte zukünftig erfolgversprechend sein, um mehr über diese heimlichen Tiere zu erfahren.

Am Lande, im Boden und Mulm lebende Blindwühlen müssen jedoch anders erfasst werden. Der Blindwühlenkenner W. Himstedt fand die in Thailand

14.9 Nachweise mit trainierten Hunden

Manche Nachweismethode mutet abenteuerlich an, kann aber sehr effizient sein. So wird der Nachweis mithilfe trainierter Hunde als beste Methode zum Aufspüren von Landschildkröten angegeben. Diese sondern offenbar einen spezifischen Geruch ab, den Hunde mit ihrem feinen Geruchssinn gut wahrnehmen können, wir Menschen dagegen nicht. Mehr als 90 % der Individuen der im mittleren Nordamerika lebenden Dreizehen-Dosenschildkröte (*Terrapene carolina*) fanden in einer Untersuchung darauf trainierte Labrador-Retriever.

14.10 Krankheitserreger als Problem

Bei der Freilandarbeit und dem Hantieren mit Amphibien sind heute verschiedene Krankheitserreger (Pathogene) zu beachten. Im Fokus stehen dabei bestimmte Hautpilze, die in verschiedenen Gebieten der Erde – insbesondere in den Tropen – bereits starke Bestandseinbrüche bei Amphibien verursacht haben. Auch in Europa, speziell auf der Iberischen Halbinsel, gab es bereits Bestandsrückgänge (vor allem bei der Nördlichen Geburtshelferkröte). Verursacher ist ein mikroskopisch kleiner aquatischer Pilz, der Chytridpilz (*Batrachochytrium dendrobatidis*), abgekürzt Bd. Eine Infektion mit diesem Pilz kann tödlich verlaufen. Das Krankheitsbild (Chytridiomykose) besteht aus Hautveränderungen und der Schädigung von Keratinstrukturen, aus denen der Schnabel und die Lippenzähnchen der Froschlurchquappen bestehen.

Der Befall mit diesem Pilz ist den Tieren äußerlich nicht anzusehen. Nur mikrobiologische Tests und mikroskopische Gewebeuntersuchungen können Gewissheit bringen. Im Freiland ist mit bloßem Auge zwar nichts zu sehen, aber weil der Pilz weit verbreitet ist, muss immer damit gerechnet werden, dass er im eigenen Exkursionsgebiet vorkommt. Beim Hantieren im Gelände, über die Gummistiefel sowie beim Einsatz von Keschern und Wasserfallen, mit denen zuvor in anderen Gewässern nach Amphibien gesucht wurde, können die Sporen des Pilzes übertragen werden.

Zur Vermeidung der weiteren Verbreitung des Chytridpilzes werden folgende Maßnahmen empfohlen:

- Einzelhaltung frisch gefangener Amphibien.
- Benutzung von Nitrilhandschuhen (blau) beim Hantieren mit Lurchen (Vermessen, Wiegen, etc.).
- Desinfektion von Stiefeln. Als Desinfektionsmittel wird Virkon S empfohlen, da es im Labortest Kaulquappen und Kleinkrebse nicht schädigte. Aber auch Ethanol (70%ig) eignet sich. Vor der Desinfektion die Stiefel, vor allem die Sohle, gründlich mit einer Bürste vom Schlamm reinigen.
- Kescher und Wasserfallen gründlich abtrocknen lassen (mindestens einen Tag), wodurch die Pilzsporen absterben.
- Desinfektion der Fangeimer an Amphibienschutzzäunen.

Unglücklicherweise wurde kürzlich ein weiterer Hautpilz entdeckt, der besonders aggressiv auf Schwanzlurche (Feuersalamander, Molche) wirkt.

Er hat den wissenschaftlichen Namen *Batrachochytrium salamandrivorans* (Letzteres bedeutet „salamanderfressend") erhalten, da er sehr stark und rasch auf Feuersalamander wirkt und befallene Tiere relativ schnell absterben. In Labortests wurden auch verschiedene Molcharten schnell und tödlich verlaufend befallen. Es muss deshalb alles unternommen werden, um eine weitere Verbreitung dieses gefährlichen Pilzes zu vermeiden. Spezielle Maßnahmen müssen noch erarbeitet und getestet werden, aber vorsorglich kann das Tragen von Einmal-Handschuhen (Nitril), die sorgfältig zu entsorgen sind, empfohlen werden. Da alles dafür spricht, dass dieser Pilz mit Molchen, vor allem mit den bei Terrarianern beliebten Feuerbauchmolchen, aus Ostasien nach Europa eingeschleppt wurde, wäre zudem zukünftig an den Außengrenzen der EU eine Quarantäne erforderlich, ehe die Tiere eingeführt werden dürfen („pathogenfreier Import").

14.11 Beobachtungen festhalten

Grundsätzlich sollte man alles aufschreiben. Verlassen Sie sich nicht auf Ihr Gedächtnis. Schon nach wenigen Wochen, erst recht nach Monaten oder Jahren, kann es Sie im Stich lassen. Zu empfehlen ist eine feste Kladde (keine Lose-Blatt-Sammlung) mit liniertem (nicht kariertem) Papier im Format DIN A5, dabei stets mit Bleistift (wasserfest) schreiben, allenfalls mit Kugelschreiber, aber nicht mit Tinte.

Dabei sollten stets bestimmte Daten festgehalten werden. Dies sind:

- Datum und Uhrzeit der Beobachtung,
- Wetter, z. B. „wechselnd bewölkt, kühl" oder „sonnig, warm",
- Name des Fundortes und Höhe über NN (kann aus amtlichen Messtischblättern ermittelt werden), falls GPS (= Global Positioning System) vorhanden, genaue Koordinaten,
- kurze Charakterisierung des Lebensraumes, häufige Pflanzenarten, bei Gewässern Größe und Tiefe abschätzen,
- Name der Amphibien- und/oder Reptilienart(en),
- Entwicklungsstadium, bei Amphibien: Ei, Larve, Jungtier, Erwachsene, bei Reptilien: Jungtier, Halbwüchsige, Erwachsene,

Tipp 3

Umweltbildungseinrichtungen

Die Zahl außerschulischer Umwelt-bildungseinrichtungen (Schulbio-logiezentren, Naturschutzstationen etc.) hat in den letzten 30 Jahren stark zugenommen. Viele haben in ihren Veranstaltungsangeboten auch Kurse über Amphibien und Reptilien.
Zentrale Anlaufstellen in Deutsch-land sind:
„Arbeitsgemeinschaft Natur- und Umweltbildung, Bundesverband e. V." (ANU), Vorsitzende: Annette

Dieckmann, Kasseler Straße 1a, 60486 Frankfurt/M..
Kontakt: ▶ www.umweltbildung.de; E-Mail: bundesverband@anu.de „Bundesweiter Arbeitskreis der staatlich getragenen Bildungsstätten im Natur- und Umweltschutz" (BANU) c/o Naturschutz-Akademie Hessen (NAH)
Friedenstraße 26, 35578 Wetzlar
Kontakt: info@na-hessen.de; ▶ http://www.na-hessen.de

Besonders zu empfehlen ist der jähr-lich stattfindende „Methodenkurs Amphibien und Reptilien" in der Außenstelle Heiliges Meer des LWL-Museums für Naturkunde, Münster/ Westfalen.
Kontakt: Dr. Andreas Kronshage, LWL-Museum für Naturkunde, Außenstelle Heiliges Meer, 49509 Recke. Tel. 05453-99660, Fax 05453-99661.
Da der Kurs stark frequentiert wird, ist eine frühzeitige Anmeldung erforderlich!

▬ grobe, geschätzte Häufigkeitsangabe, z. B. „viele erwachsene Tiere", „ca. 100 Laichballen" oder „zahlreiche Larven".

• **Übungen am Schulteich**

Eine gute Übung ist die Beschreibung und Skizzie-rung des Wohngewässers der zu untersuchenden Amphibien. Beobachtungsgabe und Schätzvermö-gen können hierbei geschult werden.
Im Einzelnen:

▬ Umrissskizzierung (Gestalt) und Vermessung des Gewässers (Länge, Breite; zunächst schät-zen, dann abschreiten, besser mittels Bandmaß vermessen).

▬ Schätzung der Tiefe des Gewässers und an-schließend Tiefenmessung mittels Lot. Schon bei Gewässern ab einem Meter Tiefe wird deutlich, dass es sehr schwer ist, Gewässertie-fen zu schätzen, vor allem, wenn der Gewäs-sergrund nicht zu sehen ist.

▬ Skizzierung der Vegetation in Aufsicht und an-hand eines charakteristischen Schnitts (Profil).

Vor allem Amphibien eignen sich für Naturbeob-achtungen sehr gut. Beispiele:

▬ Unterscheidung der verschiedenen Arten (mit Einsatz von Bestimmungsbüchern, vgl. ▶ Kap. 15)

▬ Verhaltensbeobachtungen an Wasserfröschen: Fluchtverhalten, Beutefang, Sich-Sonnen, Paa-rungsrufe (seitlich ausstülpbare Schallblasen) und Paarungsverhalten.

▬ Verhaltensbeobachtungen an Erdkröten (Nähere siehe ▶ Kap. 6): keine ausstülpbaren Schallblasen, Klammerung der Weibchen, Klammerungsversuche an Männchen und Abwehrrufe (helles Schrappen).

▬ Beobachtung der Entwicklung von Laich und Larven bis zur fertigen kleinen Kröte (▶ Kap. 6).

Bei allen Punkten gilt: alles aufschreiben, Skizzen und nach Möglichkeit Fotos anfertigen.

Literatur

Verwendete Literatur

Glandt D (2011) Grundkurs Amphibien- und Reptilienbestim-mung. Beobachten, Erfassen und Bestimmen aller euro-päischen Arten. Quelle & Meyer, Wiebelsheim

Kronshage A, Glandt D (Hrsg) (2014) Wasserfallen für Amphi-bien – praktische Anwendung im Artenmonitoring. Ab-handlungen aus dem Westfälischen Museum für Natur-kunde, Bd. 77. Selbstverlag des Museums für Naturkunde, Münster/Westfalen (Tagungsbd)

Weiterführende Literatur

Hachtel M, Schlüpmann M, Thiesmeier B, Weddeling K (Hrsg) (2009) Methoden der Feldherpetologie. Zeitschrift für Feldherpetologie, Bd. 15 (Suppl). Laurenti, Bielefeld (Ta-gungsbd)

Henle K, Veith M (Hrsg) (1997) Naturschutzrelevante Metho-den der Feldherpetologie Bd. 7. Mertensiella, Bonn (Ta-gungsbd)

Amerikanische Bücher

Dodd CK Jr. (Hrsg) (2010) Amphibian Ecology and Conservation. A Handbook of Techniques. Oxford University Press, Oxford, New York

Heyer WR, Donnelly MA, McDiarmid RW, Hayek LA-C, Foster MS (Hrsg) (1994) Measuring and Monitoring Biological Diversity. Standard Methods for Amphibians. Smithsonian Institution Press, Washington, London

McDiarmid RW, Foster MS, Guyer C, Gibbons JW, Chernoff N (Hrsg) (2012) Reptile Biodiversity. Standard Methods for Inventory and Monitoring. California University Press, Berkeley CA, London

Olson DH, Leonard WP, Bury RB (Hrsg) (1997) Sampling Amphibians in Lentic Habitats: Methods and Approaches for the Pacific Northwest. Society for Northwestern Vertebrate Biology, Olympia, Washington

Bestimmung von Amphibien und Reptilien – worauf es ankommt

Dieter Glandt

D. Glandt, *Amphibien und Reptilien*,
DOI 10.1007/978-3-662-49727-2_15, © Springer-Verlag Berlin Heidelberg 2016

Dieses Buch ist kein Bestimmungsbuch (hierzu siehe ▶ Literatur am Kapitelende). Es werden deshalb auch keine Artbeschreibungen oder Bestimmungsschlüssel vorgestellt. Im Folgenden soll vielmehr kurz auf Methoden und Vorgehensweisen bei der Bestimmung von Amphibien und Reptilien eingegangen werden.

Die wichtigste Frage, wenn man ein Amphib oder Reptil erstmals sieht, lautet: Welche Art ist das? Die Antwort ist eine Bestimmung, die gewissermaßen die Ermittlung des Namensschildes darstellt. Was eine Art ist, wird in ▶ Kap. 17 erörtert.

Ich persönlich glaube, die meisten Menschen arbeiten am liebsten nach der „Bilderbuchmethode". Das ging mir jedenfalls schon als jungem Studenten so. Bei dieser Methode blättert man in einem gut bebilderten Bestimmungsbuch (wir benutzten damals gerne diverse „Kosmos-Naturführer", durften uns dabei aber nicht vom Professor erwischen lassen, denn wir mussten wissenschaftliche Bestimmungsbücher mit streng formalisierten Schlüsseln benutzen), bis man ein Bild gefunden hat, das trefflich mit dem beobachteten Tier übereinstimmt. Häufig hat man Glück und trifft genau ins Schwarze. Um einen Feuersalamander zu bestimmen, bedarf es keines komplizierten wissenschaftlichen Bestimmungsschlüssels. Auf der anderen Seite ist es nur schwer, wenn überhaupt möglich, taxonomisch sehr komplizierte Gruppen bis zur Art mittels Bestimmungsschlüsseln zu bestimmen. Hierzu gehören z. B. die Kammmolche (Gattung *Triturus*) auf dem Balkan und viele mediterrane Mauer-Eidechsen (Gattung *Podarcis*). Die Gruppe der besonders komplizierten Wasserfrösche (Gattung *Pelophylax*) oder der kaukasischen Felseidechsen (Gattung *Darevskia*) sollte man erst gar nicht versuchen in Bestimmungsschlüssel zu pressen. Das funktioniert nicht.

Manche Arten sehen sich äußerlich so ähnlich, dass sie sich nur schwer oder gar nicht unterscheiden lassen. Dies sind sog. „kryptische Arten". Da sie in der Regel genetisch definiert sind, können sie auch nur über eine genetische Artbestimmung (DNA-Analyse) sicher bestimmt werden.

Glücklicherweise lassen sich in den meisten Fällen zumindest die europäischen Arten über eine Kombination äußerlich erkennbarer Merkmale bestimmen. Zu Letzteren gehören zunächst Größe und Erscheinungsbild (Habitus). Manche Amphibien oder Reptilien sind schlank und zierlich, andere gedrungen oder plump gebaut. Häufig sind Körperproportionen, z. B. die relative Hinterbeinlänge bei Frosscharten, wichtige Merkmale.

Im Weiteren können Färbung und Zeichnung von Bedeutung sein. Es gibt Arten, die hiermit auf Anhieb zu bestimmen sind, z. B. der Feuersalamander mit seinen gelben Flecken und Streifen auf schwarzem Untergrund. Häufig jedoch variieren Färbung und Zeichnung bei ein und derselben Art stark (z. B. bei Gras- und Moorfrosch), sodass zusätzliche Merkmale benötigt werden.

Da die Reptilien eine in Schuppen und/oder Schilder gegliederte Körperdecke aufweisen, wurden schon früh in der Systematik bestimmte Merkmale der Pholidose (Beschuppung/Beschilderung) zur Unterscheidung der Arten (und Unterarten) herangezogen.

Bei jeder Untergruppe (Schwanz- und Froschlurche, Schildkröten, Echsen, Schlangen) sind ganz bestimmte Merkmale bzw. Merkmalskombinationen bestimmungsrelevant. Beispielhaft werden im ▶ Exkurs 15.1 die Echsen behandelt.

Zu beachten ist, dass es häufig alters- und geschlechtsspezifische Unterschiede gibt. Die Unterscheidung der Geschlechter ist äußerlich in der Regel nur bei erwachsenen Tieren möglich.

In der Paarungszeit sind die sog. sekundären (= äußeren) Geschlechtsmerkmale hilfreich. Hierzu gehören z. B. Brunftschwielen, dunkel pigmentierte hornige Gebilde, die sich auf den Fingern und den Armen der Froschlurch-Männchen befinden. Bei manchen Arten finden sich auffällige „Hochzeitskleider", z. B. die Blaufärbung der Moorfrosch-Männchen (*Rana arvalis*). Auffällig und oft besonders prächtig sind die Hautsäume, Kämme etc. und Färbungen der Molchmännchen (Gattungen *Triturus, Lissotriton, Ichthyosaura, Ommatotriton*) in Wassertracht.

Jungtiere lassen sich an der geringeren Größe gegenüber den Erwachsenen erkennen. Dazu muss man in Bestimmungsbüchern die Maße nachsehen. Sie unterscheiden sich zudem in den Körperproportionen von den Alttieren. Oft ist der Kopf relativ größer als der Rumpf, Zehen und Beine sind dagegen relativ kürzer. In der weiteren Entwicklung verändern sich die Proportionen.

Exkurs 15.1

Für die Bestimmung der Echsen wichtige Merkmale:

- Gestalt (Habitus), z. B. schlank oder gedrungen, seitlich oder in der Vertikalen (dorsoventral) abgeflacht
- Größe (Kopf-Rumpf-Länge, Gesamtlänge). Achtung: Viele Echsen können ihren Schwanz abwerfen, die Regenerate erreichen häufig nicht wieder die volle Länge
- Färbung und Zeichnung von Ober- und Unterseite
- Farbe der Regenbogenhaut des Auges (Iris)
- Kopfbeschuppung (Seite, Oberseite, Unterseite), z. B., ob sich

die Schuppen der Kopfoberseite von denen des Nackens deutlich unterscheiden (bei Lacertidae, Anguidae, Scincidae). Lage und Gestalt der größeren Schilder der Kopfoberseite
- Echte Eidechsen (Lacertidae, ◘ Abb. 15.1): Aussehen einer Schuppenreihe am hinteren Rand der Kopfunterseite, sog. Halsband, z. B. glatt oder gesägt (bezieht sich auf Tiere, die flach auf dem Rücken liegen bzw. gestreckt werden. Bei Tieren, die den Kopf vorbeugen, können sich die Halsband-

schuppen ineinanderschieben und täuschen so ein gesägtes Halsband vor, obwohl es bei gestreckten Tieren glattrandig ist)
- Schwanzbeschuppung, z. B. ob die Schuppen in Wirteln, das sind ringartige Segmente, in denen sie jeweils auf gleicher Höhe stehen, oder ob sie in schräg verlaufenden Reihen angeordnet sind
- Geckos: Vorhandensein oder Fehlen von Haftlamellen auf der Unterseite der Füße, spezielle Form der Lamellen

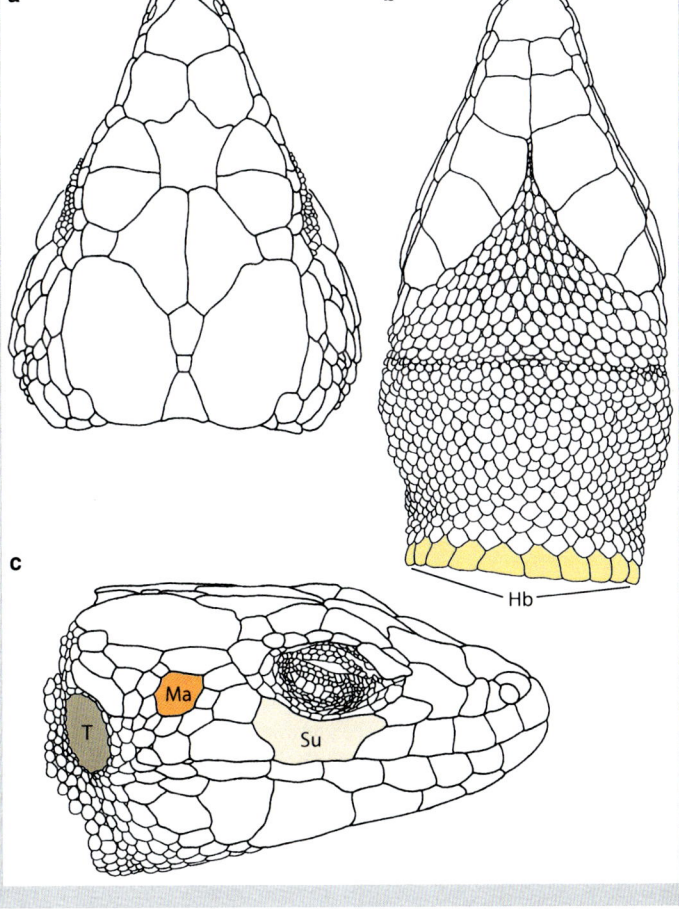

a **b** **c**

◘ **Abb. 15.1** Kopfbeschuppung einer Echten Eidechse, *Podarcis peloponnesiacus* (Peloponnes-Eidechse). **a** Aufsicht, **b** Ansicht von unten; *Hb* = Halsband (Collare), hier hinten glattrandig abschließend. **c** Seitenansicht: Die Abkürzungen bedeuten: *Su* = Suboculare (Unteraugenschild), *Ma* = Massetericum (Schläfenplatte), *T* = Trommelfell. (Verändert nach Glandt 2011)

Tipp 1

Fachgesellschaften für Herpetologie im deutschen Sprachraum

DGHT, Deutsche Gesellschaft für Herpetologie und Terrarienkunde e.V. Geschäftsstelle: Postfach 120433, 68055 Mannheim, Deutschland, ▶ www.dght.de

ÖGH, Österreichische Gesellschaft für Herpetologie e.V. Burgring 7, 1010 Wien, Österreich, ▶ www.nhm-wien.ac.at/nhm/herpet/

KARCH, Koordinationsstelle für Amphibien- und Reptilienschutz in der Schweiz: Passage Maximilien-de-Meuron 6, 2000 Neuchâtel, Schweiz, ▶ www.karch.ch

---

Dazu kommen manchmal Färbungs- und Zeichnungsunterschiede. Junge Blindschleichen (*Anguis fragilis*) z.B. sind oberseits sehr hell, fast weißlich. Auf der Kopfoberseite findet sich ein schwarzer tropfenförmiger Fleck, und über den Rücken zieht eine feine, dunkle Mittellinie. Erwachsene dagegen sind oberseits einheitlich bräunlich. Der tropfenförmige Fleck fehlt. Bei vielen Weibchen findet sich allerdings noch die dunkle Rücken-Mittellinie.

Eine gute Hilfe bei der Bestimmung der Froschlurche (Frösche, Kröten, Unken) bieten die Paarungsrufe der Männchen (im Falle der Erdkröte ist es außerdem der im Allgemeinen häufiger zu hörende Befreiungs- oder Abwehrruf). Die Rufe sind nur in der Paarungszeit und bei vielen Arten meist nur nachts zu hören. Beim Kennenlernen der Rufe und zum Abgleich eignen sich Tonträger (CD, DVD), von denen einige in ▶ Kap. 14 (Tipp) zusammengestellt sind.

- **Laich und Larven der Amphibien**

Schwierig ist in vielen Fällen die Artbestimmung von Laich und Larven der Amphibien, selbst für erfahrene Feldherpetologen. Bestimmungsbücher (s. ▶ Literaturliste) helfen häufig, aber nicht immer weiter. Grund: Die Larvenentwicklung ist ein fließender Prozess, d.h. die Merkmale, die in der Regel in Büchern abgebildet sind, gelten nur für bestimmte Stadien. Nicht alle Stadien können jedoch in den Büchern abgebildet werden.

Manchmal lässt sich im Gelände nur die Gattung ansprechen (z.B. Gattung *Pelophylax*). Für eine Artbestimmung ist eine DNA-Analyse unumgänglich. Hierzu benötigt man Gewebsproben, z.B. die Schwanzspitze einer Larve, die mit einer feinen, scharfen Schere abgeschnitten und in entsprechende Fixierflüssigkeit gegeben werden. Diese Proben können freilich nur im Labor bestimmt werden und auch nur von erfahrenen Fachleuten.

Grundsätzlich sollte zur Kontrolle immer auch die Verbreitung berücksichtigt werden. Ist die bestimmte Art überhaupt für die Fundregion nachgewiesen oder zu erwarten? Wenn nicht, wurde sie mit hoher Wahrscheinlich fehlbestimmt. Fehlbestimmungen gehören immer zum Bestimmungsalltag und passieren eigentlich jedem einmal. Möglich ist aber auch, dass man eine Art in einer Region nachgewiesen hat, in der sie bislang nicht bekannt war, oder aber die notgedrungen generalisierte Aussage im benutzten Bestimmungsbuch ist nicht genau genug. Für eine Rückkopplung wende man sich z.B. an die großen Fachgesellschaften (für Deutschland, Österreich und die Schweiz siehe ▶ Tipp 1). Die großen Naturkundemuseen haben Spezialisten.

Mit zunehmender Erfahrung und durch Vergleich vieler Individuen wächst die Sicherheit bei der Bestimmung. Wichtig ist, die Anfangshürden zu nehmen und sich durch anfängliche Schwierigkeiten und dem Risiko der Fehlbestimmung nicht entmutigen zu lassen. In einigen Einrichtungen (z.B. Biologische Stationen, Schulbiologiezentren) kann man in Bestimmungskursen von Profis lernen, diese Hürden schneller zu nehmen, anstatt sich alles mühsam selbst beizubringen.

Empfehlenswert ist z.B. der einmal jährlich stattfindende „Methodenkurs Amphibien und Reptilien" in der Außenstelle Heiliges Meer des Museums für Naturkunde, Münster, der neben Feldmethoden auch die Bestimmung der Arten behandelt. Ansprechpartner ist Dr. Andreas Kronshage, LWL-Museum für Naturkunde, Außenstelle Heiliges Meer, D-49509 Recke. Tel.: 05453-99660, Fax: 05453-99661. Der Kurs ist allerdings immer rasch ausgebucht. Deshalb sei empfohlen, sich frühzeitig um einen Platz zu bemühen!

Literatur

Bestimmungsbücher

Glandt D (2008) Heimische Amphibien. Bestimmen – beobachten – schützen. AULA, Wiebelsheim (2014 Nachdruck)

Glandt D (2011) Grundkurs Amphibien- und Reptilienbestimmung. Beobachten, Erfassen und Bestimmen aller europäischen Arten. Quelle & Meyer, Wiebelsheim

Glitz D (2014) Amphibien und Reptilien in Mitteleuropa. Gelände-Bestimmung in Stichworten. NABU Rheinland Pfalz, Mainz (www.NABU-RLP.de)

Kwet A (2015) Reptilien und Amphibien Europas. Kosmos-Naturführer, 3. Aufl. Kosmos-Verlag, Stuttgart

Thiesmeier B (2014) Fotoatlas der Amphibienlarven Deutschlands. Laurenti, Bielefeld

Thiesmeier B (2015) Amphibien bestimmen – am Land und im Wasser. Laurenti, Bielefeld

Populationsdynamik, Vergesellschaftung, ökosystemare Bedeutung – am Beispiel von Amphibien

Dieter Glandt

D. Glandt, *Amphibien und Reptilien,*
DOI 10.1007/978-3-662-49727-2_16, © Springer-Verlag Berlin Heidelberg 2016

Vor allem in Europa sind Studien zu den genannten Themen an Amphibien häufiger und umfassender als über Reptilien. Zu Letzteren existieren besonders Arbeiten, die in Trockengebieten der Erde, z. B. an Wüstenechsen, durchgeführt wurden. Da Feldbiologen und Naturschützer im deutschsprachigen Raum vor allem im gemäßigten Waldklima des nördlichen und mittleren Europas unterwegs sind, erfolgt hier eine exemplarische Behandlung an Amphibienpopulationen. Lehrbücher zur Thematik siehe Literaturtipp.

16.1   Langzeituntersuchungen zur Bestandsdynamik

Populationen lassen sich definieren als Gesamtheit der Individuen einer Art, die einen bestimmten Lebensraum innerhalb einer Landschaft bewohnen und sich zumindest über mehrere Generationen fortpflanzen. Sie haben eine bestimmte Struktur. Wichtige Strukturparameter, die in aussagefähigen Populationsstudien ermittelt werden sollten, sind:

- Anzahl der Individuen (Populationsgröße),
- Siedlungs- oder Populationsdichte (Abundanz),
- jährliche Geburtenrate,
- jährliche Mortalitätsrate,
- Altersaufbau,
- Geschlechterverhältnis.

Die Ermittlung aller genannten Strukturparameter einer Population ist sehr aufwendig. Dazu kommt, dass es nicht reicht, die Parameter nur 1 oder 2 Jahre zu ermitteln. Bei langlebigen Organismen mit sich überlappenden Generationen, wie dies typischerweise für Amphibien (und auch Reptilien) zutrifft, muss ein mehrjähriger Untersuchungszeitraum angesetzt werden. Nur durch Langzeituntersuchungen lassen sich die Schwankungen der Populationsgröße bzw. Siedlungsdichte ermitteln, und diese können beträchtlich sein.

Langzeitstudien sind z. B. für den Artenschutz wichtig. Nur über sie lässt sich beurteilen, ob ein kurzzeitig zu beobachtender Rückgang innerhalb der normalen Schwankungsbreite einer Population liegt oder ein signifikanter Rückgang mit der Gefahr des Aussterbens vorliegt. Besonders wichtig wären Studien in unterschiedlicher landschaftlicher Einbettung.

Als Vergleichsmaßstab wären Studien in natürlichen oder zumindest naturnahen, vom Menschen wenig beeinflussten Landschaftsräumen nötig. Die wenigen Langzeitstudien aber – zumindest in Europa – wurden in mehr oder weniger stark veränderten oder künstlich geschaffenen Situationen durchgeführt.

Letzteres zeigt besonders der „Fall Donauinsel" in Wien (Hödl et al. 1997). Beim Bau einer kanalartigen „Neuen Donau" in Wien, parallel zum alten Flusslauf, wurde eine 21 km lange und maximal 240 m breite Insel (Donauinsel) angelegt, vor allem durch Aufschüttung mit Aushubmaterial. Auf dieser isolierten Insel entstanden durch Bodenverdichtungen mehrere Flachgewässer, unter anderem der sog. „Endelteich". Das Gewässer (ca. 120 m lang, max. 17 m breit, max. Wassertiefe ca. 80 cm) hat keinen Kontakt zum Grundwasser und trocknete regelmäßig zum Sommer hin aus, weshalb eine Rohrleitung angelegt wurde, durch die bei Bedarf Wasser aus der Donau zugepumpt wird. Es erwies sich nämlich als recht amphibienreich (11 Arten sowie der Hybride Teichfrosch, d. s. 12 von 20 österreichischen Amphibientaxa!), nur vollendeten die Larven häufig nicht die Metamorphose vor der Austrocknung.

An Amphibienpopulationen sind ohnehin nur selten Langzeitstudien durchgeführt worden, und kaum eine übersteigt den Zeitraum von 10 Jahren. Häufig werden zudem nicht alle Strukturparameter, manchmal sogar nur einer, z. B. die jährliche Zahl abgelegter Laichballen bei Gras- oder Moorfrosch, ermittelt. Die Aussagekraft solcher Studien ist deshalb sehr eingeschränkt.

In der Regel werden zudem zu wenige Umweltparameter mit untersucht, z. B. Pflanzenwelt, Vegetationsstruktur, Temperaturen, Wasserchemismus usw. Im Laufe der Zeit ändern sich diese Parameter z. T. beträchtlich. In allen Biotopen findet eine Sukzession statt, worunter die zeitliche Aufeinanderfolge unterschiedlicher Lebensgemeinschaften verstanden wird. Besonders augenfällig ist das Zuwachsen eines Lebensraumes, z. B. eines Gewässers und dessen allmähliche Verlandung. Vorausgesetzt, dass genügend Umweltfaktoren (und dann noch die „richtigen") mit untersucht werden, besteht die Chance, präzise Aussagen über die Ursachen der Bestandsschwankungen treffen zu können. Nur wenn die Ursachen eines Bestandsrückganges bekannt sind, lassen sich sinnvolle Gegenmaßnahmen ergreifen.

Wie komplex das Ursache-Wirkungs-Gefüge sein kann, das zu einem konkret beobachteten Muster von Populationsschwankungen führt, lässt sich an der Zusammenfassung einer 4-jährigen Studie an Molchpopulationen im Raum Münster/Westfalen ersehen (◙ Tab. 16.1). Dabei wurden die Lage der Gewässer, Wassertiefe, Vegetationsausstattung, Temperaturverhältnisse sowie der auf die Larven wirkende Feinddruck berücksichtigt. Nicht untersucht wurde z. B. der Wasserchemismus.

Populationsstudien an Amphibien mit aquatischer Fortpflanzung gingen lange Zeit von der An-

---

◙ **Tab. 16.1** Mögliche Ursachen der Populationsdichte und ihrer Schwankungen in vier Teichmolch-Populationen (*Lissotriton vulgaris*) im Raum Münster/Westfalen auf der Grundlage vierjähriger Untersuchungen (1976–1979). Zwei Populationen (Gievenbeck IV, Nienberge I) lebten in tiefen Gewässern, zwei in flachen (Hohenholte I, Roxel I). In den tiefen Gewässern neigten die Populationen zu zweimaligem Laichen pro Saison (Frühjahr und Sommer). Der auf die Larven wirkende Feinddruck wurde über schwanzverletzte Tiere berechnet. (Nach Daten in Glandt 1980)

Biotoptypen: modifizieren einheitliches Großklima zu unterschiedlichem Mikroklima

Ähnlichkeiten und Unterschiede in:	Gievenbeck IV (Stillgewässer)	Nienberge I (Stillgewässer)	Roxel I (Fließgewässer)	Hohenholte I (Graben)
Wassertiefe	> 1,50 m	> 1,50 m	< 1 m	< 1 m
Vegetation im Gewässer	gering	mittel, z. B. Röhricht	gering	dicht
Mikroklima	sonnenexponiert; warm bis sehr warm	sonnenexponiert; warm bis sehr warm	beschattet und kühl	sonnenexponiert und warm
Anzahl Laichzeiten pro Jahr	eine bis zwei	zwei	eine (?)	eine
Feinddruck auf Larven	gering	mittel	?	hoch
Nachwuchsrate	hoch	hoch	gering	mittel
Siedlungsdichte	hoch	hoch	gering	mittel
Muster der Populationsschwankung	ähnlich		ähnlich	
Im Vergleich: Populationsschwankungen unterschiedlich				

nahme aus, dass die geschlechtsreifen Individuen Jahr für Jahr dasselbe Laichgewässer aufsuchen, also sehr ortstreu sind. Der klassische Fall war die Erdkröte (*Bufo bufo*). Ihre Ortstreue gegenüber dem Laichgewässer ist zwar hoch, aber keineswegs absolut. Es gibt immer einen Teil geschlechtsreifer Individuen, die nicht zum angestammten Laichgewässer, in welchem sie als Larve geschlüpft waren, zurückkehren, um sich fortzupflanzen. Vielmehr gibt es einen wechselnden Prozentsatz Individuen, die in der Landschaft auf Wanderschaft sind (Emigranten) und z. B. neu entstandene Gewässer besiedeln. In der Studie von Reading et al. (1991) waren dies ca. 5–20 %.

Ein derartiges Verhalten lässt sich vermutlich für viele, vielleicht sogar die meisten Amphibienarten annehmen. Die Schlussfolgerung ist: Nicht alle Tiere, die an einem bestimmten Laichgewässer im Jahre x erfasst und ggf. markiert, aber im Jahre x + 1 nicht wiedergefangen wurden, sind zwischenzeitlich gestorben. Zumindest ein Teil von ihnen könnte emigriert sein. Dieser Anteil lässt sich aber nicht quantifizieren, wenn nur die Population eines Gewässers erfasst wird. Vielmehr müssten die Populationen mehrerer Gewässer innerhalb eines definierten Landschaftsausschnittes parallel untersucht werden – ein hoher Arbeitsaufwand.

In der Studie von Hachtel et al. (2006) wurde Letzterem Rechnung getragen. Ein wichtiges Ergebnis war, dass in drei der Untersuchungsjahre bei Berg- und Teichmolch individuelle Austauschraten zwischen den fünf Untersuchungsgewässern von mehr 2 % ermittelt wurden. Das hört sich nicht nach viel an, aber unter genetischen Gesichtspunkten erscheint dieser Austausch ausreichend, um Inzuchteffekte auszuschließen, wie die Autoren schlussfolgern.

Wichtig war auch, dass die Austauschrate rasch mit der Entfernung zwischen den Gewässern abnahm. Am höchsten war sie bei 300 m Distanz, oberhalb 1500 m dagegen nur noch sehr gering. Ein erfolgreicher Artenschutz bei Molchen (und anderen Arten) erfordert somit ein engmaschiges System geeigneter flacher Stillgewässer in einem Biotopverbund. Dabei ist der Begriff „engmaschig" relativ. Molche legen vergleichsweise kurze Wanderstrecken zurück, Frösche und Kröten dagegen deutlich größere (Näheres siehe ▶ Kap. 6).

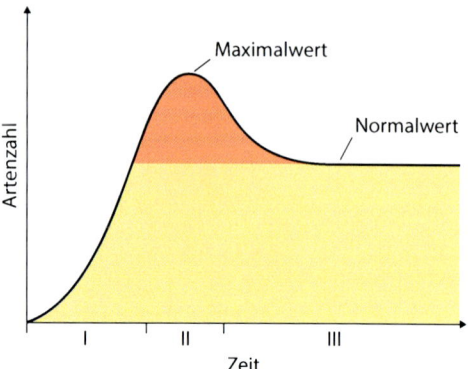

Abb. 16.1 Schematisierter Verlauf der Entwicklung der Artenzahl von Amphibien in kleinen Stillgewässern im Rahmen der natürlichen Entwicklung der kompletten Lebensgemeinschaft (Sukzession). Es werden drei Sukzessionsphasen unterschieden: I = Anfangsphase mit raschem Anstieg der Artenzahl, II = Maximalphase, die nur kurze Zeit anhält, III = länger anhaltende Phase. (Nach Glandt 1996)

Wenn ein neu entstandenes oder geschaffenes Gewässer von Amphibien zwecks Ablaichen aufgesucht wird, kommt es häufig zu einer raschen Populationsentwicklung (**Abb. 16.1**). Das ist die Phase, die den Naturschützer besonders freut und die gerne zu Vorzeige-Ortsterminen mit Presse und Politikern genutzt wird. Umso enttäuschter sind dann die Naturschützer, wenn einige Jahre später der Bestand ihrer „Lieblinge" zurückgeht. Das ist allerdings ein ganz normaler, natürlicher Vorgang. Ein Gewässer wird ja nicht nur von Amphibien besiedelt, sondern auch von vielen anderen Tieren und von Pflanzen. Es bildet sich eine Lebensgemeinschaft (Biozönose), innerhalb derer komplexe Interaktionen stattfinden, z. B. Beute-Räuber-Beziehungen. So kann z. B. der Grasfrosch häufig zunächst rasch Fuß fassen, aber durch einwandernde Molche bedingt wieder zurückgehen, indem Letztere die Larven der Frösche dezimieren. Das Einschleppen von Fischen (Stichlinge, Goldfische etc.) kann zur Dezimierung der Frosch- und Molchlarven führen.

Als ich 1980 mit meiner beruflichen Arbeit im Naturschutz begann, lernte ich einen sehr engagierten ehrenamtlichen Naturschützer kennen, der mir stolz neu angelegte Amphibienlaichgewässer zeigte. Während ich mir diese ansah, versuchte er mit einem Kescher Gelbrandkäfer (*Dytiscus marginalis*) zu fangen und aus dem Gewässer zu entfernen. Auf die Frage warum, gab er mir zur Antwort: „Die fressen ja die Amphibienlarven auf!" Ich habe dann versucht ihm zu erklären, dass das ein natürlicher Vorgang sei und schließlich auch Gelbrandkäfer ein Lebensrecht hätten. Zwar wurde er nachdenklich, aber ich war mir nicht sicher, ob er von da an auf das Käfer-Wegfangen verzichtete.

Zur Ehrenrettung des ehrenamtlichen, von mir sehr geschätzten Naturschützers muss ich sagen: Selbst gelernte Biologen versuchen sich manchmal im „Populationsmanagement von Zielarten" durch Wegfangen natürlicher Prädatoren. Bei so etwas habe ich immer Bauchschmerzen.

Wie die Kurve in ◘ Abb. 16.1 verdeutlichen soll, erreicht die Populationsgröße oder die Artenzahl früher oder später einen Maximalwert. Dieser wird meist aber nicht lange gehalten, sondern durch biologische Interaktionen und andere Prozesse geht der Wert zurück. Werden die Umweltbedingungen ungünstig, kann dieser Rückgang bis zum lokalen Aussterben führen. Häufig wird dann vom Naturschutz eingegriffen. Im Falle des Zuwachsens oder Verlandens eines Gewässers wird die Vegetation ausgelichtet, z. B. wird das Gewässer entschlammt und wieder vertieft. Das kann dann zu erneutem Populationswachstum führen.

Im typischen Falle pendelt sich im Laufe der Jahre eine bestimmte Populationsgröße ein, die aber stark schwanken kann. Für Erdkröten werden Schwankungsbreiten mit dem Faktor 2–40 angegeben, von einem auf das andere Jahr immerhin bis zum Faktor 10! Es wurde deshalb die Forderung erhoben, Trendanalysen über mindestens zehn Beobachtungsjahre durchzuführen, aber nur wenige Studien erfüllen diese Forderung (s. ▶ Literatur).

Besonders lang war der Zeitraum in der Arbeit von Meyer et al. (1998). Es wurden aber nur die Laichballen des Grasfrosches gezählt, d. h. keine anderen Strukturparameter der untersuchten Populationen ermittelt und fast keine Umweltfaktoren. Lediglich der Einfluss der Regenmenge wurde getestet, doch ergaben sich nahezu keine signifikanten Korrelationen zwischen diesem Faktor und der Laich-Populationsgröße (ermittelt über die Zahl der Laichballen). Die Zählungen wurden von K. Grossenbacher durchgeführt und werden bis heute weiter betrieben.

Das Beispiel zeigt sehr schön, dass die jährlichen, oft beträchtlichen Populationsschwankungen bei einer Amphibienart nichts über langfristige Trends aussagen. Erst die langen Datenreihen mit statistischer Auswertung ergaben, dass eine Population (Widi) signifikant abnahm, und zwar um 5,6 % jährlich. Warum die Population abnahm, geht aus der Arbeit nicht hervor.

Manchmal sind die Ursachen langfristiger Bestandsrückgänge augenfällig. Auf der Donauinsel gingen viele Arten im Laufe der Untersuchung zurück, was auf das rasche Zuwachsen mit Röhrichtpflanzen zurückgeführt wurde. Häufiges Zurückschneiden dieser Pflanzen wurde daraufhin vorgenommen.

Besonders deutlich war der Rückgang einer Moorfroschpopulation (*Rana arvalis*) bei Moskau über einen Zeitraum von 25 Jahren (Lyapkov 2008). Den Rückgang führt der Autor auf die Abnahme der Gewässeroberfläche und das Einsetzen räuberischer Fische (u. a. Karauschen) zurück.

16.2 Vergesellschaftung

Meist kommen in einem Lebensraum mehrere Amphibienarten vor. Wie viele es sind, hängt von zahlreichen Faktoren ab. Als wesentlich, jedoch ohne Anspruch auf Vollständigkeit, seien genannt:

- In hohen geografischen Breiten und in größeren Höhen über dem Meeresspiegel leben nur wenige Arten. Geringere Wärme und kürzere Vegetationsperiode wirken hierbei limitierend. Für gemäßigte mitteleuropäische Verhältnisse ist ein Gewässer(komplex) bereits artenreich, wenn in ihm ca. 5–10 Amphibienarten vorkommen.

- Besonders groß ist die Artenzahl in den Tropen, vor allem bei den Froschlurchen. Von Letzteren können an einem Gewässer und in seinem Umfeld bis zu etwa 30 Arten vorkommen. Limitierend oder fördernd wirken dabei besonders die Feuchteverhältnisse, ausgedrückt z. B. durch die jährliche Menge des Regenfalls.

- Lokale und regionale Umweltfaktoren können selektierend wirken, z. B. der pH-Wert der Gewässer. Vor allem saure Gewässer (niedrige pH-Werte) sind artenarm.

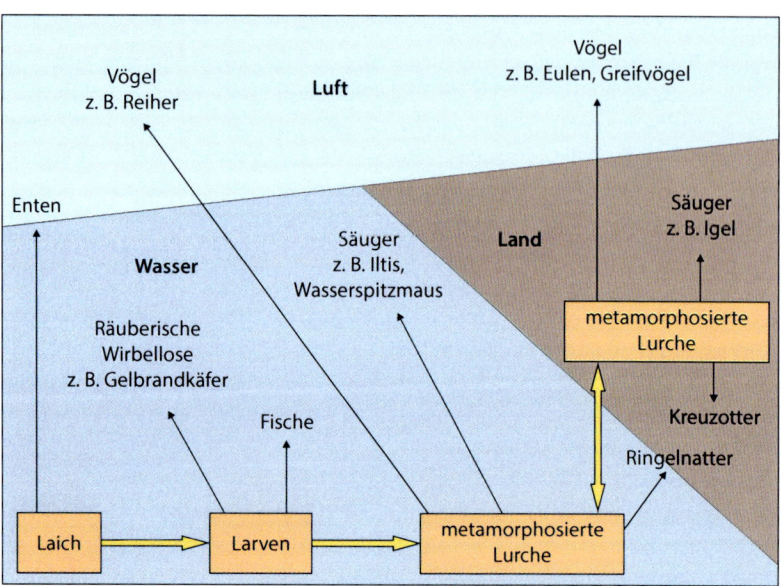

◻ **Abb. 16.2** Die verschiedenen Entwicklungsstadien der Amphibien dienen ganz unterschiedlichen anderen Tieren als Nahrung. Hieraus resultiert ein sehr komplexes Beute-Räuber-Gefüge. (Verändert nach Glandt 2006)

▬ Innerhalb eines Biotopes, z. B. eines Gewässers, können biologische Interaktionen für die Zusammensetzung einer Amphibiengemeinschaft von großer Bedeutung sein, z. B. durch zwischenartliche Konkurrenz oder Beute-Räuber-Effekte.

▬ Beträchtlichen Einfluss auf die Artenvielfalt der Amphibien hat die räumliche und zeitliche Heterogenität eines Landschaftsraumes oder eines Biotop-Komplexes. Besonders artenreich in Europa sind die wenigen noch verbliebenen naturnahen Flussauen (z. B. Teile der Donau-Auen), aber auch strukturreiche Sekundärlebensräume, z. B. stillgelegte Abgrabungskomplexe in frühen Sukzessionsstadien.

▬ Größe und Gestalt (Morphologie) eines Biotops können sehr bedeutsam für die Zusammensetzung einer Amphibiengemeinschaft sein, da die einzelnen Arten sehr unterschiedliche ökologische Ansprüche haben. Extrembiotope, z. B. kleine temporäre Wasseransammlungen, sind artenarm und werden nur von besonders angepassten Spezialisten besiedelt.

Die genannten Faktoren bzw. Faktorengruppen wirken nicht separat, sondern in kompliziert kombinierter Weise. Eine eingehende Darstellung der Ökologie der Amphibien-Gemeinschaften findet sich in dem Buch von K. D. Wells (2007).

16.3 Ökosystemare Bedeutung

Unter „Ökosystem" versteht man das Beziehungsgefüge der Lebewesen untereinander (Biozönose) und mit ihrem Lebensraum (Biotop).

Amphibien und Reptilien gehören in vielen Lebensräumen zu häufigen Erscheinungen. Dies berechtigt zu der Annahme, dass sie eine nicht unerhebliche Rolle im Stoff- und Energiehaushalt der Ökosysteme sowie bei den systemintern ablaufenden Regulationsprozessen spielen. Stichhaltige Untersuchungen hierzu sind jedoch selten, wohl deshalb, weil ökosystemare Prozesse sehr komplex und die Untersuchungen hierzu aufwendig sind.

Die Aussagen der wenigen Studien lassen sich wie folgt zusammenfassen:

▬ Innerhalb der komplexen Nahrungsbeziehungen eines Ökosystems haben die verschiedenen Entwicklungsstadien der Amphibien unterschiedliche Bedeutung (◻ Abb. 16.2).

▬ In der Nahrungspyramide finden sich Amphibien in der Regel auf einem mittleren Niveau.

Fallstudien zur ökosystemaren Bedeutung von Schwanzlurchen (Urodelen)

- Die Larven der Bergmolche (*Ichthyosaura alpestris*) in einem kleinen fischfreien Alpensee leben vor allem von bestimmten Kleinkrebsen, dem Hüpferling (Copepoden) *Arctodiaptomus alpinus*. Obwohl die Molchlarven in manchen Jahren häufig sind (bis mehr als 25.000 Individuen) ist ihre tägliche Nahrungsmenge und damit der Stoff- und Energieumsatz recht gering (verglichen mit Fischen in anderen Seen). R. Schabetsberger & C. D. Jersabek (1995) Alpine newts (*Triturus alpestris*) as top predators in a high-altitude karst lake: daily food consumption and impact on the copepod *Arctodiaptomus alpinus*. Freshwater Biology 33: 47–61.

- Die rund 2500 adulten, in einem kleinen See in New Hampshire (nordöstliche USA) lebenden Molche (*Notophthalmus viridescens*) machten nur 0,04 % der Primärproduktion, berechnet auf den gesamten See, aus. Nur geringe Mengen Nährstoffe und Energie sind in der Biomasse der Molchpopulation gebunden. Allerdings konzentrierten sich die Tiere auf die bewachsene Randzone des Sees (Litoral). Auf diesen Bereich bezogen war ihre Bedeutung erheblich größer (ca. 5 % der Primärproduktion). T. M. Burton (1977) Population Estimates, Feeding Habitats and Nutrient and Energy Relationships of *Notophthalmus v. viridescens*, in

Mirror Lake, New Hampshire. *Copeia* 1: 139–143.

- Terrestrisch lebende Salamander (Plethodontidae) in Wäldern des nordöstlichen Nordamerika (New Hampshire) erreichten eine Biomasse, die etwa doppelt so hoch war wie die der Vögel während des Maximums in der Brutzeit und etwa gleichgroß wie diejenigen der Kleinsäuger. Das scheint für eine nicht unerhebliche Bedeutung der Urodelen im gemäßigten Wald-Ökosystem zu sprechen. T. M. Burton & G. E. Likens (1975) Salamander populations and Biomass in the Hubbard Brook Experimental Forest, New Hampshire. *Copeia* 3: 541–546.

Oberhalb von diesen sind meist diverse Vogel- und Säugerarten angesiedelt.

- Top-Prädatoren (Endkonsumenten) sind Amphibien nur selten. In fischfreien kleinen Alpenseen z. B. sind Molche (vor allem Bergmolche) ausnahmsweise die Endkonsumenten, d. h. sie stehen an der Spitze der Nahrungspyramide (Beispiel in ► Exkurs 16.1).

- Der quantitative Einfluss von Amphibienpopulationen auf Stoffhaushalt und Energiefluss in Ökosystemen wurde kaum untersucht, allgemeine Schlussfolgerungen erscheinen bislang nicht möglich. Ergebnisse von drei Fallstudien siehe ► Exkurs 16.1.

Literatur

Weiterführende Lehrbücher

Hutchinson GF (1978) An Introduction to Population Ecology. Yale University Press, New Haven and London

Schwerdtfeger F (1968) Demökologie. Struktur und Dynamik tierischer Populationen. Ökologie der Tiere, Bd. II. Parey, Hamburg, Berlin

Schwerdtfeger F (1975) Synökologie. Struktur, Funktion und Produktivität mehrartiger Tiergemeinschaften. Ökologie der Tiere, Bd. III. Parey, Hamburg, Berlin

Wells KD (2007) The Ecology and Behavior of Amphibians, Kap. 15: The Ecology of Amphibian Communities. University of Chicago Press, Chicago, London, S 729–783

Mehrjährige Populationsstudien, am Beispiel europäischer Amphibien

Elmberg J (1990) Long-term survival, lenght of breeding season, and operational sex ratio in a boreal population of common frogs, *Rana temporaria* L. Canadian Journal of Zoology 68:121–127

Hachtel M, Weddeling K, Schmidt P, Sander U, Tarkhnishvili D, Böhme W (2006) Dynamik und Struktur von Amphibienpopulationen in der Zivilisationslandschaft. Naturschutz und Biologische Vielfalt, Bd. 30. Bundesamt für Naturschutz, Bonn-Bad Godesberg

Heusser H (1968) Die Lebensweise der Erdkröte, *Bufo bufo* (L.). Grössenfrequenzen und Populationsdynamik. Mitteilungen der Naturforschenden Gesellschaft Schaffhausen 29:33–61

Hödl W, Jehle R, Gollmann G (Hrsg) (1997) Populationsbiologie von Amphibien. Eine Langzeitstudie auf der Wiener Donauinsel. Stapfia, Bd. 51. Landesmuseum Oberösterreich, Linz

Loman J (2008) Studies on the moor frog (*Rana arvalis*) in south Sweden. In: D. Glandt & R. Jehle (Hrsg) Der Moorfrosch/The Moor Frog (*Rana arvalis*). Zeitschrift für Feldherpetologie Suppl 13:195–205

Lyapkov SM (2008) A long-term study on the population ecology of the moor frog (*Rana arvalis*) in Moscow province, Russia. In: D. Glandt & R. Jehle (Hrsg) Der Moorfrosch/The Moor Frog (*Rana arvalis*). Zeitschrift für Feldherpetologie Suppl 13:211–230

Meyer AH, Schmidt BR, Grossenbacher K (1998) Analysis of three amphibian populations with quarter-century long time-series. Proceedings of the Royal Society London B 265:523–528

Reading CJ, Loman J, Madsen T (1991) Breeding pond fidelity in the common toad, *Bufo bufo*. Journal of Zoology 225:201–211

Quellen zu Abbildungen und Tabellen

Glandt D. (1980) Populationsökologische Untersuchungen an einheimischen Molchen, Gattung *Triturus* (Amphibia, Urodela). Dissertation am Fachbereich Biologie der Universität Münster

Glandt D (1996) Die Bedeutung der Gewässerökologie für die Angewandte Landschaftsökologie. Arbeiten aus dem Institut für Landschaftsökologie, Westfälische Wilhelms-Universität Münster, Bd. 2., S 231–243

Glandt D (2006) Praktische Kleingewässerkunde. Laurenti, Bielefeld

Systematik, Stammesgeschichte und Biogeografie

Dieter Glandt

D. Glandt, *Amphibien und Reptilien,*
DOI 10.1007/978-3-662-49727-2_17, © Springer-Verlag Berlin Heidelberg 2016

17.1   Grundbegriffe der Systematik

Wie in ▶ Kap. 2 bereits betont, werden derzeit mehr als 7400 Amphibien- und mehr als 10.200 Reptilienarten, zusammen mehr als 17.600 Arten, von den Herpetologen unterschieden. Wie lässt sich eine derart große Fülle überhaupt überblicken? Der Einzelne kann dies ohnehin nicht, aber die Wissenschaftlergemeinde (*scientific community*) muss den Überblick behalten. Andernfalls herrscht Chaos, und eine wissenschaftliche Biologie, z. B. eine Herpetologie, könnte gar nicht betrieben werden. Der Überblick lässt sich, das war schon Linné klar, und dies führte ihn zu seinem Werk *Systema naturae*, nur mithilfe einer „plausiblen Ordnung" wahren. Darüber gibt es einen Grundkonsens. Die „plausible Ordnung" ist ein System; die Wissenschaft, die sich mit der Einordnung von Pflanzen und Tieren beschäftigt, wird „Systematik" genannt. Manchmal wird dieser Begriff auch mit dem der Taxonomie gleichgesetzt. Doch wird in der Regel unter Letzterer die Beschäftigung mit der Identifikation und Benennung von Arten oder anderer systematischer Einheiten, sog. Taxa (Singular Taxon), verstanden. Hierzu hat man sich auf international verbindliche Regeln zur Benennung von Familien, Gattungen, Arten und Unterarten geeinigt. Die Zoologen müssen sich an diesen „International Code of Zoological Nomenclature" halten, wenn sie z. B. die Neubeschreibung einer Art oder Unterart veröffentlichen (siehe ▶ Exkurs 17.1).

Die Regeln legen nicht fest, welche theoretischen Konzepte dem jeweiligen System zugrunde gelegt werden sollen. Einigkeit besteht allerdings insofern, dass das System nicht völlig willkürlich sein, sondern einen natürlichen Zusammenhang widerspiegeln sollte. Linné diente die Ähnlichkeit im Bau als Grundlage für die Abgrenzung von Taxa. Häufig diente ihm dabei der Habitus als Kriterium, was dann zu der eingangs im Buch dargestellten Zusammenfassung von Amphibien und Reptilien führte. Dies Vorgehen konnte nicht befriedigen.

Das Linné'sche System galt als künstliches System, das auf Ähnlichkeit einzelner Merkmale beruhte. Es hatte durchaus seine Bedeutung, vor allem für die Bestimmung der Organismen. Heute werden jedoch Systeme angestrebt, in denen die Abstammung zwischen den unterschiedenen Taxa

zum Ausdruck gebracht wird. Hierbei spielt die stammesgeschichtliche (phylogenetische) Herleitung die entscheidende Rolle. Ähnlichkeit einzelner Merkmale ist dabei nicht gefordert, wohl aber die Kombination ganz bestimmter („relevanter") Merkmale. Dies sind die sog. „gemeinsamen abgeleiteten Merkmale" (Synapomorphien), die genetischer und morphologischer Natur sein können.

Als Ergebnis systematisch-taxonomischen Arbeitens soll heute ein sog. phylogenetisches System stehen. Die theoretische Grundlage hierfür lieferte der deutsche Zoologe Willi Hennig (1913–1976) mit seinem Buch „Grundzüge einer Theorie der phylogenetischen Systematik" (Hennig 1950, 1982).

Entscheidend ist, dass nur Taxa gebildet werden, die auf eine gemeinsame Stammart zurückgehen und alle ihre Nachfahren umfassen. Diese Taxa werden als „monophyletisch" bezeichnet. Als monophyletisch gelten z. B. die rezenten Amphibien (Lissamphibia), aber auch die Amphibien in einem weiteren Sinne (R. Schoch, mdl.). Die Gruppe der „Reptilien" umfasst dagegen nicht alle von einem letzten gemeinsamen Vorfahren abstammenden Gruppen, namentlich nicht die Vögel. Eine solche Gruppe wird als „paraphyletisch" bezeichnet.

Paraphyletische Gruppen müssten in einem konsequent phylogenetischen System aufgelöst werden. Die rezenten Reptilien sind aber so gut gekennzeichnete Gruppierungen, dass im vorliegenden Buch aus „praktischen Gründen" an diesem Begriff festgehalten wird, nur muss man sich stets der geschilderten Problematik bewusst sein.

Die Anwendung eines konsequent phylogenetischen Systems hat noch zu einem weiteren Problem geführt. Linné hat ein hierarchisch aufgebautes System vorgelegt, in welchem er bestimmte Kategorien benutzt: Klasse, Ordnung, Gattung und Art. Im 19. Jahrhundert wurden weitere hinzugefügt, z. B. Familie. Die Kategorien suggerieren allerdings eine gewisse „Gleichrangigkeit im stammesgeschichtlichen Entwicklungsniveau" (◘ Abb. 17.1). Etwa 100 Jahre nach Linné kam es jedoch zu einem Durchbruch der Akzeptanz der biologischen Evolution, ausgelöst durch das fundamentale Werk von Charles Darwin (*Über die Entstehung der Arten durch natürliche Zuchtwahl*, 1859).Unter Berücksichtigung einer häufig recht komplizierten Evolution wird klar, dass die unterstellte Gleichrangigkeit der Kategorien nicht

Exkurs 17.1

Der International Code of Zoological Nomenclature

Der „International Code of Zoological Nomenclature" ist kostenlos online abrufbar unter: ▶ www.iczn.org/iczn/index.jsp Gültig ist die 4. Auflage vom 1. Januar 2000, wobei es neuere Ergänzungen gibt. Es handelt sich um ein sehr umfangreiches, dezidiertes, mittlerweile recht kompliziertes Regelwerk, dessen Anwendung einiger Erfahrung bedarf.
Ganz wichtige Grundregeln sind:

1. Der Name wird häufig in Latein oder zumindest latinisierter Form vergeben, z. B. *Lacerta agilis* für die Zauneidechse. *Lacerta* heißt im Lateinischen Eidechse, *agilis* heißt beweglich, schnell, rasch. Der Name kann aber auch irgendeiner anderen Sprache entnommen sein oder eine willkürliche Buchstabenkombination darstellen (Näheres in Art. 11.2 und 11.3).

2. Entscheidender ist: Der Name muss eindeutig sein. Sobald eine andere Art denselben Namen erhält, muss die später benannte umbenannt werden, die zuerst benannte behält ihren Namen (Prioritätsregel). Doch gibt es begründete Ausnahmen von dieser Regel, nur die Eindeutigkeit darf dabei nicht verloren gehen.

3. In einer Sammlung, meist einem Museum oder anderem Institut, wird ein sog. Typusexemplar hinterlegt, das der Erstbeschreibung zugrunde liegt. Es kann aber auch eine Serie sog. Syntypen namengebend sein. Spätere Autoren können im Zweifel den Vergleich hiermit durchführen, um zu prüfen, ob sie eventuell eine andere, vielleicht neue Art entdeckt haben. Bei der heute oft üblichen Beschreibung aufgrund einer DNA-Analyse ist anzugeben, wo diese einsehbar ist.

4. Die Beschreibung (oder auch taxonomische Umgruppierung) soll in einer allgemein zugänglichen, anerkannten Fachzeitschrift erfolgen. Mittlerweile ist unter bestimmten Voraussetzungen auch eine reine Online-Beschreibung möglich. Manche Zeitschrift gibt es sowohl in gedruckter und als Online-Version. Herausragende Zeitschriften sind in diesem Zusammenhang heute „Zootaxa", „ZooKeys" und „Molecular Phylogenetics and Evolution".

existiert. Eher ist das Gegenteil der Fall (◻ Abb. 17.1). Es ist deshalb gefordert worden, die Linné'schen Kategorien fallen zu lassen. Eine praktikable Alternative ist aber bis heute nicht angeboten worden. In der Regel werden die Kategorien „Art, Gattung und Familie" beibehalten, einfach deshalb, wie Vitt & Caldwell betonen, damit es möglich bleibt, „über Gruppen von Amphibien und Reptilien zu reden". Ohne Gattungen und Arten zu benennen, kann man ohnehin keine Biologie betreiben. Es sind gewissermaßen die Namensschilder der Organismen.

Eine zentrale Frage in der Biologie und damit auch der Herpetologie lautet: Was ist eine Art? Hierüber ist ungemein viel geschrieben worden, eine einfache Antwort darauf gibt es nicht. Im Gebrauch sind mehr als 20 verschiedene Artdefinitionen. Ob dies sinnvoll ist, sei dahingestellt. Fundamental sind drei Artdefinitionen bzw. Artkonzepte (vgl. Storch et al. 2013):

a. **Morphologische Artdefinition**. Hierbei werden Individuen zusammengefasst, die sich untereinander ähnlich sehen, sich aber von anderen Arten deutlich unterscheiden. In der Praxis der Artbeschreibung und -unterscheidung kommt dieser Definition immer noch große Bedeutung zu. In vielen Fällen versagt sie aber, z. B. bei der Unterscheidung sog. kryptischer Arten. Diese sehen morphologisch gleich aus, sind aber genetisch gut unterscheidbar. Auch ist die innerartliche Variabilität häufig sehr groß, sodass Merkmalsüberschneidungen zwischen verschiedenen Arten vorkommen. Bei den Reptilien sind z. B. die circummediterranen Eidechsen (Lacertidae) ein Beispiel für eine sehr komplizierte, weil hoch variable Artengruppe.

b. **Biologische Artdefinition**. Diese bündelt Gruppen natürlicher Populationen zu Arten, wenn sie sich untereinander fruchtbar fortpflanzen, aber von anderen Gruppen reproduktiv isoliert sind. Dies klingt wie das Natürlichste von der Welt, und manche Herpetologen wenden das Kriterium nach wie vor an. Jedoch ist die Kreuzbarkeit häufig nur aufwendig feststellbar, manchmal gar nicht nachprüfbar, z. B. bei parthenogenetischen Formen. Zuweilen gibt es auch stabile Hybridzonen zwischen verschiedenen Arten, z. B. zwischen Gelb- und Rotbauchunke. Sind auch solche Formen „gute Arten"?

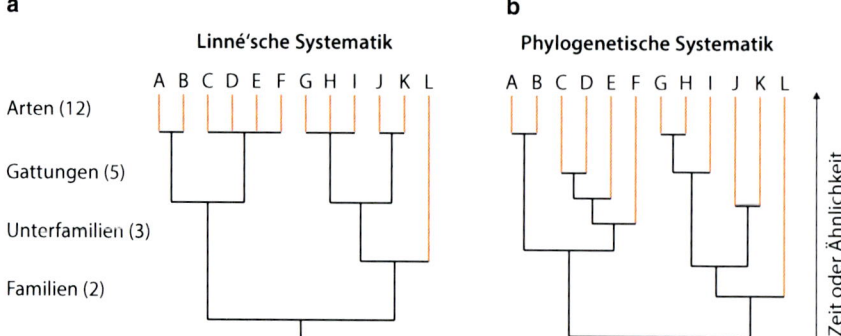

◘ Abb. 17.1 Der grundlegende Unterschied zwischen Linné'scher und phylogenetischer Systematik besteht in einer Gliederung der Organismen in Kategorien (z. B. Ordnung, Familie, Unterfamilie), die etwa gleichrangig sind **a**, und die durch unterschiedlich schnelle Evolution in den verschiedenen Linien resultierende Ungleichwertigkeit der Taxa **b**. Die Zahlen in Klammern beziehen sich nur auf die *linke Teilabbildung*, der *Pfeil* bezieht sich nur auf die *rechte* Abbildung. Näheres siehe Text. (Verändert nach Vitt und Caldwell 2009)

c. **Phylogenetische Artdefinition.** Nach dieser Definition gehören zu einer Art die Individuen einer Abstammungsgemeinschaft, die sich von einem letzten gemeinsamen Vorfahren ableiten lässt. Nicht die Kreuzbarkeit, sondern die stammesgeschichtliche Herkunft ist das entscheidende Kriterium. Natürlich hat auch diese Definition ihre Tücken, denn die stammesgeschichtliche Entstehung liegt oft weit zurück und muss häufig – mangels fossiler Belege – rekonstruiert werden. Dennoch setzt sich dieses Artkonzept immer mehr durch. Leider trägt es zu einer Inflation neuer Artbeschreibungen bei, indem viele ehemalige Unterarten auf Artniveau angehoben werden. Dem Nicht-Spezialisten fällt es dabei schwer, auf dem Laufenden zu bleiben.

In der derzeitigen Praxis, z. B. in kontinentalen Artenlisten, finden sich immer noch Mischungen aus allen drei Artkonzepten. Der Umbau des historisch bedingten, häufig noch künstlichen Systems der Amphibien und Reptilien zu einem phylogenetischen System ist in vollem Gange, aber bei Weitem noch nicht abgeschlossen. Die taxonomischen Auffassungen der Autoren und Arbeitsgruppen gehen – nicht zuletzt wegen der vorstehend geschilderten Probleme – sehr auseinander. Was ist eher Unterart, was ist Art, was eher Untergattung, was Gattung, was eher Unterfamilie, was Familie? Hier kommt man häufig ohne die subjektiv geprägten Auffassungen der erfahrenen Spezialisten nicht umhin. Die nach-

folgende Übersicht über das System der Amphibien und Reptilien versucht dem Rechnung zu tragen. Im Wesentlichen werden die Bücher von Westheide und Rieger (2015) und Vitt und Caldwell (2009) zugrunde gelegt. Wie in diesen Werken werden in der folgenden systematischen Übersicht alle Kategorien oberhalb des Familienniveaus nicht mehr benutzt.

Sehr hilfreich sind auch die beiden nachfolgend genannten Internetangebote, die ständig aktualisiert werden:

Für die Amphibien: Amphibian Species of the World 6.0, an Online reference ▶ http://research.amnh.org/vz/herpetology/amphibia (Autor/Koordinator: Darrel Frost)

Für die Reptilien: The Reptile Database. ▶ www.reptile-database.org (Autoren/Koordinatoren: Peter Uetz und Jiří Hošek)

Beide Dienste benutzen noch durchgehend Kategorien, allerdings aus praktischen Gründen.

17.2 Der Landgang – eine „Revolution" früher Tetrapoden

Die frühesten Landwirbeltiere (Tetrapoda) entstanden aus „fischartigen" Vorfahren in küstennahen Gezeitenbereichen mit flachen, zeitweise temporären und/oder isolierten Gewässern. Sie jagten „Fische" und kleinere Tetrapoden im Flachwasser, die sie mithilfe eines Seitenliniensystems orten konnten. Ihre Haut war gegen Wasserverluste erst wenig geschützt, ein Landaufenthalt deshalb nur kurzfristig möglich.

Warum sind Wirbeltiere überhaupt an Land gegangen? Diese naheliegende Frage wird seit Langem lebhaft diskutiert, und eine plausible Antwort gibt es bis heute nicht. Die verschiedenen Hypothesen sind in dem lesenswerten Buch von R. Schoch (2014) zusammengetragen.

Folgende Gesichtspunkte wurden/werden diskutiert:

- Die Austrocknungsgefahr in den oftmals temporären Flachgewässern zwang zum Ortswechsel, um andere, noch wasserführende Gewässer zu erreichen.
- Sauerstoffarmut in den stark besonnten Flachgewässern zwang zur Nutzung atmosphärischen Sauerstoffs.
- Große Nahrungskonkurrenz in den flachen, manchmal isolierten Gewässern. Der Landgang könnte neue Nahrungsquellen erschlossen haben, z. B. gestrandete Fische, später in der Evolution auch landlebende Gliederfüßer.
- Erhöhter Feinddruck in den flachen, oft isolierten Gewässern; an Land war damals noch wenig an Feinden zu erwarten.
- Zeitweiliger Landaufenthalt ermöglichte ein besseres Aufwärmen, um im Wasser effizienter die schnellen Beutetiere (vor allem Fische) jagen zu können.
- Die zunehmende Bewaldung der umgebenden terrestrischen Lebensräume mit geeigneten Versteckplätzen ermöglichte Tieren mit feuchter, gegen Wasserverluste nur wenig geschützter Haut den Landaufenthalt.

Für alle Gesichtspunkte sind Pro- und Kontra-Argumente geäußert worden. Möglicherweise ist eine spezifische Kombination externer Faktoren für den Wechsel früher Tetrapoden aufs feste Land ausschlaggebend gewesen. Außerdem müssen (mit externen Faktoren verschränkt) bestimmte anatomische und physiologische Anpassungen stattgefunden haben.

Sehr frühe vierbeinige Wirbeltiere waren die Stegocephalen (Dachschädler). Am besten untersucht sind *Acanthostega gunnari* und *Ichthyostega stensioei* aus dem Obersten Devon von Grönland, die vor etwa 365 Mio. Jahren lebten. Es waren 0,5 bis 1 m lange Tiere mit abgeflachtem Schädel und kräftigen Extremitäten. Die Dachschädler waren nach heutiger Auffassung keine Amphibien. Im Sinne einer streng phylogenetischen Systematik waren sie nicht einmal Tetrapoda, trotz der vier Beine (◘ Abb. 17.2).

17.3 Frühe und moderne Amphibien

Die frühesten Amphibien oder amphibienähnlichen Tetrapoden gehörten wahrscheinlich zu den ausgestorbenen Temnospondyli oder Schnittwirblern (◘ Abb. 17.2). Sie teilen die meisten „gemeinsamen abgeleiteten Merkmale" (Synapomorphien) mit den heutigen Amphibien. Es waren schwanzlurchähnliche Tiere. Neben kleinwüchsigen Formen (z. B. die Amphibamidae) gab es kräftige und große Arten (manche von mehreren Metern Länge), die an die heutigen Riesensalamander (Cryptobranchidae) erinnern und im Karbon, Perm und in der Trias lebten (vgl. ◘ Tab. 17.1). Für die Branchiosauridae sind sogar Larven belegt. Sie machten bereits eine umfängliche Metamorphose wie die rezenten Amphibien durch.

Für die heute lebenden Amphibien ist mittlerweile die Bezeichnung „Lissamphibia" üblich. Sie werden von den meisten Autoren als monophyletische Gruppe aufgefasst. Auch die Monophylie der drei Untergruppen (Gymnophiona, Urodela, Anura) wird als gut begründet angesehen (A. Haas in: Westheide und Rieger 2015). Eine ausführliche Charakterisierung der Lissamphibia und ihrer Untergruppen findet sich in ▶ Kap. 4.

Die Verwandtschaftsbeziehungen innerhalb der Lissamphibia sind Gegenstand intensiver Untersuchungen und kontroverser Diskussionen. Meist wird angenommen, dass die Anuren und Urodelen Schwestergruppen darstellen, d. h. auf eine gemeinsame Wurzel zurückgehen. Beide zusammen wiederum bilden eine Schwestergruppe zu den Gymnophionen, die als basale Gruppe angesehen wird.

Verbreitung, Artenvielfalt: Amphibien kommen heute auf allen Kontinenten vor, mit Ausnahme der Antarktis. Sie fehlen zudem auf Grönland, im nördlichsten Teil Nordamerikas und Sibiriens und in den inneren Wüsten Nordafrikas, der arabischen Halbinsel und Innerasiens. Die Dichte der Arten ist in den kalten wie auch in den trocknen

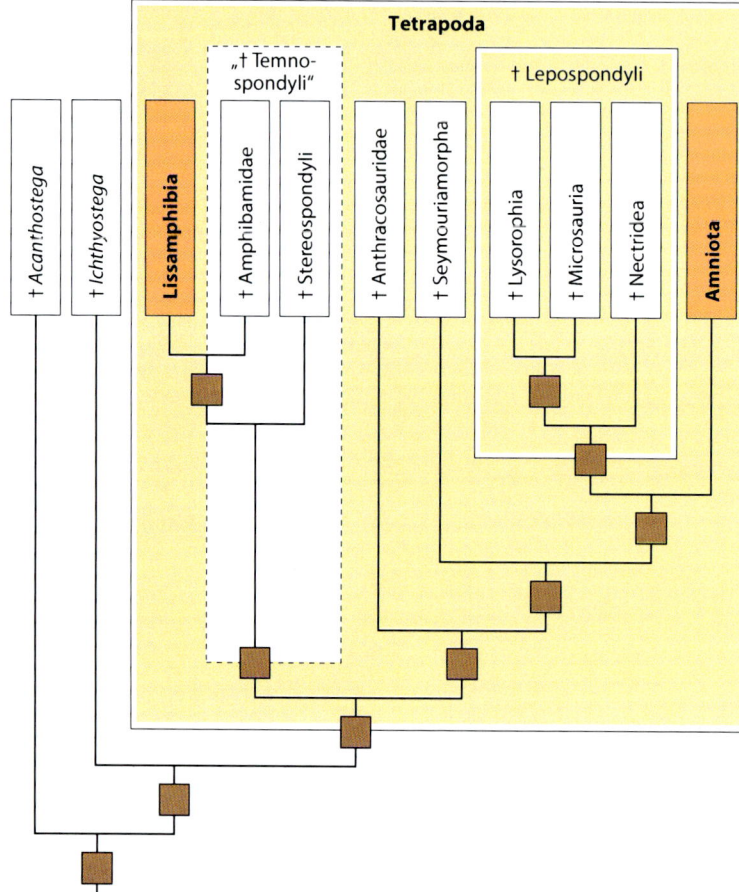

◘ Abb. 17.2 Stammesgeschichtliche Beziehungen der frühen Landwirbeltiere und Herkunft der Amphibia und Amniota (= Reptilien, Vögel, Säuger). Näheres siehe Text. Die Kreuze symbolisieren ausgestorbene Formen. Die kleinen braunen Kästchen stehen für morphologische Synapomorphien (= gemeinsame abgeleitete Merkmale), auf deren Nennung hier verzichtet wird. (Adaptiert nach Schoch 2015)

Regionen gering. Die höchsten Artenzahlen (jeweils weit über 100 je Bezugsfläche) finden sich in den feuchten Tropen Südamerikas, Afrikas und Südostasiens (◘ Abb. 17.3). Bei einem staatenbezogenen Vergleich rangieren ganz oben: Brasilien (ca. 900 Arten), Kolumbien (über 700 Arten), Ecuador (flächenmäßig kleiner als Deutschland: über 460 Arten) usw. Zum Vergleich: Ganz Europa kommt gerade mal auf knapp 100 Arten, Deutschland auf 20.

17.4 Gymnophiona (Schleichenlurche oder Blindwühlen)

Kennzeichen: Langgestreckte, beinlose Amphibien. Nackter geringelter Körper, der an dicke Regenwürmer erinnert. Länge ca. 10 cm bis 1,50 m. Kopf wenig vom Rumpf abgesetzt. Mundöffnung end- oder unterständig. Schwanz sehr kurz oder ganz fehlend. Kegelförmiger Schädel stark verknöchert. Die Spermien werden mittels eines ausstülpbaren männlichen Begattungsorgans (Phallodeum) übertragen (innere Befruchtung). Meist direkte Entwicklung oder lebendgebärend, manche Arten mit freilebenden Larven. Die meisten Gymnophionen leben in der obersten Bodenschicht, in Laubstreu, Humus oder Uferschlamm von Gewässern. Einige Arten sind aquatisch. Anders als bei Urodelen und Anuren wird der große Dottervorrat der Eier kaum, vielleicht gar nicht gefurcht.

Eine wenig untersuchte Wirbeltiergruppe. Verhalten, Lebensweise, Ökologie, aber auch Physiologie und Embryologie müssten intensiver studiert werden. Ebenso sind Häufigkeit und Gefährdungsgrad der Arten kaum bekannt, da die Tiere methodisch bedingt nur schwer erfassbar sind.

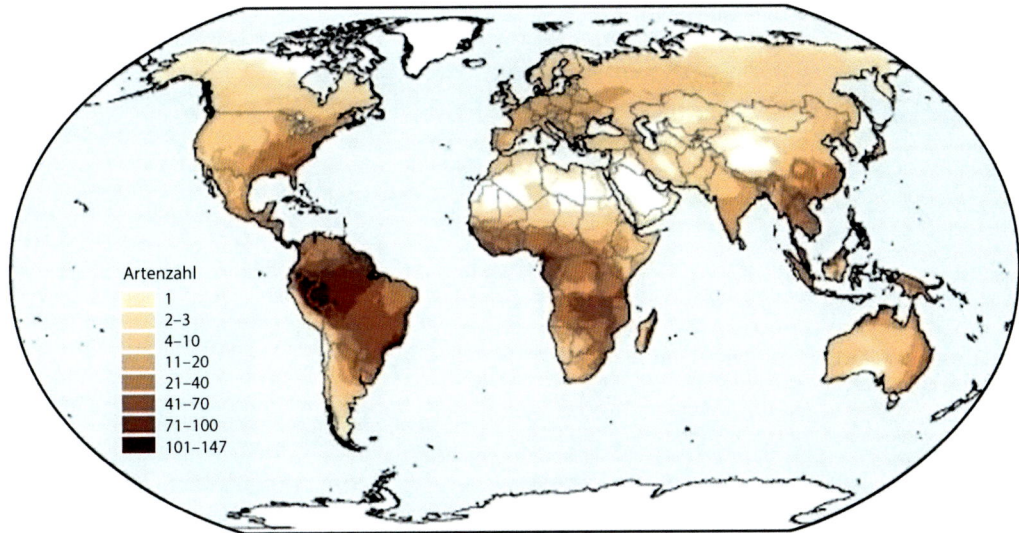

Abb. 17.3 Globale Dichte der Artenzahlen der Amphibien. Besonders die feuchten Tropen sind Zentren der Biodiversität. (Nach „Global Amphibian Assessment", ▶ www.iucnredlist.org/initiatives/amphibians/analysis/geographic-patterns)

Verbreitung: Blindwühlen finden sich in tropischen und in geringem Maße auch subtropischen Gebieten. Sie leben auf dem Festland dreier Kontinente (Amerika, Afrika, Asien) und auf einigen tropischen Inseln (südliche Philippinen, westlicher Teil des Indo-Australischen Archipels und auf den Seychellen im Indischen Ozean).

Stammesgeschichte: Es gibt nur wenige fossil erhaltene Gymnophionen. Aufschlussreich ist *Eocaecilia micropodia* aus frühen Juraablagerungen, die bislang älteste bekannte Blindwühle. Sie hatte vier gut entwickelte Gliedmaßen, was zeigt, dass die Beinlosigkeit der rezenten Blindwühlen sekundärer Natur ist, d. h. ein abgeleitetes Merkmal darstellt.

Systematik: Die Untergliederung wird nicht einheitlich gehandhabt. Frost (2015)unterscheidet zehn Familien mit 206 Arten (Stand August 2015). Andere Autoren nennen sechs Familien und betonen die noch ungelöste paraphyletische Situation der „Caeciliidae". Nachfolgend wird kurz auf vier Familien eingegangen. Für eine eingehende Darstellung siehe W. Himstedt (1996). Deutsche Namen für die Familien haben sich nicht eingebürgert.

▪ **Rhinatrematidae**
Tropisches Südamerika, bis 33 cm lang. Eiablage in feuchtem Boden, Larven aquatisch.

▪ **Ichthyophiidae**
Süd- und Südost-Asien einschließlich Indien, Sri Lanka, Sumatra, Borneo, Philippinen. Bis 50 cm lang. Drei Gattungen, Gattung *Ichthyophis* artenreich. Gut untersucht ist die Biologie von *Ichthyophis* cf. *kohtaoensis* (▪ Abb. 6.22). Erwachsene überwiegend terrestrisch lebend. Eiablage im Boden. Weibchen ringeln sich um Gelege (Brutpflege). Nach 70–80 Tagen schlüpfen kleine, amphibisch lebende Larven. Diese verbergen sich tagsüber ufernah im Boden, nachts suchen sie Gewässer zur Nahrungssuche auf. Nach 10–14 Monaten Metamorphose bei 14–18 cm Körperlänge.

▪ **„Caeciliidae im weiteren Sinne"**
Südamerika, Afrika, Indien, Seychellen, 10 cm bis 1,50 m lang. Die letztgenannte Länge betrifft *Caecilia thompsoni*, diese Art erreicht ein Gewicht bis etwa 1 kg.

▪ **Typhlonectidae**
Südamerika, vor allem Amazonas-, Orinoco- und Magdalena-Flusssystem. Einige Arten (Gattung *Chthonerpeton*) finden sich weit davon entfernt im Gebiet des Rio de La Plata (S-Brasilien, Uruguay, N-Argentinien). Artenarme Gruppe, teils aquatisch, teils offenbar semiaquatisch. *Typhlonectes compressi-*

▣ Tab. 17.1 Geologische Zeittafel. (Nach Storch et al. 2013)

Erdzeitalter (Zahlen nach der Internationalen Stratigraphischen Kommission 2008)			Beginn vor Mio. Jahren	Dauer in Mio. Jahren
Käno(Neo)zoikum Erdneuzeit	Quartär 2,6	Holozän	2,6	2,6
		Pleistozän		
	Tertiär 2,6–65	Pliozän	65	63,2
		Miozän		
		Oligozän		
		Eozän		
		Paleozän		
Mesozoikum Erdmittelalter	Kreide 146–65	Oberkreide	146	81
		Unterkreide		
	Jura 200–146	Malm (Weißer Jura)	200	54
		Dogger (Brauner Jura)		
		Lias (Schwarzer Jura)		
	Trias 251–200	Keuper	251	51
		Muschelkalk		
		Buntsandstein		
Paläozoikum Erdaltertum	Perm 299–251	Zechstein	299	48
		Rotliegendes		
	Karbon 359–299	Oberkarbon	359	60
		Unterkarbon		
	Devon 416–359	Oberdevon	416	57
		Mitteldevon		
		Unterdevon		
	Silur 444–416	Obersilur	444	28
		Untersilur		
	Ordovizium 488–444	Oberordovizium	488	44
		Mittelordovizium		
		Unterordovizium		
	Kambrium 542–488	Oberkambrium	542	54
		Mittelkambrium		
		Unterkambrium		

cauda (Schwimmwühle), nördliches Südamerika. 30 bis 60 cm lang, erinnert mit ihrem langen, schlanken, oberseits dunklen Körper und ihrer Schwimmweise an einen Aal. Schwanz seitlich abgeplattet, oberseits mit niedrigem Flossensaum. Lebendgebärend. *Atretochoana eiselti* hat keine Lungen; 75 cm lang, größtes lungenloses Landwirbeltier! Nur zwei konservierte Exemplare aus Brasilien bekannt. Lebensraum und genaue Verbreitung unbekannt. Lebt vielleicht in kühlen Bächen höherer Gebirgslagen und betreibt offenbar Hautatmung.

17.5 Urodela (Schwanzlurche)

In der amerikanischen Literatur werden die rezenten Schwanzlurche häufig, aber nicht immer, als „Caudata" bezeichnet. Der Name „Urodela" wird dort unter Einbeziehung der ausgestorbenen Stammlinienvertreter benutzt. In der europäischen Literatur wird noch öfters der Name „Urodela" benutzt.

Kennzeichen: Schlanker, langgestreckter Körper mit gut entwickeltem Schwanz. Kopf deutlich vom Rumpf abgesetzt. Meist vier wohl entwickelte Beine, aber relativ kurz im Vergleich zur Körperlänge. Hinter- und Vorderbeine etwa gleichlang, Letztere nur geringfügig länger (kräftiger). In zwei Linien wurden die Beine zurückgebildet. Schädel durch reduzierte Zahl an Knochenelementen gekennzeichnet, andere Elemente teilweise oder ganz knorpelig. Rezente Arten meist mit innerer, einige wenige mit äußerer Befruchtung. Spermien werden nicht durch Kopulation übertragen, sondern durch festes Aneinanderpressen der Kloakenöffnungen beider Partner oder durch Absetzen einer Spermatophore, von der das Weibchen die Samenmasse mit der Kloakenöffnung aufnimmt. Aus den Eiern entwickeln sich typischerweise freilebende Larven, die eine Metamorphose durchmachen. Viele Arten jedoch mit direkter Entwicklung im Ei. Mehrfach in der Evolution Ausbildung geschlechtsreifer Formen unter Beibehaltung larvaler Merkmale, z. B. der Kiemen (Neotenie).

Verbreitung: Überwiegend auf der Nordhalbkugel (Nordamerika, Eurasien, Nordafrika), in gemäßigtem oder subtropischem Klima. Nur die Plethodontidae auch in tropischen Regionen (Mittel- und Südame-

rika) lebend, dort aber überwiegend in Gebirgslagen, manche Arten bis 3000 m üNN und höher. Terrestrische Arten meist in feuchten Lebensräumen, vor allem Wäldern. Aquatische Arten in Tümpeln, Quellen, Bächen, Flüssen sowie großen Seen.

Stammesgeschichte: Die ältesten fossil belegten Urodelen stammen aus dem mittleren Jura von Kirgisistan (*Kokartus honorarius*) und dem mittleren Jura der inneren Mongolei (*Chunerpeton tianyiensis*, ca. 18 cm lang). Aus dem Oberen Jura von Kasachstan stammt *Karaurus sharovi*. Viele Urodelen entwickelten sich jedoch erst ab der späten Kreidezeit oder dem frühen Tertiär (Palaeozän).

Systematik: Frost (2015)nennt 695 rezente Arten, und ständig kommen neue hinzu. Die Verwandtschaftsbeziehungen zwischen den Teilgruppen werden kontrovers diskutiert. Meist werden neun Familien (von manchen Autoren zehn) unterschieden, auf vier davon wird nachfolgend kurz eingegangen. Für eine eingehende Darstellung der Gruppe siehe J. Raffaëlli (2013).

- ◾ **Cryptobranchidae (Schlammteufel und Riesensalamander)**
USA, China und Japan. Zwei Gattungen mit drei Arten. Gedrungener Körper mit vier gut entwickelten Beinen und kräftigem, seitlich zusammengedrücktem Schwanz. Augenlider fehlen. Lungen rudimentär und weitgehend funktionslos. *Andrias davidianus* (Chinesischer Riesensalamander), mit mehr als 1,5 m Länge (sogar 1,95 m sind schon gemeldet worden!) größte rezente Amphibienart. Bis 600 Eier werden in verknäuelten Schnüren abgegeben und äußerlich besamt. Langsames Wachstum, erst 15–20 cm Länge nach einem Jahr, mit 4–5 Jahren geschlechtsreif. Langlebig, bis 55 Jahre erreichend. Östliches Zentral-China, in den drei großen Flusssystemen des Landes, z. B. Jangtsekiang. Lauert unter Steinen und Uferböschungen regungslos auf Fische, Frösche, Krebse und Schnecken. *Cryptobranchus alleganiensis* (Schlammteufel, in Amerika „Hellbender" genannt). Bis 75 cm erreichend. Östliche USA.

- ◾ **Salamandridae (Echte Molche und Salamander)**
Nordamerika, Eurasien und NW-Afrika. Mehr als 80 Arten, wozu auch die meisten europäischen Schwanzlurche gehören. Schlanker bis gedrunge-

ner, gestreckter Körper mit vier wohlentwickelten Beinen. Selten länger als 20 cm, manche Arten etwas größer. Männchen der Molche meist mit Hochzeitskleid während der Paarungszeit, vor allem mit Hautsäumen auf Rücken und Schwanzoberseite. Salamander ohne Hautsäume. Innere Befruchtung, Samen werden vom Männchen auf Spermatophore abgesetzt und vom Weibchen mit Kloakenöffnung aufgenommen. *Salamandra salamandra* (Feuersalamander). Mittel-, Süd-, Ost- und Südosteuropa. 14–18 cm lang, selten bis 20 cm und mehr. Auf schwarzem Untergrund gelbe Flecken und/oder Streifen. Hinter den Augen große, längliche Ohrdrüsen (Parotiden). Weibchen setzen in der Regel weit entwickelte Larven ab, meist in kühle, sauerstoffreiche Bäche. Erwachsene und Jungtiere leben an Land, in Mitteleuropa vor allem in feuchten Laubwäldern. *Lissotriton vulgaris* (Teichmolch). Großer Teil Europas (fehlt auf Iberischer Halbinsel) und NW-Türkei. Bis 11 cm lang werdend. Im Tief- und Hügelland häufige Molchart, im Gebirge seltener. Männchen zur Paarungszeit (Frühjahr) mit hohem, leicht gewelltem Hautsaum auf Rücken und Schwanzoberseite sowie Schwimmsäumen an den Hinterfüßen. Weibchen wickelt 100–300 Eier einzeln in kleine Blätter von Wasserpflanzen. Larven vollenden Metamorphose meist im selben Jahr, manchmal überwintern sie. Gelegentlich Erreichen der Geschlechtsreife mit Larvenmerkmalen, vor allem Kiemen (Neotenie).

- **Plethodontidae (Lungenlose Salamander)**
Nord-, Mittel- und Südamerika, zentrale Mittelmeerregion (SO-Frankreich, Italien, Sardinien), Korea. Artenreichste Gruppe der Schwanzlurche (mehr als 450 Arten). 2,5–32 cm lang. Neben gedrungenen, kräftigen auch sehr schlanke Formen mit langem Schwanz; manche mit dünnen Beinchen. Einige mit hochentwickelter, langer Schleuderzunge. Lungen fehlen. Entwicklung häufig direkt (vor allem Unterfamilie Bolitoglossinae sowie viele Plethodontinae), manche Arten mit freiem Larvenstadium. Die meisten Plethodontinae betreiben Brutpflege, indem sich die Weibchen um die terrestrisch abgelegten Gelege ringeln, bis die Jungen schlüpfen. Gattung *Hydromantes* (Höhlen- oder Schleuderzungensalamander). In Europa (SO-Frankreich, NW-Italien, Sardinien) mit acht Arten vertreten, davon

allein fünf auf Sardinien (► Kap. 9). Auf Sardinien nur im Winterhalbjahr oberirdisch. Zum Sommer hin in unterirdischen Lückensystemen, wo vermutlich die Eier abgelegt und vom Weibchen bewacht werden. Die drei Festlandsarten (SO-Frankreich und NW-Italien) dagegen im Frühjahr und Herbst oberirdisch aktiv. Reproduktionszeiten nicht genau bekannt. Sommerlicher Trockenheit wird durch Nachtaktivität ausgewichen.

- **Proteidae (Olme und Furchenmolche)**
Osthälfte Nordamerikas (Gattung *Necturus*, fünf Arten) und östliche Adriaregion in Europa (*Proteus* mit einer Art). Mäßig robuste Schwanzlurche mit vier kurzen Gliedmaßen und kräftigem, seitlich zusammengedrücktem Schwanz. Maximal 40 cm lang. Erwachsene mit äußeren Kiemen. *Proteus anguinus* (Grottenolm). Gesamtlänge 25 cm, in Einzelfällen 35–40 cm. Adult mit rudimentären, funktionslosen Augen. Orientierung geruchlich und über die Seitenlinienorgane. Kaum dunkle Pigmente, äußerlich blass gelblich bis rosafarben. Fast ausschließlich im dunklen Höhlensystem des Karstes der östlichen Adriaregion. Nur an einer Stelle in Slowenien auch oberirdisch vorkommend, hier dunkel pigmentiert und mit gut entwickelten Augen. Weibchen legt in mehreren Gelegen unter Steinen angeheftet bis zu 500 Eier ab und bewacht sie. Geschlechtsreife frühestens mit sieben Jahren. Lebensdauer 30–40 Jahre, Höchstalter 60 Jahre und mehr. Nahrung kleine Krebse, Schnecken und Insektenlarven.

17.6 Anura (Froschlurche)

Kennzeichen: Hinterbeine meist deutlich länger als Vorderbeine. Wirbelsäule stark verkürzt, im hinteren Teil zu einem einheitlichen Knochenstab verschmolzen. Parallel dazu liegen die langgestreckten Darmbeine. Hierdurch entstand ein effizienter Sprungapparat, mit dem manche Arten bemerkenswert weite Sprünge vollführen können (der 6–8 cm lange Springfrosch schafft aus dem Sitzen heraus bis an die 2 m, das ist das 25–30-Fache der eigenen Körperlänge; gute Weitspringer unter den Menschen schaffen mit langem Anlauf vielleicht das 4-Fache). Von ganz wenigen Ausnahmen abgesehen äußere Besamung und Befruchtung, deshalb

Verklammerung beider Geschlechter. Oben aufsitzendes Männchen besamt den unmittelbar aus der Kloake des Weibchens austretenden Laich. Larve (Kaulquappe) stark von metamorphosierten Tieren unterschieden. Kopf-Rumpf-Länge (KRL) zwischen ca. 0,7 und 33 cm.

Verbreitung: Mit Ausnahme der Antarktis sind alle Kontinente besiedelt. Die meisten Arten leben in den feuchten Tropen, doch konnten einige auch Wüsten besiedeln, z. B. in Australien.

Stammesgeschichte: Das älteste bekannte froschähnliche Fossil ist *Triadobatrachus massinoti* aus der unteren Trias von Madagaskar. Diese Art hatte noch keinen spezialisierten Sprungapparat wie bei späteren Froschlurchen. Hinterbeine und Darmbeine waren noch nicht so stark verlängert, und hinter dem Becken war noch eine in Wirbelkörper gegliederte Wirbelsäule vorhanden. *Prosalirus bitis* aus dem Unteren Jura Nordamerikas ist das älteste Fossil, aus dessen Skelettmerkmalen auf ein gutes Sprungvermögen geschlossen werden kann. Im mittleren und späten Jura sowie in der unteren Kreidezeit entwickelte sich eine sehr formenreiche Froschlurchfauna.

Systematik: Mehr als 6500 rezente Arten wurden mittlerweile beschrieben, ständig kommen neue hinzu. Die Untergliederung in Teilgruppen sowie die Auffassungen über ihre verwandtschaftlichen Beziehungen sind einer starken Dynamik unterworfen. Frost (2015)unterscheidet mehr als 50 Familien. Nachfolgend wird kurz auf eine kleine Auswahl (sechs Familien) eingegangen.

- ### Leiopelmatidae
Ursprüngliche Gruppe, nur regional im westlichen Nordamerika (zwei Arten) und auf Neuseeland (vier Arten). *Ascaphus trueri* (Schwanzfrosch). Regional in NW-Amerika. KRL 3–6 cm. Männchen mit deutlich verlängerter Kloakenregion, dient als Kopulationsorgan (innere Besamung). Bevorzugt in kühlen, schnellfließenden Gebirgsbächen. Pigmentfreie Eier werden an der Unterseite von im Wasser liegenden Steinen befestigt.

- ### Pipidae, Zungenlose Frösche und Wabenkröten
Afrika südlich der Sahara, tropisches Südamerika sowie Panama. Zwischen etwa 3 cm und 17 cm

KRL. Zunge fehlt, Beuteerwerb durch Saugschnappen. Seitenlinienorgane auch nach Metamorphose erhalten. Körper abgeplattet, Hinterbeine kräftig, Schwimmhäute gut entwickelt. Überwiegend aquatisch lebend, in stehenden oder langsam fließenden Gewässern. *Xenopus laevis*, Glatter Krallenfrosch. Bis ca. 14 cm KRL. Haut sehr glatt, innere drei Zehen der Hinterfüße mit spitzen schwarzen Hornkrallen. In unterschiedlichsten Gewässern, einschließlich Straßengräben und Viehtränken. Ursprünglich nur Afrika südlich der Sahara, eingeschleppt nach Nord- und Südamerika, Europa. Wichtiges Labortier (Embryologie). Lange Zeit für Schwangerschaftstests eingesetzt („Apothekerfrosch"), auch bei Aquarianern und Terrarianern beliebt. *Pipa pipa*, Große Wabenkröte. Weibchen bis 17 cm lang, während der Paarungszeit mit ringförmiger Schwellung der Kloake. Männchen maximal 15 cm. Breiter, stark abgeflachter Körper. Kopf ebenfalls abgeflacht, in Aufsicht dreieckig, winzige, lidlose Augen. Haut runzelig rau, oberseits braun bis grau mit dunklen Flecken, Unterseite heller. Hinterbeine groß, flossenartig. Zehen der Vorderbeine mit sternförmigen, vierstrahligen Spitzen. Östliches Südamerika und Trinidad. Ganzjährig in stehenden und langsam fließenden Gewässern und Sümpfen. Zum bemerkenswerten Paarungsverhalten und zur Brutpflege in Rückentaschen siehe ▶ Kap. 6.

- ### Hylidae, Laubfrösche
Außerordentlich formenreiche Gruppe, bislang mehr als 940 Arten beschrieben. Europa, Nordafrika, Vorderasien, Kaukasus, östliches Asien, Australien und Neuguinea sowie von Nord- über Mittel- bis Südamerika. 1,2 bis 14 cm KRL. Typischerweise kletternde, in Bäumen und Gebüsch lebende Frösche mit verbreiterten Haftscheiben an allen Fingern und Zehen. Einige Arten bodenlebend, z. T. grabend. Pupillen meist horizontal (Ausnahme Unterfamilie Phyllomedusinae). *Hyla arborea*, Europäischer Laubfrosch. 4–5 cm KRL. Oberseite meist grasgrün, selten blau, braun oder grau. Männchen mit faltiger Kehlregion, die bei Abgabe der lauten, weithin hörbaren Paarungsrufe kugelförmig aufgeblasen wird. Stehende, besonnte, vegetationsreiche Gewässer dienen der Laichabgabe in kleinen Klumpen. Nach der Laichzeit in Gebüschsäumen und Baumkronen. *Litoria caerulea*, Korallenfinger-Laubfrosch. Gro-

■ **Abb. 17.4** Der Rotaugen-Laubfrosch (hier ein Pärchen) ist ein besonders hübscher tropischer (mittelamerikanischer) Vertreter seiner Familie und wird gern in der Werbung eingesetzt. Die senkrechten Pupillen sind allerdings untypisch für die Familie Hylidae. (Foto: A. Kwet)

ßer (bis 12 cm KRL), plump gebauter Laubfrosch, N- und O-Australien sowie stellenweise Neuguinea. Oberseits grün oder braun. Tagsüber in Baumkronen und Schilf nahe stehender Gewässer, die sie nachts aufsuchen. Auch in Siedlungen des Menschen. Ruhiger, etwas „behäbiger" Frosch, der weltweit gern von Terrarianern gehalten wird. *Agalychnis callidryas*, Rotaugen-Laubfrosch (■ Abb. 17.4). Bekanntester Vertreter der Unterfamilie Phyllomedusinae, deren Pupillen im Gegensatz zu den übrigen Hyliden senkrecht gestellt sind. Kontrastreich gefärbt. Iris rot. Glatte Oberseite grün, Flanken meist cremefarben oder mit gelber Streifenzeichnung, Oberschenkel teilweise blau, purpurn oder bräunlich. Hände und Füße leuchtend orange. Habitus sehr schlank, fast mager erscheinend. 6–8 cm KRL. Mittelamerika. Wird gerne in der Werbung eingesetzt.

■ Bufonidae, Echte Kröten

Bislang etwas mehr als 580 Arten beschrieben. Weltweit verbreitet mit Ausnahme von Grönland, Antarktis und Neuseeland. *Rinella marina*, Aga-Kröte. Eingeschleppt in Australien und Neuguinea. 2–25 cm KRL. Weibchen bis 24 cm KRL, Männchen

deutlich kleiner. Pupillen horizontal. Hinter den Augen besonders große Drüsenpakete (■ Abb. 12.5). Ursprünglich Süd- und Mittelamerika, jedoch vielfach ausgesetzt, in der Annahme, dass die Tiere zur Schädlingsbekämpfung beitragen. Dies erwies sich als Trugschluss. Stattdessen breitete sich die Art oft massiv aus, z. B. in Australien, und wurde durch starke Giftwirkung und Wegfressen (neben Gliederfüßern auch Frösche, Echsen, Schlangen, Nager) zu einem großen Problem für die einheimische Fauna. *Bufo bufo*, Erdkröte. 9–11 cm KRL, auf dem Balkan deutlich größer werdend. Oberseits meist braun oder grau-braun. Häufigste Kröte Mitteleuropas. Vor allem in Laub- und Mischwäldern, aber auch im Siedlungsbereich. Als Laichgewässer werden größere und tiefere Gewässer bevorzugt. Oft massive Frühjahrswanderung zu den Laichgewässern, werden dabei Straßen überquert, fallen viele Tiere dem Verkehr zum Opfer. Paarungsverhalten und Entwicklung siehe ▶ Kap. 6. Gattung *Atelopus* (Stummelfuß- oder Harlekinfrösche, manchmal „Harlekinkröten" genannt). Sehr artenreiche Gruppe, ca. 90 Arten. Von Costa Rica im Norden bis Bolivien im Süden. Häufig sehr lebhaft gefärbte

🔹 **Abb. 17.5** Der Färberfrosch (*Dendrobates tinctorius*) ist ein besonders hübscher Vertreter der Pfeilgift- oder Baumsteigerfrösche. Das Bild zeigt die früher als eigene Art betrachtete Variante „azureus". (Foto: A. Kwet)

Tiere. Bevorzugt in Schluchten von Berg-Nebelwäldern, wo sich die tagaktiven Tiere am Boden aufhalten. Laichen in schnellfließenden Bergbächen und kleinen Flüssen. Laich wird in Schnüren an Pflanzen oder Steinen im Wasser geheftet. Kaulquappen mit großen Saugnäpfen, die zum Festheften dienen, um nicht von der Strömung verdriftet zu werden.

- **Dendrobatidae, Pfeilgiftfrösche, Baumsteigerfrösche**

Von Nicaragua über das Amazonasbecken bis Bolivien. Formenreiche Gruppe, mehr als 180 Arten. Kleine bis mittelgroße Frösche, häufig sehr bunt. Haut sondert z. T. sehr toxische Gifte ab, das Gift einiger Arten wurde bzw. wird von den Naturvöl-

kern zum Vergiften von Pfeilen genutzt. Eier werden meist an Land abgelegt. Männchen (manchmal Weibchen) bewachen Gelege und transportieren die geschlüpften Kaulquappen auf dem Rücken zum Wasser (kleine Bäche, Pfützen, Bromelientrichter). Tagaktive Frösche der tropischen Regenwälder, die sich an Bachufern, in der Laubschicht der Waldböden und auf Bäumen aufhalten. *Dendrobates tinctorius*, Färberfrosch. 5–6 cm KRL (🔹 Abb. 17.5). Sehr variabel gefärbt, häufig schwarz-blau oder schwarzgelb. Tiefländer Guyanas, Surinams und Französisch-Guayanas sowie im Norden Brasiliens. Bewohnt die Laubschicht, Eiablage in Höhlen. Die fünf bis zehn Eier werden vom Männchen besamt und nach dem Schlupf der Kaulquappen zu Kleinstgewässern (Pfüt-

▣ **Abb. 17.6** Das Erdbeerfröschen (*Oophaga pumilio*) ist ein bei Terrarianern besonders beliebter Vertreter der Pfeilgiftfrösche. (Foto: A. Kwet)

zen, Blattachseln etc.) getragen. Nahrung kleine Insekten. Beliebtes Terrarientier. *Phyllobates terribilis*, Schrecklicher Pfeilgiftfrosch. Bis 5 cm KRL. Oberseits meist gelblich gefärbt. Gilt als giftigste Froschart, wird von den Chocó-Indianern Kolumbiens zur Gewinnung von Pfeilgift verwendet. *Oophaga pumilio*, Erdbeerfröschchen (▣ Abb. 17.6). Bis 2,2 cm KRL. Häufig oberseits ganz rot oder rot mit dunkelblauen Beinen. Nicaragua, Costa Rica, Panama. Keine Umklammerung der Weibchen durch die Männchen, Partner legen sich vielmehr bäuchlings aneinander. Weibchen legen 3–5 Eier auf einen Bromelientrichter oder ähnlichem, dort Besamung durch das Männchen. Eier werden durch Männchen bewacht, dabei täglich mit Wasser befeuchtet. Die geschlüpften Larven werden vom Weibchen in wassergefüllte Bromelientrichter gegeben und mit sog. Abortiveiern, das sind unbefruchtete Näheier, versorgt.

■ **Ranidae, Echte Frösche**

Weit verbreitete, artenreiche Gruppe (mehr als 370 Arten); Nordamerika bis nördliches Südamerika, Eurasien, Afrika. In Australien nur im Nord-

osten, auf Neuseeland fehlend. Meist mittelgroße Froschlurche, ausnahmsweise bis 20 cm. *Rana temporaria*, Grasfrosch. Bis 12 cm KRL. Weite Teile Europas, nur im Süden größtenteils fehlend. Sehr variable Färbung, oberseits häufig bräunlich, rötlich oder gräulich. Häufigster Frosch Deutschlands. In einer Vielzahl von Lebensräumen, z. B. in Wäldern, Wiesen, Hecken, Gräben, Gärten und Parks. Laicht in den verschiedensten stehenden oder langsam fließenden Gewässern. Gattung *Pelophylax*, Wasserfrosch-Gruppe. Europa, Nordafrika und Vorderasien. Formenreiche Gruppe mit mehreren Hybridformen, manchmal schwer zu bestimmen. Häufig ist der Teichfrosch (*Pelophylax „esculentus"*), ursprünglich aus einer Kreuzung von Seefrosch (*Pelophylax ridibundus*) und Kleinem Wasserfrosch (*Pelophylax lessonae*) hervorgegangen. In vielen Lebensräumen, gerne an Gartenteichen und Parkgewässern. Kann recht zutraulich werden und aus der Hand fressen. *Lithobates catesbeianus*, Nordamerikanischer Ochsenfrosch. Bis 20 cm KRL. Männchen mit sehr großem Trommelfell. Ursprünglich mittleres und östliches Nordamerika, weit verschleppt auf andere

Kontinente, selbst auf entlegene Inselgruppen (z. B. Hawaii), häufig zur Gewinnung von Froschschenkeln (z. B. Poebene). Negativwirkung auf einheimische Anurenfauna befürchtet, z. T. nachgewiesen.

17.7 Amniota: die Vervollkommnung der Landwirbeltiere

Die Amphibien sind bis heute in hohem Maße von Gewässern, zumindest Wasser und hoher Luftfeuchtigkeit, abhängig geblieben. Sie sind dennoch eine erfolgreiche Tiergruppe mit mehr als 7000 beschriebenen und sicher noch vielen unentdeckten Arten. Ein entscheidender Schritt in der Tetrapoden-Evolution war jedoch die Entstehung „echter" Landtiere, die unabhängig von Gewässern wurden und auch recht trockene Lebensräume besiedeln konnten. Hierzu dienten ganz besonders die Evolution einer nur wenig wasserdurchlässigen Haut (siehe ▶ Kap. 4), die Abschaffung eines Larvenstadiums und die Verlagerung der Embryonalentwicklung in eine Art „Mikroaquarium", der flüssigkeitsgefüllten Amnionhöhle (siehe ▶ Kap. 7). Viele heutige Reptilien legen Eier, ganz besonders aber die Vögel. Später in der Evolution entwickelte sich in vielen Linien das Lebendgebären (Viviparie), so in vielen Linien der Reptilien und besonders hoch entwickelt bei den Säugern. Die drei großen Gruppen „Reptilien, Vögel und Säuger" werden deshalb auch als „Amniota" zusammengefasst.

Die stammesgeschichtliche Herkunft der Amniota ist im Detail noch nicht geklärt und damit auch die der Reptilien (inkl. der Vögel) und Säugetiere. Ihre Abspaltung aus einer Gruppe reptilienähnlicher Amphibien ist aber sehr wahrscheinlich und hat schon im Unterkarbon stattgefunden (Böhme & Sander in: Westheide und Rieger 2015).

Die verwandtschaftlichen Beziehungen zwischen den verschiedenen Gruppen der Amnioten und innerhalb derer sind in vielen Punkten noch ungeklärt und werden von den Spezialisten intensiv diskutiert. Einigkeit herrscht lediglich darin, dass die Reptilien keine monophyletische Gruppe bilden. Eigentlich müsste die Gruppe deshalb aufgelöst werden. Jedoch sind deren rezente Vertreter gut abgrenzbar von den übrigen Amnioten: Reptilien sind Amnioten, die nicht zu den Vögeln oder Säugetieren

gehören. Aus praktischen Gründen wird deshalb im vorliegenden Buch an dem Begriff festgehalten. Eine ausführliche Charakterisierung einschließlich der rezenten Hauptgruppen findet sich in ▶ Kap. 4.

Die frühesten eindeutigen Reptilienfunde stammen aus dem Oberkarbon Kanadas (Nova Scotia). *Hylonomus lyelli* war ein eidechsenähnliches Tier von 20 cm Länge, das vor 315 Mio. Jahren in einem sumpfigen Waldgebiet mit Bärlappbäumen lebte und sich wahrscheinlich von Insekten ernährte.

Die Reptilien entwickelten sich bis zum Ende des Paläozoikums zur dominanten Landwirbeltiergruppe. Ihre Blütezeit war das gesamte Mesozoikum. Die größte Vielfalt wurde in der Trias erreicht. Jura und Kreide waren das Zeitalter der legendären Dinosaurier. Keine andere landlebende Wirbeltiergruppe hat so lange in der Erdgeschichte dominiert wie diese beeindruckenden Tiere mit zum Teil riesigen Ausmaßen. Mit ihrem Massenaussterben endete das „Zeitalter der Reptilien". Es überlebten die Schildkröten, Brückenechsen, Schuppenkriechtiere und Krokodile. Aus einem Zweig der Dinosaurier entwickelten sich die Vögel, die erfolgreich wie keine andere Wirbeltiergruppe den Luftraum eroberte.

Auch wenn das Känozoikum eher als Zeitalter der Säugetiere (und Vögel) betrachtet wird: Die heutige Artenvielfalt der Reptilien ist nicht gering. Mit mehr als 10.000 bislang beschriebenen Arten übertreffen sie darin die Säugetiere (knapp 5500 Arten) deutlich. Mit den Vögeln (etwa 10.300 Arten) haben sie gleichgezogen.

Wie bei den Amphibien wird nachfolgend für die heutigen Reptilien eine kleine Auswahl von Familien und Arten vorgestellt. Eine umfangreichere Übersicht gibt das Buch von Vitt & Caldwell (Herpetology, 4. Aufl., 2013), dort finden sich zudem weitergehende Literaturangaben.

17.8 Die Brückenechse – Relikt aus grauer Vorzeit

Die Brückenechsen (Sphenodontida, einzige Familie Sphenodontidae) waren auch in früheren Zeiten eine artenarme Gruppe, über deren weitgehendes Aussterben nur spekuliert werden kann. Sie sind eng verwandt mit den Schuppenkriechtieren (Squa-

mata), mit denen sie zu den Lepidosauriern zusammengefasst werden. Die beiden Schwestergruppen trennten sich vermutlich in der späten Trias. Fossile Funde von *Sphenodon* sind keine bekannt, und von anderen Sphenodontiden gibt es nur fragmentarische Fossilnachweise. Nach der späten Kreidezeit verschwinden Fossilfunde dieser Gruppe. Nahe verwandt sind die Sphenodontiden mit *Gephyrosaurus bridensis* aus dem frühen Jura von Wales. Beide Gruppen werden als „Rhynchocephalia (Schnabelköpfe)" zusammengefasst. Heute lebt nur noch eine Art der Sphenodontiden.

Sphenodon punctatus, Brückenechse oder Tuatara (■ Abb. 17.7). 50–75 cm lang, Letzteres betrifft alte Männchen. Habitus eidechsenartig. Vier gut entwickelte Beine mit jeweils fünf Zehen. Augen groß, Pupillen senkrecht. Schädel mit zwei voll entwickelten Schläfenbrücken (Name Brückenechse), Vorderschädel leicht schnabelartig verlängert (Name Schnabelköpfe). Haut mit kleinen Schuppen bedeckt. Vom Hinterhaupt verläuft über die Mitte ein Hautkamm aus Stachelschuppen, der durch Unterbrechungen in einen Nacken-, Rücken- und Schwanzkamm gegliedert ist. In der Bauchwand liegen Bauchrippen, die nicht mit der Wirbelsäule verbunden sind (gibt es so sonst nur bei Krokodilen). Mit den an der Wirbelsäule ansetzenden Rumpfrippen sind diese bindegewebig verbunden. Schwanz kann autotomiert und regeneriert werden. Kloakenspalte quer,

ein Kopulationsorgan fehlt. Spermienübertragung erfolgt durch festes Aneinanderpressen der Kloakenregionen beider Geschlechter. Neuseeland. Die Tiere leben in selbstgegrabenen Erdhöhlen und erbeuten nachts Insekten, Spinnen und Schnecken, manchmal auch kleine Echsen. Die Art lebte in historischer Zeit auch auf der nördlichen Hauptinsel, dort aber durch den Menschen, verwilderte Hunde, Katzen und Schweine, eingeschleppte Ratten und Mäuse sowie Waldbrände ausgerottet. Heute nur noch auf ca. 30 kleineren Inseln vor Neuseeland, streng geschützt. Eine geringe Zahl lebt in Zoos und kann dort besichtigt werden, z. B. in Deutschland im Aquarium des Berliner Zoos. Die Tiere müssen kühl gehalten werden, da ihre Vorzugstemperatur im Gegensatz zu vielen Echsen recht niedrig ist (nur 17 bis 20 °C).

17.9   Die Erfolgreichen: Squamata – Schuppenkriechtiere

Die gemessen an Artenzahl und Besetzung ökologischer Nischen erfolgreichste Reptiliengruppe der Gegenwart sind die Schuppenkriechtiere. Über 9900 Arten sind mittlerweile beschrieben worden, und laufend kommen neue hinzu. Sie finden sich auf allen Kontinenten mit Ausnahme der Antarktis. Sowohl die feuchten Tropen (Mittel- und Südamerika, Afrika, Südostasien und angrenzende Regionen) als

Abb. 17.8 Kopfporträt eines Grünen Leguans (*Iguana iguana*), einer sehr imposanten, bis über 2 m lang werdenden Echsenart. (Foto: S. Meyer)

auch trockene Wüsten (SW-USA, westl. Südamerika, NO-Afrika, SW-Afrika, Inneraustralien, Innerasien) sind besiedelt.

Traditionell werden die Squamata in zwei scheinbar gleichrangige Gruppen untergliedert: die Echsen (Sauria) und die Schlangen (Serpentes). Dies entspricht allerdings nicht den natürlichen Verwandtschaftsverhältnissen. Die Schlangen sind vielmehr eine hochspezialisierte Echsen-Gruppe.

Die lange Zeit als eigene Unterordnung betrachtete Gruppe der Doppelschleichen (Amphisbaenia) wird heute nur noch als eine Gruppe mehrerer Familien (4–6) innerhalb der Echsen geführt.

Aus der Fülle der unterschiedenen Squamaten-Familien (je nach Auffassung bis an die 70!) werden nachfolgend nur eine kleine Auswahl und jeweils nur einige wenige Arten behandelt. Bezüglich weitergehender Angaben sei auf die bereits zitierten Standardwerke verwiesen.

- **Iguanidae im engeren Sinne, Leguane**

Meist großwüchsige, imposante Arten, Süd- und Mittelamerika sowie Karibik. Vorwiegend Pflanzenfresser. *Iguana iguana*, Grüner Leguan (**■** Abb. 17.8). KRL 45 cm, mit Schwanz bis 2,20 m. Häufig grün, aber auch grau-grüne oder bräunliche, manchmal rötliche Exemplare. Mittel- und nördliches Südamerika. Eingewandert auf kleine Antillen, eingeschleppt nach Florida. Boden- und baumbewohnend. Gerne auf Ästen, die übers Wasser ragen, in welches sich die guten Schwimmer bei Gefahr flüchten. Jung-

tiere fressen teilweise noch Insekten, Alttiere nahezu reine Pflanzenfresser. Männchen verteidigen ihre Reviere mit peitschenartigen Hieben des langen kräftigen Schwanzes. Während der Paarung fixieren sie das Weibchen mit einem Nackenbiss. Dieses legt drei bis vier Wochen danach 30 bis 45 Eier in selbst gegrabene Erdhöhle. Schlupf der Jungtiere nach etwa acht Wochen. Beliebtes Terrarientier, das aber wegen seines Platzanspruches oft nicht artgerecht gehalten werden kann, am ehesten noch in geräumigen Gewächshäusern, z. B. in Zoos. Als Fleischlieferant in manchen Ländern von Bedeutung. Hauptgefährdung durch voranschreitende Vernichtung der tropischen Regenwälder. *Amblyrhynchus cristatus*, Meerechse. KRL bis 50 cm, Gesamtlänge bis 1,70 m. Sehr dunkel gefärbt. Nur auf den Galapagosinseln (zu Ecuador gehörend). Einzige weitgehend marine Echsenart. Frisst Meeresalgen, die unter Wasser abgeweidet werden. Ruht und sonnt sich nach den Tauchgängen (bis zu einer halben Stunde und bis 15 m Tiefe) ausgiebig auf Felsen über der Brandung. Das mit der Nahrung aufgenommene überschüssige Salz wird durch Chloridzellen in Drüsen an den Nasenlöchern ausgeschieden.

- **Agamidae, Agamen**

Artenreiche (mind. 390 Arten) altweltliche Echsengruppe, bis 1,20 m Gesamtlänge. Mediterrane bis tropische Region. Fortbewegung vielfach am Boden laufend, aber auch Arten, die sehr schnell nur auf den Hinterbeinen laufen und flüchten können, z. B.

Abb. 17.9 Das Europäische Chamäleon (*Chamaeleo chamaeleon*) zeigt alle Merkmale eines typischen Vertreters der Familie. Die Füße sind zu Greiforganen entwickelt, was die kletternde Lebensweise im Geäst ermöglicht, genauso wie der Wickelschwanz. Die Pupillen liegen auf der Spitze konischer Augen, die sich unabhängig voneinander in unterschiedliche Richtung drehen lassen. Von vorn betrachtet ist der Körper stark abgeflacht. (Foto: B. Trapp)

Kragenechse (*Chlamydosaurus kingi*). Besonders bemerkenswert: Gattung *Draco*, Flugdrachen. Zahlreiche Arten, leben auf Bäumen in Regenwäldern Südostasiens, besonders Inseln des Malaiischen Archipels und der Philippinen. Können mit Flughäuten, die über stark verlängerte Rippen gespannt sind, Gleitflüge vollziehen. Am bekanntesten *Draco volans*, Gemeiner Flugdrache. Hinterindien, Sumatra, Java und Kalimantan. Neben primären Regenwäldern werden auch Sekundärwälder und Plantagen besiedelt. Bis 25 cm lang, mehr als die Hälfte entfällt auf den dünnen Schwanz. Männchen mit flachem Rückenkamm und großer, orangefarbener Kehlfalte. Auf Bäumen bis in 20 m Höhe. Gleitflüge meist 20 bis 30 m weit, dabei Höhenverlust 5 bis 8 m. Maximalweite soll 60 m betragen. Durch Drehungen des Schwanzes wird Flug stabilisiert. Schwanzbewegungen und Änderung der Flughautstellung ermöglichen Ansteuern von Zielen und Ausweichen von Hindernissen. Flughäute werden auch beim Drohverhalten gespreizt. Zur Eiablage wird der Boden aufgesucht. Ernährt sich vor allem von baumbewohnenden Ameisen.

■ **Chamaeleonidae, Chamäleons**
Ca. 200 Arten, besonders viele auf Madagaskar, den Komoren, Seychellen und Maskarenen. Sehr einheitliches Aussehen, das viele Anpassungen an ein Baumleben zeigt. Körper seitlich zusammengedrückt, Schwanz einrollbar (Greifschwanz), Zehen zu Greifzangen verwachsen (vorne je zwei Zehen außen und innen drei Zehen verwachsen, hinten dagegen außen drei und innen zwei Zehen). Kugelige, beschuppte Augäpfel, die unabhängig voneinander in alle Richtungen bewegt werden können. Nahrungserwerb mit einer rasch vorstülpbaren, langen Schleuderzunge (siehe ► Kap. 9). Häufig wechselnde Färbung, die Ausdruck von Stimmungen sind, aber auch der Tarnung dienen. Meist in Bäumen und Sträuchern, manche Arten zumindest zeitweise bodenlebend. Afrika, Indien, Sri Lanka, Südeuropa und Mittlerer Osten. Kleine Reptilien, meist 2,5 bis 6,5 cm KRL. Eier (Gelegegröße bis über 70) werden im Boden vergraben, daneben gibt es aber auch lebendgebärende Arten. *Chamaeleo chamaeleon*, Europäisches Chamäleon (■ Abb. 17.9). Bis max. 40 cm Gesamtlänge, in Europa kleiner bleibend. Meist grünliche

oder bräunliche Grundfarbe mit weißlich-grauen Flecken, die zu Längsbändern verschmelzen können. Nordafrika, Türkei, Zypern, Mittlerer Osten, SW-Arabien. Die Vorkommen im Süden der Iberischen Halbinsel und einigen anderen Stellen in Südeuropa gehen wahrscheinlich auf Aussetzungen zurück. Meist in Büschen und Bäumen, zeitweilig aber auf dem Boden. So steigen Männchen im Sommer herab, um auf Weibchensuche zu gehen. Weibchen vergräbt im Herbst bis zu 46 weiße, pergamentschalige Eier im Boden, aus denen im Sommer darauf die bis 5 cm langen Jungtiere schlüpfen und sich ausgraben. *Brookesia micra* von der Insel Nosy Hara nördlich Madagaskars ist mit 23–29 mm Gesamtlänge das kleinste lebende Reptil der Welt. Mit kurzem Schwanz, gehört zu den Stummelschwanzchamäleons (Unterfamilie Brookesiinae, ca. 40 Arten mit kurzem stummelförmigem Schwanz), tagsüber bodenlebend, nachts auf Zweigen in niedriger Höhe.

- **Phyllodactylidae, Blattfingergeckos**

Mehr als 130 Arten. Mittel- und Südamerika, Südeuropa, Nordafrika und Vorderasien. Vielgestaltige Gruppe mit unterschiedlichen Zehenstrukturen. Augenlider durchsichtig und miteinander verwachsen, Augen können deshalb nicht geschlossen werden. Eier hartschalig, mit Kalkeinlagerungen. *Tarentola mauritanica*, Mauergecko. Bis 16 cm Gesamtlänge (ausnahmsweise länger). Kräftiger Gecko, der in den Mittelmeerländern sofort auffällt. Großer Kopf mit großen Augen, grauer Iris, Pupille bei Helligkeit gewellt-spaltförmig. Rücken und Schwanzoberseite mit in Längsreihen angeordneten gekielten Schuppen (Tuberkelschuppen), die sich auch an den Kopfseiten finden. Gesamteindruck der Tiere deshalb dornig. Unterseite der Zehen zu ovaler Haftscheibe verbreitert und auf voller Länge mit Querreihen unterteilter Haftlamellen besetzt. Westliches und zentrales Mittelmeergebiet, andernorts eingeschleppt (z. B. Balkan, Kreta, Teneriffa). Ab der Dämmerung und nachts auf Beutejagd. Breites Spektrum an Lebensräumen, besonders gerne an unverfugtem Mauerwerk. Scheut nicht die Nähe zum Menschen.

- **Lacertidae, Echte Eidechsen**

Rund 320 Arten. Europa, Asien, Afrika. Kleine bis große Echsen, zwischen 4 und 26 cm KRL. Schwanz lang. Gesamtlänge der größten Art (*Gallotia stehlini*, Gran-Canaria-Rieseneidechse) bis ca. 80 cm (◻ Abb. 17.10). Alle Arten mit vier wohl entwickelten Beinen. In der Paläarktis (Europa und N-Asien) die dominierende Echsenfamilie. In vielen, sehr unterschiedlichen Lebensräumen. Meist bodenlebend oder in niedrigem Gebüsch. Einige Arten (z. B. Sägeschwanzeidechsen, *Holaspis*, in afrikanischen Regenwäldern) baumlebend, können durch Abflachen des Körpers Gleitflüge vollziehen. Eine Art (*Zootoca vivipara*) bis zum Nordkap vorkommend, damit das am weitesten nach Norden vordringende Reptil. Fast alle Arten eierlegend. Im kaukasischen Bereich einige Arten (*Darevskia*), die (fast) nur Weibchen haben und sich unisexuell (parthenogenetisch) fortpflanzen (siehe ▶ Kap. 7). Überwiegend werden Insekten erbeutet, aber manche Arten (*Gallotia*) auch von Pflanzen lebend. *Lacerta agilis*, Zauneidechse. Bis gut 30 cm Länge erreichend. Männchen mit Hochzeitskleid (kräftig-grüne Flanken und Kopfseiten). Rückenmitte braun. Weibchen oberseits braun-grau. In Osteuropa Unterarten mit in beiden Geschlechtern komplett grüner Oberseite. Verschiedenste Lebensräume werden besiedelt, aber vegetationsarme Partien (Sand oder lockerer, feiner Verwitterungsgrus) wichtig für die Eiablage. Paarung und Eiablage siehe ▶ Kap. 7.

- **Scincidae, Skinke oder Glattechsen**

Mit Abstand artenreichste Echsenfamilie, mehr als 1500 Arten. Besonders rascher Zuwachs an Neubeschreibungen. KRL zwischen 2,7 und 35 cm. Auf allen Kontinenten (Ausnahme Antarktis), aber vorrangig in warmen, subtropischen und tropischen Regionen. Bodenlebende Formen, daneben spezialisierte Kletterer (z. B. Wickelskink, *Corucia zebrata*, mit Wickelschwanz), Schwimmer und Gräber. Gliedmaßen vielfach reduziert, manche Arten beinlos. Die meisten Arten eierlegend, doch viele lebendgebärend, darunter auch Arten mit echter Placenta-Bildung, über die eine Ernährung des Embryos durch das Muttertier möglich ist. *Chalcides viridanus*, Nördlicher Kanarenskink. 15, ausnahmsweise bis 18 cm Gesamtlänge (◻ Abb. 17.11). Körper rundlich, der kleine Kopf wenig vom Rumpf abgesetzt, Schwanz mäßig lang. Vier wohlentwickelte Beine. Oberseits braun bis kupferfarben, manche Individuen sehr dunkel. Darauf kleine helle Flecken, die in mehreren Längsreihen angeordnet sind. Te-

◘ **Abb. 17.10** Die Gran-Canaria-Rieseneidechse (*Gallotia stehlini*) ist die größte Art aus der Familie Lacertidae und kann bis 80 cm Gesamtlänge erreichen. (Foto: B. Trapp)

◘ **Abb. 17.11** Skinke oder Glattechsen haben glatte, oft glänzende Schuppen, die sich nach hinten leicht dachziegelartig überlappen. Die abgebildete Art, der Nördliche Kanarenskink (*Chalcides viridanus*), hat vier wohlentwickelte Gliedmaßen. Andere Arten der Familie neigen zur Gliedmaßenreduktion bis zur völligen Rückbildung. (Foto: B. Glandt)

neriffa, im Norden der Insel Schwanz dunkel, im Süden türkisfarben. Letzteres gilt auch für die Jungtiere auf der ganzen Insel. Tagaktive, häufige Art. In einer Vielzahl von Lebensräumen, auch mitten in Städten. Aufgestöbert rasch mit schlängelnden Bewegungen fliehend, wobei die Beine eng an den Körper gelegt werden. Lebendgebärend.

- **Varanidae, Warane**

Knapp 80 Arten, alle in einer Gattung vereint (*Varanus*). Afrika, Südasien, Indoaustralien. Kräftige Echsen mit relativ kleinem Kopf, robustem Rumpf und vier wohlentwickelten Beinen sowie langem, muskulösem Schwanz. Aktive, meist schnelle Laufjäger mit sehr leistungsfähiger mehrkammeriger Lunge. Gesamtlänge maximal zwischen 23 cm und 3,1 m. Meist bodenlebend, manche zumindest zeitweise auf Bäumen, einige wasserlebend. Kleine Arten ernähren sich von Gliederfüßern, mit zunehmender Körpergröße auf Wirbeltiere umsteigend. Auch Aas wird genommen. Zwischen den Männchen werden ritualisierte Kommentkämpfe, bei großen Arten aufrechte Ringkämpfe geführt. Weibchen vergraben je nach Art bis zu etwa 40 Eier im Boden. *Varanus komodoensis*, Komodowaran. Bis fast 3,10 m Länge und mehr als 200 kg wiegend, größte lebende Echsenart! Reliktartig auf Komodo, Rintja, Padar und W-Flores. Trotz beeindruckender Größe erst 1912 entdeckt und beschrieben. Heute Touristenattraktion, um die sich viele Gerüchte ranken. Bei der einheimischen Bevölkerung nicht gern gesehen, da Haustiere erbeutet und sogar frisch bestattete Tote nächtens ausgegraben und verzehrt werden.

- **Serpentes, Schlangen**

Mit mehr als 3500 Arten auf allen Kontinenten (Ausnahme Antarktis) vorkommend und dort fast alle Lebensräume besiedelnd, selbst marine (womit sie die Echsen übertreffen), jedoch weniger auf ozeanischen Inseln anzutreffen. Artendichte von wenigen Arten innerhalb eines engeren Gebietes bis über 90 reichend. Rumpf langgestreckt und beinlos (allenfalls kleine, spornartige Reste der Hinterbeine). Zahl der Wirbel stark erhöht, bis über 400. Die längsten Arten kommen auf über 9 m Länge (Netzpython bis 10 m). Häufig sehr schnelle Fortbewegung, manchmal pfeilschnell. Alle Arten carnivor, d. h. von anderen Tieren lebend, viele

hochspezialisiert (z. B. Eierschlangen). Beutetiere häufig von großem Durchmesser, die nur aufgrund spezialisierten Schädelbaus und komplizierter Kiefermechanik verschlungen werden können (siehe ▶ Kap. 9). Viele Arten umschlingen oder erdrosseln ihre Beute, um sie ruhigzustellen. Ein Teil mit spezialisiertem Giftapparat, mit dem Beutetiere vor dem Hinunterwürgen abgetötet werden. Eierlegend oder lebendgebärend.

- **Boidae, Boas**

58 Arten. Untergliederung in Unterfamilien in der Diskussion. Westliches Nordamerika bis subtropisches Südamerika, Afrika, Madagaskar, Südosteuropa, S-Asien, südwestliche pazifische Inseln. Kleine bis sehr große Schlangen, zwischen 60 cm und mindestens 9 m Länge. Vertreter der Unterfamilie „Boinae" meist in (sub)tropischen Wäldern, auf Bäumen und am Boden (*Eunectes* allerdings bevorzugt im Wasser), die der „Erycinae" in trockenen Lebensräumen, auf und im Boden. Einige Arten mit Grubenorganen (Wärmerezeptoren) im Bereich der Lippenschilder. *Eunectes murinus*, Große oder Grüne Anakonda. Mit mindestens 9,5 m Länge eine der längsten Schlangenarten. Nördliches Tiefland Südamerikas, wo wasserreiche Lebensräume mit dichter Vegetation, vor allem Sümpfe, Stillgewässer und langsam fließende Flüsse, bewohnt werden. Lauerjäger, bewegungsloses Warten im Wasser, bis Beute in erreichbare Nähe kommt. Wie bei allen Riesenschlangen Verbeißen in die Beute und Ersticken durch Umschlingen. Nahrungsspektrum meist kleine bis mittelgroße Wirbeltiere, in Ausnahmefällen aber auch sehr große (Kaimane) bzw. voluminöse Tiere (Wasserschweine). Lebendgebärend, je nach Größe des Weibchens bis zu ca. 70 Jungtiere je Wurf. *Eryx jaculus*, Westliche Sandboa. Max. 84 cm Länge. Balkan, Kaukasusregion, Klein- und Vorderasien, Nordafrika. Vorwiegend in Steppen und Halbwüsten. Nur regional in Sandgebieten, meist (anders als der Name nahelegt) auf Stein- oder Lehmböden. Lebendgebärend (6–20 Jungtiere je Wurf). Nahrung: Insekten, Kleinsäuger, Echsen.

- **Colubridae im weiteren Sinne, „Nattern"**

Entweder in mehrere Familien oder in Unterfamilien bzw. andere Gruppierungen unterteilt. Eine sehr artenreiche Gruppe, mehr als 2100 Arten, d. s. ca. 60 %

aller Schlangenarten. Heterogene, paraphyletische Sammelgruppe, deren systematische Gliederung sich noch voll im Fluss befindet. Strukturell sehr vielfältig und schwer definierbar. Sowohl ungiftige als auch giftige Arten. Weltweite Verbreitung, mit Ausnahme der Antarktis und der allermeisten ozeanischen Inseln. Die meisten Klimazonen (kühle, gemäßigte, subtropische und tropische) sind besiedelt, wobei eine Vielzahl von Lebensräumen (Wälder, Grasländer, Halbwüsten, Wüsten, Gewässer) bewohnt sind. Grabende, bodenlebende, kletternde und schwimmende (einschließlich tauchende) Fortbewegung. Großes Beutetierspektrum: Gliederfüßer, Schnecken, Amphibien, Kleinsäuger, Vögel und deren Eier, Echsen, Krokodile und Schlangen. *Natrix natrix*, Ringelnatter. Max. 2 m Gesamtlänge, meist kleiner bleibend, jedoch größte Wassernatter (Familie Natricidae) Europas. Färbung und Zeichnung stark variierend. Im Großteil des Verbreitungsgebietes im Nackenbereich mit zwei auffälligen hellen, weißlichen bis zitronengelben Flecken („Mondflecken"), zumindest bei den Jungtieren. Im größten Teil Europas, sodann in Nordafrika, Kleinasien und Russland (bis hinter den Baikalsee). Vielzahl von Lebensräumen, wobei stehende oder langsam fließende, reich strukturierte Gewässer und ihre Uferbereiche bevorzugt werden. Auf Wanderungen manchmal weitab von Gewässern. Weibchen legt bis zu 100 Eier (meist 15–30) in Pflanzenhaufen (Genist) nahe der Gewässer oder auch weiter davon weg, z. B. in Komposthaufen. Nahrung: vor allem Fische und Amphibien (auch Erdkröten) und deren Larven. Gattung *Thamnophis*, Strumpfbandnattern. Mit mehr als 30 Arten von Kanada bis Mittelamerika vorkommend. Meistens mit auffällig abgesetzten Längsstreifen auf Rücken und Körperseiten (Name „Strumpfbandnattern"). Lebendgebärend, meist 10–20 Jungtiere je Wurf. Einige Arten sind beliebte Terrarientiere.

▪ Elapidae, Giftnattern

Mehr als 350 Arten. Systematik noch stark in der Diskussion. Subtropische und tropische Regionen aller Kontinente (außer Antarktis). Viele Arten sehr giftig, z. B. Kobras (*Naja*), Kraits (*Bungarus*), Mambas (*Dendroaspis*). Zwei große ökologische Gruppen: Mehr terrestrische Arten und bemerkenswerterweise marine Formen. Zur zweiten Gruppe gehören vor allem die Seeschlangen (zusammen mit bestimmten terrestrischen Arten zur Unterfamilie „Hydrophiinae" gruppiert), die zeitlebens unabhängig vom Land geworden sind (lebendgebärend). Nahe Verwandte dieser Gruppe müssen allerdings zwecks Eiablage das Land aufsuchen. *Naja naja*, Brillenschlange. Gesamtlänge über 2 m. Vom südlichen Himalaya bis Sri Lanka. Mittelgebirgs- und Tieflandswälder, Reisfelder sowie in der Nähe menschlicher Siedlungen. Betreibt Brutpflege. Eier meist in hohlen Baum oder an ähnlich geschützten Plätzen abgelegt, bis zum Schlüpfen der Jungschlangen vom Weibchen bewacht. Nacken wird bei Drohhaltung scheibenartig verbreitert. Auf diesem „Hut" schwarzweiße Brillenzeichnung. Biss auch für den Menschen oft tödlich. Häufig werden Bauern auf ihren Reisfeldern gebissen, wo die Tiere Ratten und andere Kleinsäuger jagen. Streng geschützt, trotzdem von Schlangenbeschwörern und Wilderern gefangen. *Dendroaspis polylepis*, Schwarze Mamba (🔲 Abb. 17.12). Mit bis zu 4,5 m Gesamtlänge (meist bis 2,5 m) längste Giftschlange Afrikas. Süd- und Ostafrika. Oberseits olivbraun, dunkelbraun oder dunkelgrau. Hinterer Rücken kann dunkel gefleckt sein. Jungschlangen heller. Deutscher Name wegen der dunklen, fast schwarzen Innenseite des geöffneten Maules. Augen dunkelbraun bis schwarz, Pupillen rund. Bevorzugt Savannengebiete, steinige Hügel sowie Wälder an Flussläufen. Versteckt sich unter Steinen, in hohlen Bäumen und Termitenbauten. Meist bodenlebend, kann jedoch auch klettern. Sehr schnelle Schlange, bis zu 20 km/h. Eierlegend. Gift starkes Neurotoxin (Nervengift), Biss für den Menschen sehr gefährlich. Eine rasche Antiserumbehandlung ist zwingend erforderlich.

▪ Viperidae, Vipern oder Ottern

Über 300 Arten. Von Nord- über Mittel- bis Südamerika, sodann Europa, Asien, Afrika. Meist kräftige, gedrungene, kleinere bis mittelgroße Arten, häufig nur 1–2 m Länge erreichend. Max. bis 3,75 m (*Lachesis muta*, Südamerikanischer Buschmeister). Kopf häufig dreieckig und deutlich vom Rumpf abgesetzt. Drei Unterfamilien: Azemiopinae (nur 1 Art), Crotalinae (Grubenottern) und Viperinae (Vipern, Ottern). Crotalinae mit thermosensitivem Grubenorgan zwischen Nasenloch und Auge (fehlt den beiden anderen Unterfamilien). Zu den Crotalinae gehören auch die Klapperschlangen, Gattung

🔲 **Abb. 17.12** Die Schwarze Mamba (*Dendroaspis polylepis*) ist eine afrikanische Giftnatter, deren private Haltung nicht empfehlenswert ist. Im Falle eines Bisses ist eine rasche Antiserumbehandlung erforderlich. (Foto: S. Meyer)

Crotalus, mit knapp 30 Arten in Amerika vorkommend. Kennzeichnendes Merkmal fast aller Arten ist die Schwanzrassel, eine aus Hornringen bestehende Struktur am Schwanzende, mit der rasselnde Geräusche als Warnlaut erzeugt werden. *Vipera berus*, Kreuzotter. Gesamtlänge max. 85 cm. Rücken meist auf hellem Untergrund mit auffälligem, schwarzem oder dunkelbraunem, Zickzackband. Großes Verbreitungsgebiet, eines der größten Areale aller Schlangenarten überhaupt. Gemäßigtes und nördliches Europa sowie weit nach Sibirien reichend und auf der Insel Sachalin. Nach Norden bis Murmansk (etwa 69°), was weltweit von keiner anderen Schlangenart erreicht wird. Das weite Vordringen nach Norden sicher nur möglich durch vivipare Fortpflanzung (siehe ▶ Kap. 7). Breites Spektrum an Lebensräumen, wobei eine gewisse Bodenfeuchte bevorzugt wird. Wälder mit Lichtungen, Waldränder, Hecken, Randbereiche von Hochmooren, aber auch in Küstendünen mit spärlichem Pflanzenwuchs. Hauptnahrung Kleinsäuger, daneben auch Frösche und gelegentlich Eidechsen.

17.10 Schildkröten – enge Verwandte der Krokodile und Vögel?

Mehr als 340 Arten beschrieben, ständig kommen neue hinzu. Eine Reptiliengruppe mit relativ einheitlichem Erscheinungsbild. Einzigartig unter den Wirbeltieren ist der Panzer, der nur für Kopf, Schwanz und vier Beine Öffnungen aufweist und aus zahlreichen Knochenplatten besteht, die von deutlich weniger Hornschildern bedeckt sind. Lederschildkröte (*Dermochelys coriacea*) von glatter Haut überzogen ist, Schwarte bildend. Weichschildkröten (Familie Trionychidae) mit stark reduziertem Knochenpanzer und lederartiger Haut. In beiden Fällen Anpassungen an eine aquatische Lebensweise, ausnahmsweise für Reptilien findet durch diese Körperdecken ein gewisser Gasaustausch statt (Hautatmung).

Kiefer zahnlos. Stattdessen harte Hornscheiden, mit denen vorzugsweise pflanzliche Nahrung aufgenommen wird. Süßwasser- und Meeresschildkröten erbeuten auch tierische Kost.

Alle Arten legen hartschalige Eier. Brutpflege gibt es nicht. Zwecks Eiablage müssen die Weibchen der Süßwasser- und Meeresarten das Land aufsuchen. Ausbrüten der Eier durch Sonnenwärme. Nicht zuletzt deswegen sind Schildkröten wärmeliebende Tiere, die meisten Arten leben im subtropischen und tropischen Klima. Aber auch die Panzerbildung dürfte für Letzteres (mit) verantwortlich sein.

Die stammesgeschichtliche Herkunft der Schildkröten und ihre systematische Stellung sind umstritten. Nach den paläontologischen Befunden handelt es sich um eine urtümliche Reptiliengruppe. Genetische Daten weisen sie dagegen als enge Verwandte der Krokodile, Vögel und der ausgestorbenen Dinosaurier aus, womit sie als hochevolviert gelten könnten (siehe Chiari et al. 2012).

Die frühesten Schildkrötenfunde stammen aus der Oberen Trias, dies sind *Proganochelys* und *Proterochersis* aus Deutschland und *Australochersis* aus Argentinien. All diese Tiere waren groß (Gesamtlänge > 1 m) und lebten festländisch. Der Panzer war geschlossen, der Carapax bestand aus verbreiterten Rippen und weiteren Knochenplatten, die aus den Neuralbögen der Rumpfwirbel herauswachsen, so wie bei heutigen Testudines. Ihr Schädel hatte keine Schläfenfenster („anapsid"). *Proganochelys quenstedti* lebte vor ca. 210 Mio. Jahren. Sie hatte eine Rückenpanzerlänge von bis zu 60 cm. Die Panzerkonstruktion war bereits die einer typischen Schildkröte. Kiefer zahnlos, im Unterschied zu allen rezenten und den meisten anderen fossilen Schildkröten jedoch gut entwickelte Gaumenbezahnung. Der lange Schwanz hatte spitze Stacheln, auch der Nacken war stachelig bewehrt.

Neuerdings wurden bei Grabungen in Baden-Württemberg Reste einer kleinen (20 cm langen) Schildkröte gefunden, die in die Mittlere Trias (vor ca. 240 Mio. Jahren) datiert (Schoch und Sues 2015). Die als *Pappochelys rosinae* beschriebenen Funde weisen zahlreiche Schildkrötenmerkmale auf (Form des Schulterblattes, Histologie der Rippen, Bau des Beckens, Oberschenkel, Wirbel, etc.). Bemerkenswert ist, dass der Schädel eindeutig diapsid ist, also zwei Schläfenfenster aufweist. Nach Auffassung der Autoren waren Schildkröten sehr wahrscheinlich ursprünglich diapside Reptilien, erst sekundär habe sich dann der geschlossene (anapside) Schädelbau

entwickelt. Im Sinne der phylogenetischen Systematik müssten sie deshalb unter Diapsida geführt werden.

Unbestritten ist die Untergliederung in zwei Hauptgruppen: die ursprünglicheren Halswender (Pleurodira) und die höher evolvierten Halsberger (Cryptodira), siehe hierzu ▶ Kap. 5. Dagegen ist die weitere Untergliederung in Familien, Gattungen, Arten und Unterarten in der Diskussion. Nachfolgend werden einige Arten aus vier Familien der Cryptodira vorgestellt. Taxonomisch wird der Auffassung von Fritz und Havaš (2007) gefolgt, unter Berücksichtigung aktueller Artenzahlen.

▪ Cheloniidae, Seeschildkröten

Nur sechs rezente Arten. Die Meeresschildkröten schlechthin. Vor allem in tropischem und subtropischem, z. T. aber auch gemäßigtem Klima. Lediglich die ebenfalls marine Lederschildkröte (7. Meeresschildkröten-Art) wird zu einer eigenen Familie (Dermochelyidae) gestellt. Beine paddelartig, vor allem die Vorderbeine dienen der kraftvollen schwimmenden Fortbewegung im Wasser. Rückenpanzer gewöhnlich mit glatter Oberfläche (Lederschildkröte mit stark entwickelten Längskielen), in Aufsicht oval bis herzförmig. *Chelonia mydas*, Suppenschildkröte. Rückenpanzer bis etwa 1 m lang, oliv, braun oder schwärzlich gefärbt, einfarbig oder dunkelbraun gefleckt. Im Atlantik, Pazifik, Indischen Ozean und Mittelmeer, wo an der türkischen Südküste und auf Zypern genistet wird. Eiablage nachts an Sandstränden. Lange Zeit wegen ihres Fleisches ausgebeutet, deshalb weltweit in starkem Rückgang befindlich (zu Schutzmaßnahmen siehe ▶ Kap. 12).

▪ Emydidae, Sumpfschildkröten

52 Arten. Nord- und Mittelamerika, stellenweise in Südamerika, Europa und nach W-Asien bis hinter den Aralsee reichend. Nordafrika. *Emys orbicularis*, Europäische Sumpfschildkröte. In großen Teilen Süd-, West- und Osteuropas. Einst auch in Mitteleuropa weit verbreitet, aber weitgehend ausgestorben bzw. ausgerottet. Ursprüngliche (autochthone) Restbestände nur noch Donauauen in Österreich und regional in Ostdeutschland. Die meisten heute in Deutschland zu findenden Tiere ausgesetzt, aus dem südlichen Europa stammend. Rückenpanzerlänge

🔲 **Abb. 17.13** Die Europäische Sumpfschildkröte (*Emys orbicularis*) war einst auch in Mitteleuropa weit verbreitet, ist heute aber weitgehend verschwunden. In Südeuropa lässt sie sich noch vielerorts beobachten. Kennzeichnend ist die helle Fleckung der Weichteile, womit sie sich von den Bachschildkröten (Gattung *Mauremys*) unterscheidet. (Foto: B. Trapp)

max. 23 cm, in Südeuropa kleiner bleibend. Oberseits dunkel, fast schwarz, mit gelblichen Flecken an Kopf, Hals, Beinen und auf den Rückenschildern (🔲 Abb. 17.13).

▪ **Testudinidae, Landschildkröten**
57 Arten. Südliches Nordamerika, Südamerika (inkl. Galapagosinseln), zirkummediterraner Raum, SW-Asien bis Indo-Malaysia. Sodann Afrika südlich der Sahara, auf Madagaskar und verschiedenen ozeanischen Inseln. Rein terrestrisch lebend (deutscher Name!), von sehr trockenen Wüsten bis feuchten, immergrünen Wäldern bewohnend. Von einer Ausnahme abgesehen (Spaltenschildkröte, *Malacochersus tornieri*) hoher, stark gewölbter Rückenpanzer. Beine säulenförmig („elefantenartig"). Rückenpanzerlänge von 8,5 cm bis 1,34 m reichend. *Testudo hermanni*, Griechische Landschildkröte.

Max. 36 cm Rückenpanzerlänge, meist aber kleiner bleibend. Großes Schild über der Schwanzwurzel häufig geteilt. Schilder des Rückenpanzers auf gelblichem Untergrund mit schwarzen Rändern und Flecken. Bauchpanzer auf gelblichem Untergrund mit großen schwarzen Flecken, die zu Längsbändern verschmelzen können. Für die meisten Menschen Inbegriff von Landschildkröte. Entgegen deutschem Namen nicht auf Griechenland beschränkt, sondern auf Balkan weiter verbreitet, daneben Südfrankreich, Italien, Korsika, Sardinien, Sizilien, Balearen, NO-Spanien. Jahrzehntelang nach Mitteleuropa importiert, für wenig Geld zu kaufen, oft falsch gehalten, viele Tiere überlebten ersten Winter nicht. Jetzt streng geschützt. *Chelonoidis niger*, Galapagos-Riesenschildkröte. Rückenpanzerlänge max. 1,34 m bei einer Körpermasse von 290 kg. Einst in ca. 15 Unterarten (von manchen Autoren als eigene Arten aufge-

▣ Abb. 17.14 Die Seychellen- oder Aldabra-Riesenschildkröte (*Aldabrachelys gigantea*) ist eine der beiden größten Schildkrötenarten der Erde. (Foto: H. Bringsøe)

fasst) auf dem Galapagos-Archipel, einer pazifischen Inselgruppe vor Südamerika (zu Ecuador gehörend), in großer Zahl lebend. Nach Entdeckung der Inselgruppe rasch dezimiert (besonders als Frischfleischvorrat auf Segelschiffen mitgenommen), fünf Unterarten ausgerottet. Mittlerweile streng geschützt, Nachzuchtprogramme und Wiederansiedlungen laufen seit Längerem. Trotzdem bleibt die Situation für die Art kritisch. Vor allem Schweine, Ziegen, Katzen und Ratten stellen eine Bedrohung dar, weil ihnen Gelege und Jungtiere zum Opfer fallen. Auch eingeschleppte Pflanzen, die die einheimische Flora verdrängen und so die Nahrungsgrundlage zerstören, stellen eine Gefahr dar. *Aldabrachelys gigantea*, Seychellen-Riesenschildkröte (▣ Abb. 17.14). Rückenpanzerlänge bis 1,20 m. Ebenfalls stark rückläufig, nur noch auf Aldabra (Indo-Pazifik).

■ **Trionychidae, Weichschildkröten**

31 Arten. Nordamerika, Afrika, Vorderasien, türkische S-Küste, Süd- und Ostasien bis Neuguinea. Abgeflachter Körper, Knochenelemente reduziert, Panzer ohne Hornschilder, stattdessen mit ledriger Haut überzogen. Rückenpanzerlänge zwischen 37 cm

und mehr als einem Meter. Ausgesprochen aquatisch lebende Schildkröten (schnelle Schwimmer), mit schnorchelartig verlängerter Schnauze. Weiche Haut lässt gewisse Hautatmung zu. *Trionyx triunguis*, Nil-Weichschildkröte. Rückenpanzerlänge 80 cm bis über einen Meter. Schwerpunktmäßig vom Senegal bis NW-Namibia und östlich bis Tansania sowie Somalia. Daneben SW-Küste der Türkei, Syrien, Libanon, Israel und Ägypten (Nil). Vorwiegend im Süßwasser, aber auch im Brackwasser und offenen Meer. Unterläufe der Flüsse und ihre Mündungsgebiete (Ästuare) werden besiedelt, außerdem Kanäle, Seen und Lagunen. Sandige Uferbereiche bilden Eiablageplätze. Vor allem tierische Nahrung, insbesondere Würmer, Schnecken, Fische, Krabben und Aas. Daneben auch pflanzliche Kost, z. B. reife Feigen und Pflaumen.

17.11 Krokodile – Kolosse unter den Reptilien

Kräftig gebaute, langgestreckte Reptilien mit robustem Kopf, vier gut entwickelten Beinen und kräftigem, seitlich komprimiertem Schwanz. 25 Arten.

Einige davon sehr groß, bis 9 m Gesamtlänge (Leistenkrokodil, *Crocodilus porosus*) erreichend. Hornschilder von Knochenplatten unterlegt, vor allem auf der Oberseite, bei einigen Arten zusätzlich unterseits. Hierdurch wird ein Hautknochenpanzer gebildet. Kiefer mit stark entwickelten Zähnen, die in trogförmigen Vertiefungen (Alveolen) wurzeln.

Im Habitus an Echsen erinnernd, mit denen sie aber nicht näher verwandt sind. Insofern ist der manchmal benutzte Begriff „Panzerechse" irreführend. Krokodile sind mit den Vögeln enger verwandt als mit allen übrigen rezenten Reptilien. Zusammen mit den Dinosauriern und den von ihnen abgeleiteten Vögeln bilden sie die Gruppe der Archosauria. Der hohe Evolutionsgrad wird z. B. beim Herzbau deutlich. Als einzige Reptilien haben sie ein vierteiliges Herz (wie Vögel und Säuger). Zu den beiden Vorkammern kommen zwei Hauptkammern. Die diese separierende Trennwand (Septum) enthält nur ein kleines Loch (Foramen Panizzae). Schädel meist mit zwei Jochbögen bzw. Schläfenfenstern (diapsider Typ), bei einigen Arten sekundär geschlossen. Männchen mit unpaarem Penis (vgl. dagegen Echsen mit zwei Hemipenes!).

Verbreitung: Subtropische und tropische Klimaregion in Amerika, Afrika, Asien und N-Australien.

Lebensweise amphibisch. Im Süßwasser, einige auch im Brackwasser, Leistenkrokodil (*Crocodilus porosus*) auch im offenen Meer. Der seitlich abgeplattete kräftige Ruderschwanz dient einer raschen Fortbewegung im Wasser, während die vier stämmigen Beine eine laufende, manchmal recht schnelle Fortbewegung an Land ermöglichen. Weibchen legen hartschalige Eier in selbst ausgehobenen Erdgruben ab, oder sie legen Nester aus gärendem Pflanzenmaterial an.

Stammesgeschichte: Die wenigen rezenten Arten sind der Rest einer einstmals formenreichen Reptiliengruppe, deren Ursprung in der frühen Trias vor ca. 250 Mio. Jahren zu suchen ist. Zu dieser Zeit hat sich deren Linie von den Flugsauriern und Dinosauriern getrennt. *Protosuchus* aus dem Unterjura ist den heutigen Krokodilen sehr ähnlich. Etwa 1 m lang und ca. 30 bis 45 kg schwer. Im Gegensatz zu den rezenten Krokodilen wurde der Körper allerdings auf langen schlanken Beinen weit über dem Boden getragen. Wahrscheinlich war *Protosuchus* ein guter Läufer und jagte eher an Land als im Wasser.

Systematik: Untergliederung umstritten. Böhme in Westheide und Rieger (2015) folgt der Einteilung in drei Familien: Alligatoridae (Alligatoren und Kaimane, acht Arten), Crocodylidae (Echte Krokodile, 15 Arten) und Gavialidae (Gaviale, zwei Arten). Nachfolgend werden zwei der 25 Arten kurz behandelt. Ausführliche Darstellung der Gruppe: Trutnau und Sommerlad (2006).

- **Alligatoridae, Alligatoren und Kaimane**
Acht Arten, südöstl. Nordamerika, Mittelamerika und Südamerika. Außerdem eine Art in O-China. Unterkieferzähne beißen einwärts von denen des Oberkiefers. 4. Unterkieferzahn passt in eine seitlich geschlossene Grube des Oberkiefers, deshalb bei geschlossenem Maul nicht sichtbar. *Alligator mississippiensis*, Mississippi-Alligator, Hechtalligator. Gesamtlänge bis 4 m. Ebenen der südöstlichen USA. Einzige Krokodilart, die in gemäßigte Breiten mit Winterfrösten vordringt. Überwinterung in selbstgegrabenen Höhlungen. Berühmt sind die Vorkommen in Florida (Everglades), wo sie von flachen Booten aus beobachtet werden können. Gelegentlich Zwischenfälle mit dem Menschen, in einzelnen Fällen tödlich verlaufend. Breites Spektrum an Beutetieren: verschiedene Wirbellose und Wirbeltiere, z. B. Amphibien, Echsen, Schlangen (auch Giftschlangen), Wasservögel, kleinere Säugetiere.

- **Crocodylidae, Echte Krokodile**
15 Arten. Mittelamerika, Karibik, nördl. Südamerika, Afrika, SO-Iran über Indien und Südostasien bis Neuguinea und N-Australien. Oberkiefer mit seitlich offener Furche, in die der 4. Unterkieferzahn hineinpasst, bleibt daher auch bei geschlossenem Maul sichtbar. Zähne des Unterkiefers beißen zwischen die des Oberkiefers. *Crocodilus niloticus*, Nilkrokodil. Im größten Teil Afrikas sowie auf Madagaskar. Allerdings werden seit einiger Zeit die westlichen Populationen als eigene Art (*C. suchus*, Westafrikanisches Krokodil) betrachtet, während *C. niloticus* seinen Schwerpunkt im östlichen Afrika hat. 3–4 m lang, selten bis 6 m. Bewohnt Flüsse, Teiche, Seen, Sümpfe und Mangroven. Nahrung sehr vielseitig und abhängig von der Größe der Krokodile. Junge vorrangig Wirbellose erbeutend, ältere stellen sich auf Wirbeltiere um, besonders auf Fische, Reptilien und Säuger. Große Exemplare auch

für den Menschen gefährlich. Als die Art noch viel häufiger war, kam es immer wieder zu Todesfällen. Betreibt Brutpflege, Muttertier bewacht Nest und beschützt die Jungen in den ersten Lebensmonaten.

Hinweis: Dinosaurier

Diese Reptilien haben wie keine andere Tetrapodengruppe die Landlebensräume lange und dominant besiedelt und waren auf allen Kontinenten verbreitet. Ihre Ära dauerte rund 150 Mio. Jahre. In der Mittleren Trias entstanden, beherrschten sie die Landfaunen im Jura und in der Kreide, an deren Ende sie (für geologische Verhältnisse!) relativ schnell von der Bildfläche verschwanden. Keine andere ausgestorbene Tiergruppe hat so viel Interesse in breiten Kreisen hervorgerufen. In Filmen (unterschiedlicher fachlicher Qualität), vielen Büchern und so mancher Museumsausstellung sind sie gewürdigt und oft viel beachtet worden. Über die Gruppe ist derart viel (populär-)wissenschaftlich publiziert, dass im Rahmen des vorliegenden Buches keine adäquate Behandlung möglich ist. Deshalb sei verwiesen auf:
Storch V, Welsch U, Wink M (2013) Evolutionsbiologie. 3. Aufl. Springer Spektrum, Berlin, Heidelberg
Westheide W, Rieger G (Hrsg) (2015) Spezielle Zoologie, Teil 2: Wirbel- oder Schädeltiere. 3. Aufl. Springer Spektrum, Heidelberg
In beiden Werken finden sich weiterführende Literaturhinweise.

Frost D (2015) Amphibian Species of the World 6.0, an Online Reference. American Museum of Natural History
Hennig W (1950) Grundzüge einer Theorie der phylogenetischen Systematik. Deutscher Zentralverlag, Berlin
Hennig W (1982) Phylogenetische Systematik. Paul Parey, Berlin, Hamburg
Himstedt W (1996) Die Blindwühlen. Neue Brehm-Bücherei, Bd. 630. Westarp, Magdeburg
Raffaëlli J (2013) Les Urodèles du monde. 2. Aufl. Penclen Édition, Bezug: jean.raffaelli@laposte.net
Schoch R (2014) Amphibian Evolution – The Life of Early Land Vertebrates. Wiley, Chichester, United Kingdom
Schoch R (2015) In: Westheide, Rieger (Hrsg) Spezielle Zoologie, 3. Aufl. Bd. 2. Springer Spektrum, Heidelberg
Schoch R, Sues H-D (2015) A Middle Triassic stem-turtle and the evolution of the turtle body plan. Nature 523:584–587
Storch V, Welsch U, Wink M (2013) Evolutionsbiologie, 3. Aufl. Springer Spektrum, Berlin, Heidelberg
Trutnau L, Sommerlad R (2006) Krokodile – Biologie und Haltung. Edition Chimaira, Frankfurt/M.
Vitt LJ, Caldwell JP (2009) Herpetology, 3. Aufl. Elsevier, Academic Press, San Diego (4. Aufl. 2013)
Westheide W, Rieger G (Hrsg) (2015) Spezielle Zoologie, Teil 2: Wirbel- oder Schädeltiere, 3. Aufl. Springer Spektrum, Heidelberg

Weiterführende Literatur

Mayr E (1967) Artbegriff und Evolution. Paul Parey, Hamburg, Berlin
Munk K (Hrsg) (2009) Taschenlehrbuch Biologie, Band Ökologie – Evolution. Thieme, Stuttgart
Schuh RT, Brower AV (2009) Biological Systematics – Principles and Applications, 2. Aufl. Comstock – Cornell University Press, Ithaca/London
Wiesemüller B, Rothe H, Henke W (2003) Phylogenetische Systematik. Eine Einführung. Springer, Berlin, Heidelberg
Willmann R (1985) Die Art in Raum und Zeit. Das Artkonzept in der Biologie und Paläontologie. Paul Parey, Berlin, Hamburg
Winston JE (1999) Describing Species – Practical Taxonomic Procedure for Biologists. Columbia University Press, New York

---

Literatur

Verwendete Literatur

Chiari et al (2012) Phylogenetic analyses support the position of turtles as the sister group of birds and crocodiles (Archosauria). BMC Biology 10:65
Darwin C (1859) Die Entstehung der Arten durch natürliche Zuchtwahl. Zitiert nach 6. Auflage, deutsche Ausgabe, Reclam, Stuttgart 1976
Fritz U, Havaš P (2007) Checklist of Chelonians of the World. Vertebrate Zoology 57(2):149–368

Serviceteil

D. Glandt, *Amphibien und Reptilien*,
DOI 10.1007/978-3-662-49727-2, © Springer-Verlag Berlin Heidelberg 2016

Stichwortverzeichnis